Göpfert
Logistik – dynamisch und innovativ

Logistik – dynamisch und innovativ

von

Univ.-Prof. Dr. rer. oec. habil. Ingrid Göpfert

4., vollständig überarbeitete Auflage

Verlag Franz Vahlen München

Univ.-Prof. Dr. Ingrid Göpfert wurde bekannt mit Ihrer Lehre und Forschung an zahlreichen Universitäten, darunter die Philipps-Universität Marburg. Sie ist Gründerin und Moderatorin des renommierten Logistikvisionsteams.

vahlen.de

ISBN Print: 978 3 8006 6818 2
ISBN E-Book (ePDF): 978 3 8006 6819 9

Druck und Bindung: Beltz Grafische Betriebe GmbH
Am Fliegerhorst 8, 99947 Bad Langensalza

Satz: Fotosatz Buck
Zweikirchener Str. 7, 84036 Kumhausen
Produktion: Sieveking Agentur, München
Umschlag: Ralph Zimmermann – Bureau Parapluie
Bildnachweis: ©cienpies – depositphotos.com

vahlen.de/nachhaltig

Gedruckt auf säurefreiem, alterungsbeständigem Papier
(hergestellt aus chlorfrei gebleichtem Zellstoff)

Vorwort zur 4., neukonzipierten und aktualisierten Auflage

Die Logistik gehört zu den mit Abstand spannendsten und faszinierendsten Feldern in Wissenschaft und Praxis. Kaum ein anderes Gebiet kann eine so dynamische Entwicklung vorweisen. Mannigfaltige Innovationen in großer Zahl treiben das Entwicklungstempo voran. Dazu tragen die jüngst neu gegründeten innovativen Logistik-Startups in hohem Maße bei. Diese Unternehmen greifen die neuen Möglichkeiten der Digitalisierung auf und bewirken einen beeindruckenden Innovationsschub. Kooperationen zwischen traditionellen Logistikunternehmen und Startups verstärken diese Dynamik und die Innovationen.

Das Buch „LOGISTIK dynamisch und innovativ" greift das Charakteristische einer modernen Logistik in doppelter Hinsicht auf. Erstens werden die aktuellen Logistikinhalte mit dem Blick in die Logistik der Zukunft verknüpft. Zweitens soll es ermöglichen, sich selbständig Wissen und Fähigkeiten anzueignen.

Für alle an Logistik Interessierte ist dieses Buch verfasst: Studenten und Schülern soll es Orientierungshilfe geben, Berufseinsteiger und Fortgeschrittene in der Profilierungsphase unterstützen und Quereinsteigern einen effektiven Zugang verschaffen. Darüber hinaus ist es der Anspruch des Buches, die Mitarbeiter in der Logistik mit Weiterbildungsambitionen zu begleiten sowie Führungskräften aus allen Unternehmensbereichen den Blick auf die in der Logistik steckenden Potenziale zu schärfen. In modernen Studiengängen an Akademien, Hochschulen und Universitäten eingebundene Dozenten setzen im Zuge eines „Lifelong Learnings" immer stärker auf das Antrainieren selbständigen Wissenserwerbs, wofür sich der Einsatz als Lehrbuch anbietet. Im Text eingebaute Interviews, Fallbeispiele und Empfehlungen von Logistikexperten machen das Buch für Unternehmen aus Industrie, Handel und Logistikdienstleistung zusätzlich interessant.

München, im Oktober 2023 Ingrid Göpfert

Inhaltsverzeichnis

1. Logistikmanagement

Die Logistik hat in unserem Alltag schon längst Einzug gehalten. Insofern haben wir alle eine gewisse Vorstellung, was Logistik beinhaltet. In der Natur der Sache liegend, wird diese bei einem Neueinsteiger anfänglich noch recht wage, teils von großer Unsicherheit geprägt sein. Erfahrene Insider dagegen beeindrucken oftmals mit ihren sicheren, von persönlicher Überzeugung geprägten, Antworten auf die Frage: Was ist Logistik? Je mehr Insider gefragt werden, desto unterschiedlicher können die jeweiligen Standpunkte dabei ausfallen.

Lernziele

Vor diesem Hintergrund soll Sie das erste Kapitel befähigen:

- Ihr eigenes Verständnis über Logistik herauszubilden,
- die Beziehung zwischen Logistik und Supply Chain Management zu erklären sowie
- die Entwicklungsstufen der Logistik zu beschreiben.

1.1 Bezugsrahmen

Die Logistik hat sich als eine spezielle Betriebswirtschaftslehre an den Universitäten und Hochschulen mittlerweile fest etabliert. Wichtige Impulse erhielt diese Entwicklung von der Unternehmenspraxis, die die Bedeutsamkeit der Logistik für den langfristigen Unternehmenserfolg vergleichsweise früh erkannte. Die Standpunkte über die Logistik gehen jedoch auch heute noch sowohl in der Praxis als auch in der Wissenschaft auseinander.

Für eine vergleichende Betrachtung der unterschiedlichen Erklärungen zum Inhalt über Logistik bedarf es eines geeigneten Bezugsrahmens. Das bildet die Voraussetzung, um auf nachvollziehbare Art und Weise die Unterschiede und Gemeinsamkeiten in den Auffassungen herauszuarbeiten. Über dieses Ziel hinaus soll der Bezugsrahmen alle Logistik Interessierten bei der Herausbildung und Weiterentwicklung ihrer eigenen Logistikauffassung unterstützen.

zwei Untersuchungsebenen

Den Bezugsrahmen spannen wir über zwei Ebenen:

- die Ebene Unternehmenspraxis
  Die Logistik ist bekanntlich in erster Linie ein Produkt der Praxis.
- die Ebene Wissenschaft
  Hier geht es um die Integration der Logistik in das Gebäude der speziellen Betriebswirtschaftslehren.

Rechnung getragen wird dieser zweiseitigen Betrachtung durch die Kombination von empirisch-induktivem und logisch-deduktivem Vorgehen.

empirisch-induktives Vorgehen

Das empirisch-induktive Vorgehen greift die konkreten Probleme in der Unternehmenspraxis auf. Durch die Zusammenfassung zu einer Problemfamilie und Verallgemeinerung wird die Logistik inhaltlich definiert. Tiefgehende Erörterungen über die Eingliederung der Logistik in das System der Betriebswirtschaftlehren und ihre Abgrenzung von anderen Disziplinen erfolgen nicht.

logisch-deduktives Vorgehen

Dagegen geht das logisch-deduktive Vorgehen von einem Ordnungsmodell der speziellen Betriebswirtschaftslehren aus. In diesem wird der Platz der Logistik im Zusammenspiel mit den anderen speziellen Betriebswirtschaftslehren hinterfragt. Weiße Felder werden logisch oder theoretisch begründet und mit neu hinzukommenden Disziplinen besetzt, so wie auch die Logistik ihren Einzug in das Gebäude der Betriebswirtschaftslehren gefunden hat.

Frage:
Wie gehen Sie vor? Lassen Sie sich bei Ihrer Antwort auf die Frage „Was ist Logistik?" primär von den logistischen Herausforderungen in der Unternehmenspraxis leiten?

Je nachdem, ob Sie eher die Praxis oder die Theorie vertreten, wird Ihre Antwort ausfallen. Aber egal, wie Sie den Ansatz wählen. Es ist zu empfehlen nicht einseitig zu bleiben, sondern beide Ebenen im Blick zu haben. Denn das schärft ihre eigene Logistikauffassung. Schließlich sollte das eigene Logistikbild in der Praxis und in der Wissenschaft auf Akzeptanz stoßen.

Zum Bezugsrahmen gehören noch Kriterien, die sowohl für die vergleichende Analyse publizierter Auffassungen als auch für die eigene Auffassung notwendig sind. Als solche wählen wir die Kerninhalte, die eine Logistikdefinition umfassen sollte. Das sind:

- **Funktion bzw. Erkenntnisobjekt**
- **Zielsetzung**
  Der Zielbereich Fluss-Kostensenkung beinhaltet den effizienten Einsatz von Produktionsfaktoren für die Ausführung und das Management der Objektflüsse. Der Zielbereich Objekt-Wertsteigerung umfasst den wertsteigernden Beitrag der Logistik als eine die unternehmerische Primärleistung (z.B. Sachgut bzw. Produkt) ergänzende Sekundärleistung (z.B. durch die Garantie kurzer Lieferzeit). So trägt die Logistik zur Erhöhung des Marktwertes von Produkten bei. Logistikservice-Merkmale wie hohe Termintreue bewirken eine höhere Attraktivität des Leistungsangebotes, die vom Markt bzw. von den Kunden honoriert wird. Der Zielbereich Anpassungs- und Entwicklungsfähigkeit umfasst die Fähigkeit von Logistiksystemen zur Anpassung an Veränderungen der Unternehmensumwelt
- **Aufgaben.**

Die Abbildung 1.1 fasst die Ausführungen zusammen. Wir starten mit der vergleichenden Analyse. Sie gibt auch Inspiration für die Herausbildung bzw. Weiterentwicklung Ihrer Logistikdefinition.

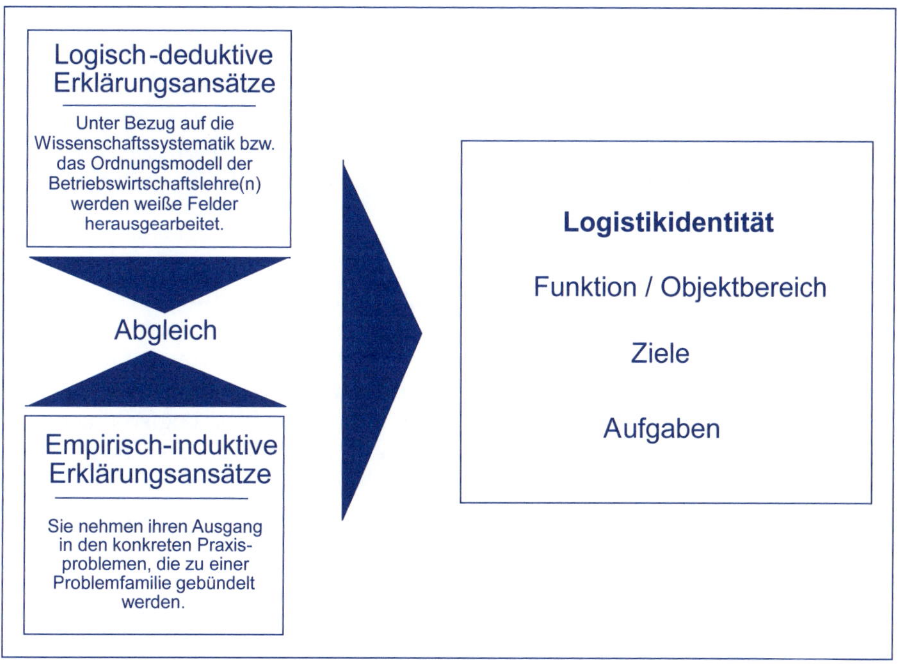

Abbildung 1.1: Bezugsrahmen

1.2 Analyse der Auffassungen über Logistik

Nachfolgende Ausführungen geben das Ergebnis einer umfangreichen, detaillierten Analyse von Erklärungen über die Logistik komprimiert wieder (vgl. Göpfert 2013, S. 6–16).

Das Logistikbild der Vertreter des empirisch-induktiven Vorgehens kann nach zwei Gruppierungen zusammengefasst werden. Stellvertretend für eine erste Gruppe sei die Logistikdefinition von PFOHL genannt:

„Zur Logistik gehören alle Tätigkeiten, durch die die raum-zeitliche Gütertransformation und die damit zusammenhängenden Transformationen hinsichtlich der Gütermengen und -sorten, der Güterhandhabungseigenschaften sowie der logistischen Determiniertheit der Güter geplant, gesteuert, realisiert und kontrolliert werden. Durch das Zusammenwirken dieser Tätigkeiten soll ein Güterfluss in Gang gesetzt werden, der einen Lieferpunkt mit einem Empfangspunkt möglichst effizient verbindet" (Pfohl 2010, S. 12; Pfohl 2018, S. 12).

Die Vertreter der zweiten Gruppe verstehen Logistik als eine neue Sichtweise auf Wertschöpfungssysteme, eben als Systeme von Objektflüssen. Als einer der Ersten prägte KLAUS bereits in den neunziger Jahren dieses Logistikbild, das er markant beschreibt:

Logistik bildet „... eine spezifische Sichtweise, die wirtschaftliche Phänomene und Zusammenhänge als Flüsse von Objekten durch Ketten und Netze von Aktivitäten und Prozessen interpretiert („Fließsysteme"), um diese nach Gesichtspunkten der Kostensenkung und der Wertsteigerung zu optimieren sowie deren Anpassungsfähigkeit an Bedarfs- und Umfeldveränderungen zu verbessern ..." (Klaus 1993, S. 29).

Auch wenn die Aussagen der ersten und zweiten Gruppe „flussorientierte Definitionen" sind, unterscheiden sie sich doch grundlegend im Logistikverständnis. Die erste Gruppe nimmt eine enge Auslegung auf die Transferaktivitäten (Transportieren, Lagern, Umschlagen) vor, dagegen vertritt die zweite Gruppe eine weite Auffassung. Das drückt sich darin aus, dass sie die Logistik nicht auf Transferaktivitäten einschränken, sondern auf eine flussorientierte Sichtweise des Unternehmens abheben.

Diese verschiedenartige Auslegung führt zu Unterschieden in den Logistikzielen. Während die enge Auslegung operative Ziele anstrebt, sind es bei der weiten Auslegung vor allem auch strategische Ziele. Anhand des Begriffspaars „Effektivität und Effizienz" wird das anschaulich. Effektivität als strategische Zieldimension verlangt „Doing the right things", z. B. die richtige Entscheidung treffen über ein Logistik-Outsourcing oder die Standortwahl von Distributionszentren. Dagegen bewirkt die operative Zielgröße Effizienz, innerhalb des strategisch gesetzten Rahmens die Dinge richtig zu tun – „Doing things right". Traditionell versteht man unter Effizienz in der Logistik, „ ... dass ein Empfangspunkt gemäß seines Bedarfs von einem Lieferpunkt mit dem richtigen Produkt (in Menge und Sorte), im richtigen Zustand, zur richtigen Zeit, am richtigen Ort zu den dafür minimalen Kosten versorgt wird" (Pfohl 2018, S. 12; bekannt als die 5r's in der Logistik).

Beispiele für ein logisch-deduktives Vorgehen sind die von Hochschullehrern geführten Diskussionen über die Beziehung zwischen der neu aufkommenden Logistik und der bereits fest etablierten Verkehrsbetriebslehre sowie benachbarter Disziplinen. DIEDERICH wirft die provokante Frage auf, ob mit dem Heranreifen der Logistik die Verkehrsbetriebslehre als selbständige Disziplin überholt ist (vgl. Diederich 1986, S. 57). IHDE resümiert den Stand der Logistik aus den kontrovers geführten Diskussionen mit Vertretern der Materialwirtschaftslehre, Unternehmensforschung und Informatik (vgl. Ihde 1987). WEBER entwickelt ein Ordnungsraster zur Einordnung bestehender und neu hinzukommender betriebswirtschaftlicher Fachgebiete (Weber 1996, S. 74). Im Ergebnis kommen sie zu ähnlichen Logistikdefinitionen, wonach die Logistik eine spezielle, auf Material-, Waren- und Informationsflüsse orientierte Führungskonzeption bzw. Führungslehre bildet.

1.3 Synthese: Konsens- und Dissensfelder

Im Ergebnis der Analyse können die Gemeinsamkeiten und die Unterschiede in den Auffassungen markiert werden. Dazu führen wir die empirisch-induktiven und logisch-deduktiven Erklärungen zusammen. Es besteht **Konsens**, dass sich die Logistik generell mit Objektflüssen (Güter- und Informationsflüsse) beschäftigt, hauptsächlich mit deren Management. Dabei wird nahezu einhellig bekundet, dass die unternehmensübergreifende Perspektive (die Logistik ganzer Netzwerke rechtlich selbständiger Unternehmen) im Vergleich zu einer nur unternehmensweiten Sicht an Bedeutung zunimmt.

Die **Dissensfelder** betreffen:

1. die Einordnung der Logistik in das Gebäude der speziellen Betriebswirtschaftslehren: Es ist zu entscheiden zwischen einer **Funktionenlehre** (= Management und Ausführung von Transport, Umschlag, Lagerung) oder einer **Führungslehre** (= ein auf Objektflüsse orientiertes Führungsparadigma),
2. die Logistikobjekte: die Eingrenzung auf Güter, Informationen, Personen oder die Erweiterung um Geld- und Finanzflüsse,
3. die Objektflussebenen: die Eingrenzung auf Flüsse im Ausführungssystem des Unternehmens versus Erweiterung auf Objektflüsse im Führungssystem,
4. das Management von Objektflüssen: Eingrenzung auf ausgewählte Führungsfunktionen wie Planung, Steuerung und Kontrolle von Objektflüssen versus Ausdehnung auf alle Führungsfunktionen, d. h. auch auf Organisation, Informationsversorgung und Personalführung.

1.4 Logistikdefinition

In die Logistikdefinition sollen die Gemeinsamkeiten einfließen. Als weitere Voraussetzung sind die Dissensfelder nachvollziehbar aufzulösen. Aufgabe an Sie: Hinterfragen Sie mit Ihren eigenen Überlegungen die nachfolgende Argumentation.

Erstens:

Die Unternehmen sind einem intensiven Wettbewerb ausgesetzt. Einflussfaktoren wie die Internationalisierung, Klimawandel, Technologiebrüche oder Disruption lassen die Wettbewerbsintensität zukünftig weiter ansteigen. In der Folge verschärft sich der Kampf um Absatzmärkte und Kunden. Wer als Gewinner hervorgehen möchte, muss es verstehen, das Wertschöpfungssystem als Ganzes optimal zu gestalten und zu steuern. Es reicht also nicht aus, nur einzelne Funktionen wie das Transportieren, Umschlagen und Lagern zu optimieren, sondern ausschlaggebend ist die Optimierung des Gesamtsystems, d. h. einschließlich Forschung, Entwicklung, Beschaffung, Produktion und Distribution. Was bildet den Gegenstand dieser ganzheitlichen Optimierung? Die Prozesse, Prozessketten, Prozessnetze – so die typische Antwort. Was beinhaltet diese Prozessoptimierung konkret? Für die

Beantwortung blicken wir auf die Kriterien, die über einen Kauf oder eine Auftragsvergabe entscheiden. An der Spitze stehen kurze Lieferzeit, Termintreue, hohe Qualität, guter Service, passender Preis. Um diese Erwartungen zu erfüllen, müssen die Unternehmen die mit dem Kundenauftrag bestellte Ware immer im Blick haben – mit anderen Worten: den Fluss der Ware vom ersten Prozessschritt angefangen bis zur Auslieferung an den Kunden. Daraus folgt: Die Logistik wächst aus einer ursprünglichen Funktionenlehre zu einer Führungslehre empor.

Zweitens:

Will man das positive logistische Einflusspotenzial der Logistik auf den Unternehmenserfolg vollends ausschöpfen, dann wird es notwendig, das Management der Material-, Waren- und Informationsflüsse um die Geld- und Finanzflüsse zu erweitern. Die Geld- und Finanzflüsse beinhalten die Zahlungs- und Finanzierungsvorgänge zwischen Käufer und Verkäufer bzw. Abnehmer und Lieferant. Beispiele für eine Optimierung der Geld- und Finanzflüsse:

- Ausnutzen der beschaffungs- und distributionsseitigen Zahlungsziele. Ein Hersteller begleicht die Verbindlichkeiten aus Materiallieferung erst nachdem die Kunden die mit der Auslieferung der Waren entstandenen Forderungen bezahlt haben.
- Bei einem Konsignationslager bleibt das Material im Eingangslager solange Eigentum des Lieferanten bis die Materialentnahme durch den Hersteller erfolgt. Dadurch entstehen beim Hersteller erst zu einem späteren Zeitpunkt Verbindlichkeiten.

Drittens:

Bislang wird das logistische Handlungsfeld meistens auf die Objektflüsse im Ausführungssystem des Unternehmens begrenzt. Diese Schwerpunktsetzung macht Sinn, da der primäre Zweck im physischen Ausführen der Material- und Warenbewegungen bzw. der physischen Abwicklung der Kundenaufträge besteht. Die Führungsaktivitäten lenken und steuern diese ausführenden Prozesse. Dazu sind zwischen den verantwortlichen Führungskräften für Einkauf, Beschaffung, Produktion und Vertrieb Informationen auszutauschen. So entstehen Informationsflüsse im Führungssystem, die als solche auch als Objekt der Logistik interpretierbar sind. Die Konsequenz daraus ist, die klassische Anwendungsebene der Logistik (Objektflüsse im Ausführungssystem) um eine neue Anwendungsebene (Objektflüsse im Führungssystem) zu erweitern. Die logistische Herausforderung bildet dann die Sicherung eines hohen Informationsversorgungsservices für die Führungskräfte, indem die relevanten (richtigen) Informationen zum richtigen Zeitpunkt, in der richtigen Qualität und Quantität, am richtigen Ort, zu den minimalen (richtigen) Kosten zur Verfügung stehen.

Viertens:

In einem engen Zusammenhang mit dem Handlungsfeld „Logistik in der Führung" steht nach wie vor das Erfordernis nach einer ganzheitlichen, d.h. alle Funktionen (Planung, Kontrolle, Informationsversorgung, Personalführung und Organisation) integrierenden Unternehmensführung. So lässt sich eine flussorientierte Ausgestaltung des Ausführungssystems erst durch entsprechende Organisationsstrukturen erlangen. Ebenso setzt die Herausbildung eines flussorientierten, koordinierten Handelns der Mitarbeiter im Unternehmen eine Verhaltensentwicklung voraus, so dass die Logistik auch auf die Schaffung passender Anreizsysteme hinwirken sollte.

Logistikdefinition

Im Ergebnis können wir die Logistik definieren:

> Die Logistik ist eine moderne Führungskonzeption zur Entwicklung, Gestaltung, Lenkung und Realisation effektiver und effizienter Flüsse von Objekten (Güter-, Informations-, Geld- und Finanzflüsse) in unternehmensweiten und unternehmensübergreifenden Wertschöpfungssystemen.

Durch die **Logistikbrille** sehen wir Wertschöpfungssysteme als Systeme von Objektflüssen zwischen Lieferanten, Produzenten, Händlern und Kunden. Die Logistiker erforschen Wertschöpfungssysteme in ihrer Eigenschaft als Objektflusssysteme bzw. Fließsysteme. Die Worte eines Logistikleiters veranschaulichen das eindrucksvoll: „Wir wollen keine Bestände managen, sondern Flüsse."

Entwicklungsphasen

Die Definition repräsentiert als „State of the Art" die dritte Entwicklungsphase im Lebenslauf der Logistik. So hat sich die Entwicklung der betriebswirtschaftlichen Logistik von den Anfängen bis zur Gegenwart in drei Entwicklungsphasen vollzogen.

Die erste Entwicklungsphase bezeichnet mit Logistik eine funktionale „... Spezialisierung auf material- und warenflussbezogene Dienstleistungen, wie Transportieren, Lagern, Palettieren, Verpacken, Kommissionieren ... sowie deren Verknüpfung" (Weber 1996a, Sp. 1097). Die praktische Problemsituation war geprägt durch eine organisatorische Zersplitterung der material- und warenflussbezogenen Funktionsbereiche.

Aber auch bei einer Verknüpfung zwischen diesen Transferaktivitäten verbleiben effektivitäts- und effizienzmindernde Schnittstellen zwischen den Bereichen Beschaffung, Produktion und Distribution. Als Antwort darauf wird in der zweiten Entwicklungsphase die Logistik als eine unternehmensweite und -übergreifende Koordinationsfunktion zur Erzielung effizienter Material- und Warenflüsse interpretiert. Dazu erfuhr die Logistik eine Erweiterung um dispositive Planungs- und Steuerungsaktivitäten (z. B. Materialdisposition, Produktionsplanung und -steuerung (PPS), Vertriebsdisposition).

Diese zweite Entwicklungsstufe erfüllt eine Mittlerfunktion auf dem Weg der Logistik von einer Funktionenlehre zu einer Führungslehre. Logistik als eine Führungslehre bzw. Führungskonzeption charakterisiert die dritte Entwicklungsphase (siehe Abbildung 1.2). Dabei sind die Inhalte der vorausgehenden Stufen nicht obsolet geworden. Diese sind in die dritte Phase mit eingeflossen.

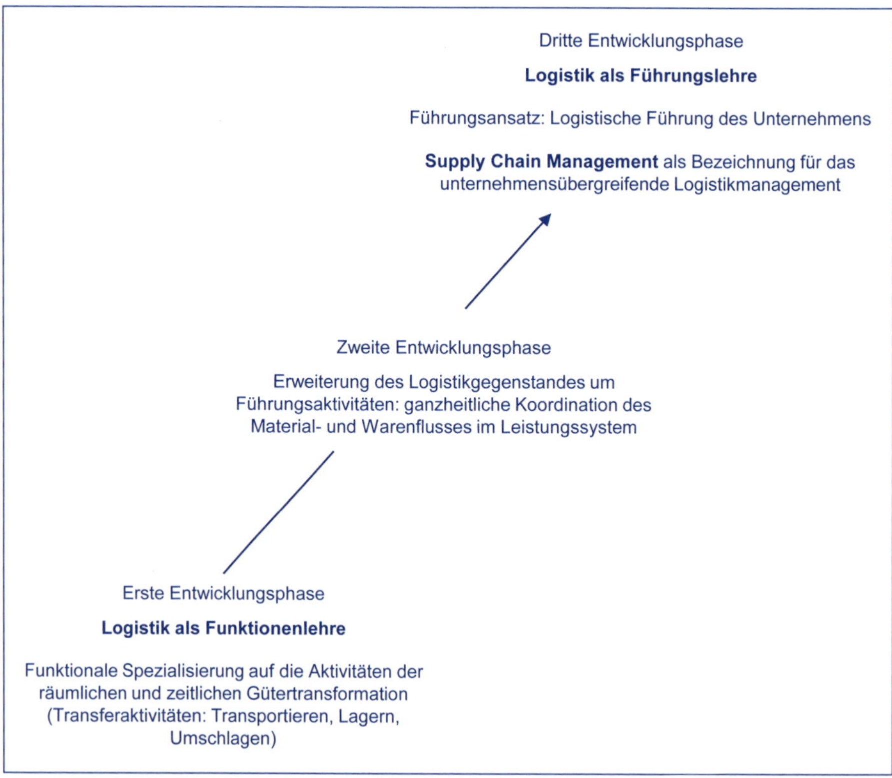

Abbildung 1.2: Entwicklungsphasen der Logistik

Logistikziele

Die Ziele des Logistikmanagements lassen sich in drei Zielbereiche gliedern:

- **Flusskostensenkung**
  Sie beinhaltet den effizienten Einsatz von Produktionsfaktoren für die Ausführung und das Management der Material-, Waren- und Informationsflüsse einschließlich Geld- und Finanzflüsse.
- **Objektwertsteigerung**
  Sie beschreibt den Beitrag der Logistik auf die Erhöhung des Marktwertes von Produkten (Objektwertsteigerung = Steigerung des Produktmarktwertes). Logistikservices bewirken eine höhere Attraktivität des Leistungsangebotes, die vom Markt bzw. von den Kunden honoriert wird. Das führt zwar nicht zwangsläufig zur Akzeptanz höherer Preise, aber zumindest zum Erhalt des Auftrags. Als eine die Sachleistung (Produkt) ergänzende Serviceleistung entwickelt sich die Logistik zu einem entscheidenden Wettbewerbsfaktor. Klassische Servicekomponenten sind:
  - **Lieferzeit**
    Zeitspanne von der Erteilung des Kundenauftrags bis zum Erhalt der Ware
  - **Lieferzuverlässigkeit**
    Einhaltung der Lieferzeit (Termintreue)

   - **Lieferungsbeschaffenheit**
     Liefergenauigkeit in Bezug auf Güterart, Menge und Lieferzustand
   - **Lieferflexibilität**
     Fähigkeit des Lieferanten auf individuelle Kundenwünsche eingehen zu können
   - **Informationsfähigkeit**
     über den Verlauf der Auftragsbearbeitung mittels Sendungsverfolgungssystemen (Tracking and Tracing)
- **Anpassungs- und Entwicklungsfähigkeit**
  Während sich die Anpassungsfähigkeit an Veränderungen im Umfeld auf ein reaktives Verhaltensmuster des Unternehmens bezieht, steht Entwicklungsfähigkeit für ein aktives, innovatives Verhalten.

Viele Anzeichen sprechen dafür, dass damit die Beantwortung der Identitätsfrage der Logistik „Was ist Logistik" einen Abschluss gefunden hat. In die dritte Entwicklungsstufe fällt die Geburt des Supply Chain Managements. Das wirft die Frage nach der Beziehung zwischen Logistik und Supply Chain Management auf. Handelt es sich bei Supply Chain Management um eine neue Konzeption? Die Ausführungen im nachfolgenden Kapitel erklären den Platz des Supply Chain Managements innerhalb der Logistik.

1.5 Supply Chain Management – eine qualitativ hohe Entwicklungsstufe der Logistik

Während die wissenschaftliche Auseinandersetzung mit Logistik spürbar in den siebziger Jahren im deutschsprachigen Raum einsetzte, dominierte erst zwei Jahrzehnte später in den neunziger Jahren Supply Chain Management (SCM) die Diskussion. Die zahlreichen Definitionen über den Inhalt von Supply Chain Management lassen sich auf zwei große Gruppen reduzieren.

Die zur ersten Gruppe zählenden Autoren interpretieren Supply Chain Management mit Logistik. So schreiben SIMCHI-LEVI et al. „... we will not distinguish between logistics and supply chain management" (Simchi-Levi et al. 2004, S. 3). Unterstützt wird das durch die synonyme Verwendung der Kategorie "Supply Chain" für „Lieferkette", „Versorgungskette", „Logistikkette" und „logistics network" (vgl. u.a. Bacher 2004, S. 43, Braun 2012, S. 13, Weber/Wallenburg 2010, S. 17–21). Das folgende Zitat macht das deutlich. „The supply chain, which is also referred to as the logistics network, consists of suppliers, manufacturing centers, warehouses, distribution centers, and retail outlets as well as raw materials, work-in-process inventory, and finished products that flow between the facilities" (Simchi-Levi et al. 2004, S. 1).

Als repräsentativ für die Vertreter dieser ersten Gruppe wählen wir die Definition von SIMCHI-LEVI. Darin wird mit dem Fokus auf die unternehmensübergreifende Perspektive das Neue des Supply Chain Managements gegenüber früheren Herausforderungen und Lösungen in der Logistik klar erkennbar. Die Entwicklung zum Supply Chain Management bildet die Konsequenz aus den Veränderungen in der Praxis, erkennbar an dem Zusammenschluss von mehreren Unternehmen zu kooperativen Netzwerken.

„Supply chain management is a discipline that focuses on the integration of suppliers, factories, warehouses, distribution centers, and retail outlets so that the items are produced and distributed to the right customers, at the right time, at the right place, and at the right price. Importantly, this is done in a way that minimizes costs while satisfying a certain level of service" (Simchi-Levi 2000, S. 75).

Die Vertreter der zweiten Definitionsgruppe stellen entweder gar keinen Bezug zur Logistik her oder sie interpretieren die Logistik als eine Teilmenge innerhalb des Supply Chain Managements. Dabei grenzen sie die Logistik auf die unternehmensinterne Dimension und auf die Kernfunktionen Transportieren, Umschlagen, Lagern (TUL-Logistik) einschließlich damit verbundener dispositiver Prozesse ein. „Logistics is the combination of a firm's order management, inventory, transportation, warehousing, materials handling, and packaging as integrated throughout a facility network" (Bowersox/Closs/Cooper 2010, S. 4). Sie ignorieren die Entwicklung der Logistik von einer Funktionenlehre hin zu einer Führungslehre und bleiben stattdessen bei den ersten beiden Entwicklungsphasen stehen. Supply Chain Management beschreiben sie allgemein mit interorganisationalem Management bzw. mit Netzwerkmanagement (vgl. u. a. Hewitt 1994, S. 1 ff., Marbacher 2001, S. 19 ff.). Repräsentativ für diese zweite Gruppe ist die SCM-Definition von BOWERSOX/CLOSS/COOPER.

„Within a firm's supply chain management, logistics is the work required to move an geographically position inventory. As such, logistics is a subset of and occurs within the broader framework of a supply chain. Logistics is the process that creates value by timing and positioning inventory. ... Supply chain strategy establishes the operating framework within which logistics is performed" (Bowersox/Closs/Cooper 2010, S. 4).

Die dazu passende Definition von CHRISTOPHER erhärtet die enge Auslegung von Logistik auf die nur unternehmensinterne Dimension:

„Supply chain management is a wider concept than logistics. Logistics is essentially a planning orientation and framework that seeks to create a single plan for the flow of product and information through a business. Supply chain management builds upon this framework an seeks to achieve linkage and coordination between the processes of other entities in the pipeline, i. e. suppliers and customers, and the organization itself" (Christopher 2005, S. 4).

Abwägen zwischen beiden Auffassungsgruppen:

Hierzu schärfen wir den Blick auf die inhaltlichen Abläufe in einer Supply Chain: Die Versorgungskette wird durch den Bedarf ausgelöst, den die Endverbraucher gegenüber dem am Ende der Wertschöpfungskette agierenden Unternehmen melden. Von hier aus werden die Bedarfsinformationen an alle an der Leistungserstellung beteiligten Unternehmen weitergeleitet, um den erforderlichen Material- und Warenfluss, beginnend bei der Rohstoffgewinnung bis hin zu dem fertigen Produkt und den Serviceleistungen, in Gang zu setzen. Unternehmen unterschiedlicher Wertschöpfungsstufen arbeiten im Prozess der Leistungserstellung eng zusammen. Idealtypisch wird das mit der Wertschöpfungskette „Vorlieferant – Lieferant – Hersteller – Handel – Endverbraucher" abgebildet. (siehe Abbildung 1.3).

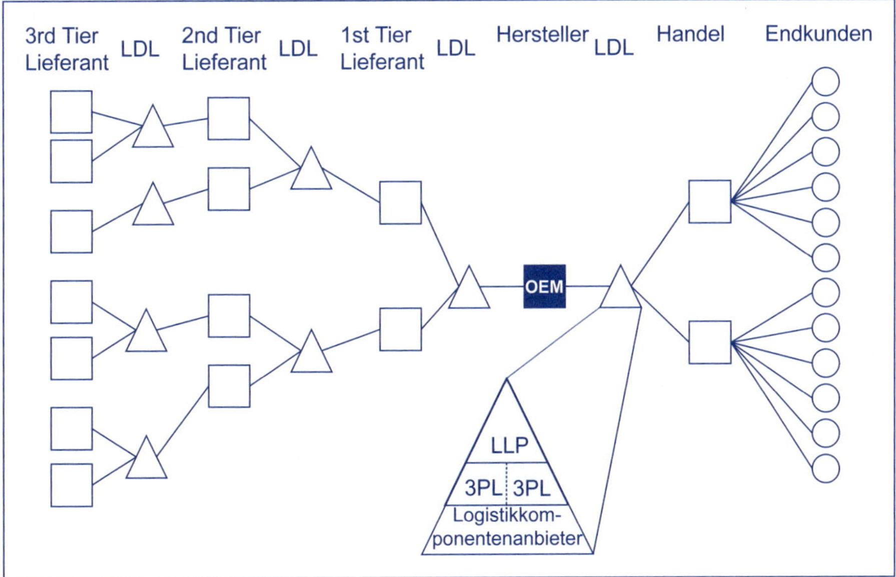

Abbildung 1.3: Prinzipdarstellung einer Supply Chain

Unterstützende Argumente für die erste Gruppe sind:

1. Das **verbindende Element** in der unternehmensübergreifenden Wertschöpfungskette bildet der **Güter-, Informations- Geld- und Finanzfluss:** Erst durch einen funktionierenden Informationsfluss entstehen Leistungsbeziehungen. Die Leistungsbeziehungen dokumentieren sich in dem Material- und Warenfluss sowie dem dazugehörenden Geld- und Finanzfluss. Fazit: Die Komplexität der unternehmensübergreifenden Leistungsbeziehungen kann auf die Objektflüsse reduziert werden.
2. **Defizite in der Beherrschung der Güter-, Informations-, Geld- und Finanzflüsse** zwischen Unternehmen sind auch die unmittelbaren **Auslöser** für die Geburt des Supply Chain Managements. So wird als Hauptmotiv für den Übergang zum Supply Chain Management in nahezu allen Publikationen die Lösung

des Bullwhip-Effekts betont, mit dem Ziel „to better match supply and demand" (Simchi-Levi 2000, S. 79), in Richtung einer Synchronisierung von Nachfrage und Angebot über alle Stufen einer Supply Chain.

Bullwhip-Effekt

Mit Bullwhip-Effekt wird die Aufschaukelung der Nachfrage in unternehmensübergreifenden Wertschöpfungsketten bezeichnet.

Wann kommt es zum Bullwhip-Effekt?

Immer dann, wenn in einer Supply Chain die Informationen über die Nachfrage der Endkunden nicht an die vorgelagerten Wertschöpfungsstufen weitergegeben werden. Dann optimiert jedes Unternehmen unabhängig von den anderen Akteuren seine Bestände. Infolge der Unkenntnis der tatsächlichen Marktnachfrage baut jedes Unternehmen erhöhte, zusätzliche Bestände auf. In der Folge schaukeln sich die Bestellmengen beginnend von den Endkunden, über den Handel, die Hersteller bis hin zu den Lieferanten und Vorlieferanten immer weiter auf. Aus dem bildlichen Vergleich zwischen dem Hieb einer Bullenpeitsche kommt die Bezeichnung Bullwhip-Effekt (siehe Abbildung 1.4).

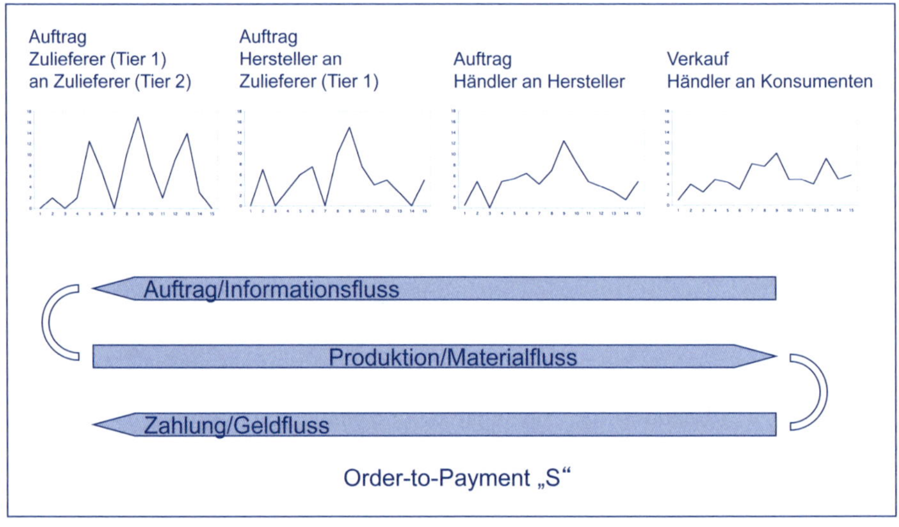

Abbildung 1.4: Bullwhip-Effekt (vgl. u. a. Konrad 2005, S. 31)

Der Bullwhip-Effekt ist umso größer, je mehr Stufen die Supply Chain besitzt und je schlechter die Material-, Waren- und Informationsflüsse zwischen den Unternehmen koordiniert werden (vgl. Marbacher 2001, S. 224f.). In einer mittels Computersimulation durchgeführten Modellrechnung zeigte FORRESTER bereits in den 50er Jahre wie eine 10-prozentige Zunahme der Verkäufe an Endkunden im Einzelhandel eine Erhöhung der Bestellmenge an den Großhandel um 16 Prozent bewirkt, der Großhändler seinerseits die Bestellmenge an den Konsumgüterhersteller um 28 Prozent erhöht und dieser daraufhin seinen Produktionsausstoß um 40 Prozent steigert. Procter & Gamble untersuchte den Nachfrageverlauf für

Babywindeln und stellte fest, dass selbst bei einem kaum schwankenden Abverkauf es zu einer von Wertschöpfungsstufe zu Wertschöpfungsstufe zunehmenden Aufschaukelung der Bestellmengen kommt.

Wie kann der Bullwhip-Effekt gelöst werden?

Alle in der Supply Chain kooperierenden Unternehmen müssen erstens einen direkten Zugriff auf die Endkundennachfrage erhalten. Zweitens gilt es, von der bisher praktizierten autarken Planung von Produktion und Beständen zu einer kooperativen Absatz-, Produktions- und Bestandsplanung überzugehen.

Da die Material-, Waren- und Informationsflüsse traditionell in den Objektbereich der Logistik gehören, folgt: Das Supply Chain Management hat seinen Ursprung in einer zentralen logistischen Problemstellung. Die Auffassungen der zweiten Definitionsgruppe entfernen sich zu weit vom Kerninhalt der mit Supply Chain Management herausgebildeten neuen Managementqualität.

Supply Chain Management bildet eine Innovation im Entwicklungsprozess der Logistik. Der Neuheitsgehalt bezieht sich vor allem auf die logistische Integration von kooperierenden Unternehmen zur Erschließung unternehmensübergreifender Erfolgspotenziale. Dabei wird davon ausgegangen, dass die unternehmensinternen Optimierungspotenziale schon weitgehend ausgeschöpft sind, während die unternehmensübergreifenden Güter-, Informations-, Geld- und Finanzflüsse ein großes Optimierungspotenzial eröffnen, das sich lohnt zu erschließen.

Drei Merkmale prägen die neue Qualität des SCM

- unternehmensübergreifende (interorganisationale) Perspektive und Integration der Güter- und Informationsflüsse über mehrere Wertschöpfungsstufen hinweg
- konsequente Ausrichtung auf die Bedürfnisse der Endkunden
- Prozessansatz

Definition SCM

Das Supply Chain Management bildet eine moderne Konzeption für Unternehmensnetzwerke zur Erschließung unternehmensübergreifender Erfolgspotenziale mittels der Entwicklung, Gestaltung, Lenkung und Realisation effektiver und effizienter Güter-, Informations-, Geld- und Finanzflüsse.

1.6 Experteninterview

Prof. Dr. Karl-Rudolf Rupprecht

Sehr geehrter Herr Professor Rupprecht, Ihre berufliche Karriere in der Logistik ist beispielgebend. Als Chief Operation Manager und Mitglied des Vorstands der Lufthansa Cargo AG haben Sie logistische Höchstleistung bewiesen. Mit Engagement allein ist das nicht zu schaffen; dazu gehört vieles mehr: Begeisterung, Faszination …!

Was begeistert Sie an der Logistik?

Begeistert? Ja, das stimmt, auch nach mehr als 30 Jahren bin ich immer noch begeistert. Und ich bin überzeugt, dass dies ganz wichtig ist. Alle wissen zwar, dass ohne Logistik weder die Wirtschaft läuft noch im privaten Bereich die Pakete zu Hause ankommen. Allerdings wird dies in der Regel als Selbstverständlichkeit empfunden und nur wenn es nicht läuft, ja dann liegt es an der Logistik. Also man muss schon richtig begeistert sein, um in einem Bereich zu arbeiten, der in der Regel nur dann Aufmerksamkeit erhält, wenn etwas nicht wie gewünscht funktioniert.

Logistik fasziniert mich, weil sie in der heutigen Welt die Grundlage bildet, um international Handel zu treiben und den weltweiten Wohlstand zu mehren. Welche Produkte werden wo produziert und wo sind neue Absatzmärkte? Wie sieht die weltweite Produktionslogistik z.B. für die Autobauer der Zukunft aus? Die Logistik verbindet hierzu alle erdenklichen Punkte auf unserer Erde miteinander, stellt Interaktion zwischen den verschiedenen Kulturen her und reflektiert auch immer geopolitische Entwicklungen. Was gibt es Schöneres, als hier an vorderster Front dabei zu sein, immer wieder anzupacken, die Prozesse zu verbessern und neue Lösungen zu finden?

Logistik ist heute mehr als reiner Transport, das ist klar, aber wie die digitale Datenverknüpfung mehr und mehr zusammenwächst, das begeistert mich. Zum einen entlang der globalen Lieferkette und auf der anderen Seite auf diversen mobilen Devices direkt zum Kunden. Hier wird klar, die Bedeutung der Logistik wird weiterwachsen. Und die Logistiker sind wesentliche Mitgestalter dieser Entwicklung.

Bei aller Euphorie für die Technologie, am Ende sind es die Menschen, die den Unterschied machen. Mich begeistert, mit Teams aus verschiedenen Kulturen mit unterschiedlichem Know-how zusammenzuarbeiten. Wenn es gelingt, im Team die Begeisterung hochzuhalten, dann kann großartiges geschaffen werden.

Und zum Schluss: Auch heute kann ich noch viel dazu lernen, von den jungen Logistikerinnen und Logistikern lernen und meine Erfahrung einbringen. Auch das begeistert mich.

Wie muss man sich die Abläufe im weltweiten Luftfrachtgeschäft vorstellen? Was macht das Luftfrachtgeschäft einzigartig gegenüber dem klassischen Frachtgeschäft?

Luftfracht ist mit Abstand der teuerste Transport. Und deshalb, so sagen viele Kunden, vermeidet man sie. Und doch wird sie gebraucht: ob Traditionsbetrieb oder Start-up, kleine oder große Unternehmen, sie alle nutzen die Luftfracht immer dann, wenn es eilig ist, wenn sensible oder teure Güter zu transportieren sind. Und natürlich auch im Notfall, wenn irgendwo auf der Welt die Produktion steht und ein kleines Ersatzteil fehlt. Schnelligkeit, Zuverlässigkeit und Sicherheit sind die Kernmerkmale der Luftfracht. So können beispielsweise die Kunden noch bis eine knappe Stunde vor Abflug ihre Ware anliefern – und am Zielflughafen können sie diese in knapp 2 Stunden in Empfang nehmen. Mit welcher anderen Transportart ist dies so möglich?

Die Grundprozesse sind im internationalen Warentransport zwar grundsätzlich gleich, aber die Schnelligkeit und die Reaktionsfähigkeit, welche die Luftfracht unverzichtbar machen, sind nur möglich, wenn die dahinterliegenden Prozesse stimmen.

Unternehmerischer Erfolg ist nur möglich, wenn die Kapazitätsplanung und Auslastung stets flexibel auf den schwankenden Bedarf und die sehr unterschiedlichen Transportgüter – ob Maschinen- und Anlagenbauteile, Elektronik oder chemische Substanzen, Medikamente, lebende Tiere oder vieles mehr – reagieren. Mit welchem Produktmix lässt sich auf der Route ein optimales wirtschaftliches Ergebnis erreichen? Oder muss ein Zwischenstopp zwecks Zuladung eingeplant werden? Welche Trunkroutes sollen bedient werden, wo sollten die Cargohubs liegen, um die Warenströme zu konsolidieren? Und dabei nicht vergessen, dass Intermodalität längst zum Alltag gehört und so z. B. in EU die Güter fast ausschließlich getruckt werden und dann global geflogen werden. Um den Kunden ein effizientes breites Streckennetz anbieten zu können und das Auslastungsrisiko zu verringern, bedienen sich die Cargo Airlines neben den Fullfreightern auch den sogenannten Bellies der Passagierflugzeuge. So wird heute weltweit bereits ca. 45 % des Cargovolumens in den Passagierbellies transportiert. All dies sind wichtige Parameter, um die anspruchsvolle Umlaufplanung und die Streckennetzplanung zu planen.

Die beste Auslastung der Flugzeuge hinsichtlich des Gewichts und Transportvolumens zu erreichen, ist wirtschaftlich ein Muss. Während dabei Software unterstützt, ist beim Palettenaufbau immer noch der Mensch mit seinem spezifischen Know-how direkt gefragt. Wie sieht der Bedarf auf dem Rückflug aus?

Und auch wir alle als Privatpersonen nutzen, ohne dass wir es uns bewusst machen, immer öfter die Luftfracht, nämlich durch den wachsenden Online-Handel. Bereits heute kommen immer mehr Waren direkt aus den Produktionsländern der Welt, wie z. B. China, ohne Zwischenlagerung direkt zum Endkunden. Man spricht hier von Cross-Border-eCommerce. Das ist – anders als möglicherweise angenommen – keine Einbahnstraße, sondern auch die junge, aufstrebende Mittelschicht in anderen Ländern ordert in Europa Fashion-goods, Babynahrung, Kosmetika und vieles mehr. Ohne die Luftfracht wäre in vielen Fällen der Marktzugang nicht möglich. Und allein am sogenannten „single day" am 11. November eines jeden Jahres, werden über Alibaba mehr als 1 MRD $ pro Std. !! an Waren geordert. Eine echte Herausforderung für alle Logistiker!

Die Logistik ist dynamisch und innovativ. Was sind dafür markante Beispiele aus Ihrem Berufsleben?

Je 3 Beispiele will ich aus einer großen Menge herausgreifen.

Dynamik: Wer erinnert sich noch an den Ausbruch des Vulkans Eyjafjallajökull im Jahr 2010? Von einem Tag auf den anderen Tag kam der weltweite Flugverkehr von und nach Europa zum Stillstand. Die Folge waren Engpässe bei sensiblen Gütern wie Pharmaprodukten, die Gefahr von Stillstand wegen fehlender Zuliefer- oder Ersatzteile und die Frage, wo verderbliche Güter wie Fisch, Früchte oder Blumen bis zum Weitertransport gekühlt zwischengelagert werden, um deren Verderb zu vermeiden. Jede Menge Fragen im Kleinen wie im Großen. Und natürlich immer wieder die Winter OPs in der Hochsaison zu Weihnachten, wenn plötzlich Schneefall einsetzt. Und natürlich die Corona Pandemie indem dringend medizinische Güter in großen Stückzahlen zu transportieren waren.

Innovation: Die Anforderungen in der Luftfahrt für die Ersatzteillogistik sind besonders hoch und komplex. Müssen doch tausende verschiedene Bauteile zur Reparatur versendet werden und die Dokumentation der Reparaturschritte je Bauteil (back to birth) jederzeit verfügbar sein. Hier einer der ersten gewesen zu sein, einen Prozess entwickelt zu haben, der die digitale Zurverfügungstellung wichtiger Informationen und Dokumentationen bis zum Mechaniker vor Ort sicherstellte, erfüllt mich auch heute noch mit einem gewissen Stolz auf die Teamleistung. Die Entwicklung einer Verzollungssoftware für den grenzüberschreitenden schnellen Reparaturkreislauf gehört definitiv auch dazu. Last but not least: Innovation war und wird immer wichtiger, um so ökologisch wie möglich zu fliegen. Die Einführung von Lightweight Containern zur Gewichtseinsparung, die Einführung von papierlosen Cockpits und die digitale Substitution von 30 kg schweren Nav-kid, Pilotenkoffern, haben dazu beigetragen. Ob Reduzierung von Verpackungsmaterial oder optimierte Flugrouten: jeder Schritt zur Verbesserung der Ökobilanz hat seinen Wert und stößt oft auch wieder neue innovative Einsparungsideen an.

Ein Blick in die Zukunft: Was wird sich in der Logistik in den nächsten Jahren verändern, gern über das Luftfrachtgeschäft hinausschauend? Wo sollten Innovationsprozesse ansetzen?

Logistik im Kern ist die schnelle und direkte Verknüpfung von Warentransport und Information entlang der Supply Chain. Die Zukunftsvision ist für mich ein vollständiger digitaler Informationsfluss, Keine Papiere mehr, weder für Zollbehörden und Veterinärämter noch für andere Prozessstellen – und dies weltweit. Realtime-informationen für die Kunden, Airlines, Groundhandler etc. um die Planung, die An- und Abholung und die Auslastung der Flugzeuge zu optimieren. Und darauf aufsetzend KI-unterstützte Prozesse zur Palettenplanung und zum automatischen Aufbau der Paletten, zur optimalen Auslastung der Flugzeuge, zur Routenoptimierung, sowohl im Sinne der Wirtschaftlichkeit und Schnelligkeit als auch im Sinne der Umwelt. Insgesamt kann eine deutlich höhere Automatisierung bis hin zu einem autonomen Transport der Waren zum Flugzeug erreicht werden. Und im Flugzeug selbst? Ja, da sehe ich die Optimierung des Gewichts der Transporteinheiten, raumsparende Verpackung von dangerous goods und auch der sichere Transport für große Batterien oder Batteriemengen. Das Problem der Explosionsgefahr bei Beschädigungen muss gelöst werden, wenn die e-Mobilität weltweit an Fahrt aufnimmt.

Zusammenfassend gesagt: Digitale, übergreifende und KI-unterstützte Prozesse vom Endkunden bis zum einzelnen Element der Wertschöpfungskette der Logistik. Hierzu bedarf es stärker Kooperation unter den Wettbewerbsteilnehmenden und Logistiker: innen, die mit Begeisterung und Know-how die Zukunft im multikulturellen Umfeld gestalten wollen.

Vielen Dank.

1.7 Zusammenfassung

Die Logistik ist in allererster Linie ein Produkt der Unternehmenspraxis. In den Anfängen als reine TUL-Logistik (Transportieren, Umschlagen, Lagern) angewandt hat sich die Logistik zu einer modernen Managementkonzeption entwickelt. Ursächlich dafür sind die Veränderungen in der Unternehmensumwelt, wie die Internationalisierung, die zunehmende Wettbewerbsintensität und die steigenden und neuen Kundenerwartungen. Wie jedes Produkt, so durchläuft auch die Logistik einen Lebenszyklus. Bewährtes fließt in neue Entwicklungsphasen ein. Supply Chain Management bildet eine solche, qualitativ neue Entwicklungsstufe innerhalb der betriebswirtschaftlichen Logistik.

1.8 Wissens- und Fähigkeitentest

Aufgabe 1.1:

Die Logistik begegnet Ihnen nicht nur im Beruf, sondern auch im privaten Alltag auf vielfältige Weise. Bitte füllen Sie Ihr persönliches LOGISTK-ABC mit Logistikinhalten aus Ihrem privaten oder beruflichen Umfeld aus. Das muss nicht vollständig sein. Weiße Felder können Sie später parallel zu Ihrem Erkenntnisfortschritt füllen.

A	B	C
D	E	F
G	H	I
J	K	L
M	N	O
P	Q	R
S	T	U
V	W	Z

Aufgabe 1.2:

Welche Wirkungen hat die Weiterentwicklung der TUL-Logistik zu einer modernen Führungskonzeption auf die Logistikservices? Bitte je Servicekomponente ein Argument.

Aufgabe 1.3:

„Der Bullwhip-Effekt bildet Auslöser für das Supply Chain Management." Bitte geben Sie eine kurze Begründung.

2. Logistikcontrolling

Die Logistik kann eine große Unterstützung durch das Controlling erhalten. Deshalb ist es sinnvoll, das Logistikmanagement stets im Zusammenhang mit dem Logistikcontrolling zu behandeln. So unterschiedlich wie die Auffassungen über die Logistik sind, so verschieden sind sie auch über das Controlling. In einem sind sich aber nahezu alle einig: Die Logistikcontroller unterstützen die Logistikmanager bei der Wahrnehmung vielfältigster Aufgaben. Worin diese Führungsunterstützung genau besteht, da gehen die Meinungen aber auseinander.

Lernziele

Das zweite Kapitel soll Sie befähigen:

- Ihr eigenes Verständnis über Logistikcontrolling herauszubilden,
- das Zusammenspiel zwischen Logistikmanager und Logistikcontroller zu erklären,
- Vorschläge für die Aufgabenteilung zwischen Logistiker und Controller zu entwickeln.

2.1 Controlling-Konzeptionen

Eine Reihe alternativer Konzeptionen konkurrieren untereinander. Welche das sind und worin sie sich unterscheiden, bildet Inhalt der nachfolgenden Ausführungen. Die Vorstellung der Konzeptionen folgt ihrem zeitlichen Entwicklungsverlauf.

2.1.1 Informationsorientierte Konzeption

Die eigenständige Problemstellung des Controllings wird bei dieser Konzeption in der Koordination zwischen Nachfrage und Angebot von Führungsinformationen gesehen. Begründer und zugleich prominentester Vertreter ist REICHMANN.

„Aktivitäten wie Informationsbeschaffung, Informationsaufbereitung, Datenanalyse, Beurteilung und Kontrolle zählen mithin zu den wesentlichen Aktivitäten des Controllers." (Reichmann et al. 2011: 4)

„Controlling ist die zielbezogene Unterstützung von Führungsaufgaben, die der systemgestützten Informationsbeschaffung und Informationsverarbeitung zur Planerstellung, Koordination und Kontrolle dient; es ist eine rechnungswesen- und vorsystemgestützte Systematik zur Verbesserung der Entscheidungsqualität auf allen Führungsstufen der Unternehmung." (Reichmann et al. 2017: 19)

Als Hauptargument gegen den informationsorientierten Erklärungsansatz wird angeführt, dass dieser Koordinationsbedarf in den Objektbereich des entscheidungsorientierten Rechnungswesens fällt und somit keine neue betriebswirtschaftliche Disziplin Controlling rechtfertigt. Jedoch wächst der Führungsinformationsbedarf doch immer mehr über die Informationen des betrieblichen Rechnungswesens hinaus. Ein Beispiel bilden Informationen aus strategischen Früherkennungssystemen. Das Controlling gründet sich damit auf einen erweiterten Informationsinhalt, der die Grenzen des Rechnungswesens weit übersteigt.

Folgt man dieser Konzeption, dann bildet die rechtzeitige und kostengünstige Bereitstellung von entscheidungsrelevanten, qualitativen und quantitativen Informationen für das Logistikmanagement den Gegenstand des Logistikcontrollings (vgl. Winkler 2005: 106).

2.1.2 Koordinationsorientierte Konzeptionen

Die koordinationsorientierten Konzeptionen beruhen auf einer **systemischen Sichtweise** von Unternehmen. Danach wird ein Unternehmen in ein Führungssystem und ein Ausführungssystem unterteilt.

Das Ausführungssystem beinhaltet alles was direkt die Erzeugung und Verwertung von Sachgütern und Dienstleistungen bewirkt (z. B. das Montieren von Teilen zum fertigen Produkt oder das Transportieren von Ware zum Abnehmer). Die Akteure und Prozesse im Ausführungssystem bedürfen einer zielgerichteten Lenkung und Steuerung durch das Führungssystem (siehe Abbildung 2.1).

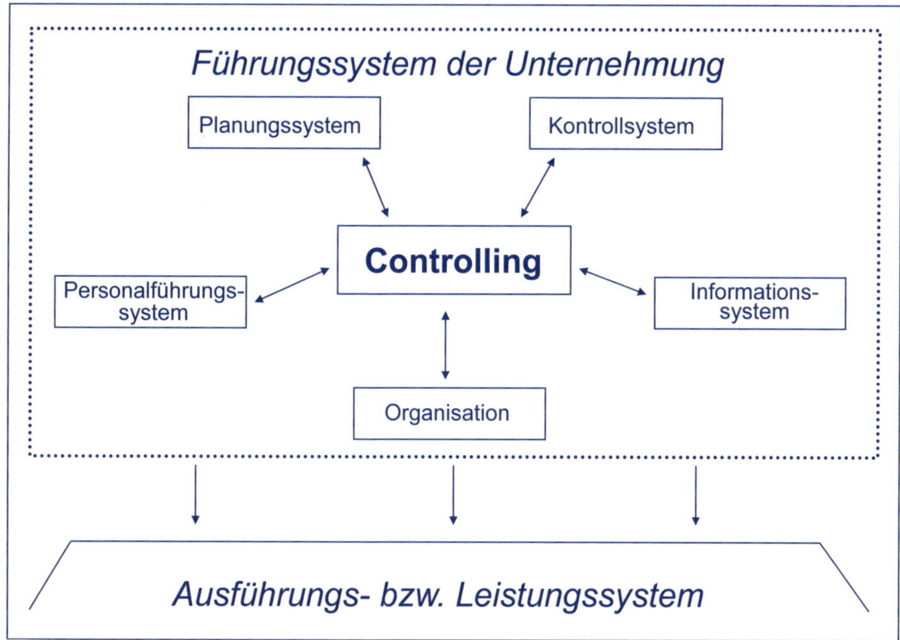

Abbildung 2.1: Gliederung des Führungssystems (Küpper et al. 2013: 36)

Die koordinationsorientierten Konzeptionen erweitern die informationsorientierte Konzeption. Sie beinhalten zusätzlich die Koordination innerhalb und zwischen den Führungsteilsystemen. Danach besteht die Kernaufgabe des Controllings in der Koordination des arbeitsteiligen, funktional spezialisierten Führungsgesamtsystems.

Das Logistikmanagement gliedert sich ebenfalls in Planung, Informationsversorgung, Kontrolle, Organisation und Personalführung. Die Koordination zwischen diesen einzelnen Logistikmanagementfunktionen zu einem integrierten Logistik-Führungssystem wird als Aufgabenbereich der Logistikcontroller erklärt.

informations-, planungs- und kontrollorientierte Konzeption

Die bekanntesten Vertreter dieses Controllingansatzes sind HORVÁTH und KÜPPER. Sie unterscheiden sich in Bezug auf den Umfang der Koordinationsfunktion. Während HORVÁTH auf die Koordination zwischen Informationsversorgung, Planung und Kontrolle eingrenzt, vertritt KÜPPER die umfassende koordinationsorientierte Konzeption, die alle Subsysteme einschließt. Die nachfolgenden zwei Zitate illustrieren das.

„Controlling ist … dasjenige Subsystem der Führung, das Planung und Kontrolle sowie Informationsversorgung systembildend und systemkoppelnd zielorientiert koordiniert und so die Adaption und Koordination des Gesamtsystems unterstützt" (Horváth et al. 2019: 58).

Die Hauptkritik gegen diesen Ansatz richtet sich auf die mit Planung, Kontrolle und Informationsversorgung inhaltliche Begrenzung der Koordinationsfunktion und die damit nicht explizite Berücksichtigung von notwendigen Abstimmungen mit den Führungsteilsystemen Organisation und Personalführung. „Koordinationsprobleme bestehen zwischen allen Teilen des Führungssystems" (Küpper 2013: 32). Die Konsequenz daraus führt zu der umfassenden koordinationsorientierten Controllingkonzeption.

umfassende koordinations-orientierte Konzeption

„Durch den Ausbau und die Verselbständigung der Führungsteilsysteme werden die Notwendigkeit und die Bedeutung der Koordination im Führungssystem immer offensichtlicher. […] Bei ihr handelt es sich um eine eigenständige Problemstellung, deren Gewicht zugenommen hat. Insofern erscheint es […] gerechtfertigt, für diese Funktion einen speziellen und neuen Begriff einzuführen." (Küpper et al. 2013: 35–36)

Aus der Kernfunktion – Koordination des Führungsgesamtsystems – leiten sich weitere Zwecksetzungen des Controllings ab. Das sind die Anpassungs- und Innovationsfunktion, die Zielausrichtungsfunktion und die Servicefunktion (vgl. Küpper et al. 2013: 38–41).

Die **Servicefunktion** unterstreicht den Charakter des Controllings als eine Führungsunterstützung. „Controlling ist Führungshilfe" (Küpper et al. 1990: 283; Küpper et al. 2013: 38 f.). Auch das Logistikcontrolling unterstützt das Management. Ein Logistik-Controller übernimmt im Unterschied zum Manager selbst keine direkten Steuerungs- und Lenkungsaufgaben (vgl. Küpper et al. 2013: 40.

Die **Zielausrichtungsfunktion** soll die Abstimmung zwischen den Akteuren, Teams, Bereichen und Prozessen auf die strategischen und operativen (eher kurzfristigen) Unternehmensziele sichern. Ein Beispiel dafür bildet die Budgetierung, an der Controller maßgeblich beteiligt sind.

Die **Anpassungs- und Innovationsfunktion** unterstreicht die Verantwortung der Controller für die Weiterentwicklung der Führungssysteme und Instrumente. Zum Beispiel stellt der Übergang hin zu einer Prozesskostenrechnung in der Logistik für ein Unternehmen eine Innovation dar.

2.1.3 Rationalitätsorientierte Konzeption

Die rationalitätsorientierte Konzeption geht auf WEBER und SCHÄFFER zurück. Anders als bei den koordinationsorientierten Erklärungsansätzen nach HORVÁTH und KÜPPER, die auf einer systemischen Sichtweise basieren, legen Weber und Schäffer ihrem Ansatz eine **akteursbezogene Führungsperspektive** zugrunde (vgl. Weber, Schäffer 2020).

Akteure sind die Manager. Jeder Manager besitzt erstens eigene, individuelle Interessen, die er versucht durchzusetzen, selbst dann, wenn diese im Konflikt mit den Unternehmenszielen stehen. Zweitens verfügen auch Manager nicht über unbegrenzte kognitive Fähigkeiten.

Rationalitätsdefizite der Manager

„Führung wird durch eigenständige Ziele verfolgende ökonomische Akteure (insbesondere Manager) vollzogen, die hierfür kognitive Fähigkeiten besitzen. Diese sind individuell begrenzt." (Weber, Schäffer 2020: 26)

Eine Begrenzung kognitiver Fähigkeiten kann bei dem Wahrnehmen und Beurteilen komplexer Problemsituationen eintreten. Weber und Schäffer bezeichnen es als Könnensdefizite.

Aus der Verfolgung individueller Interessen entspringt die Gefahr, dass sich Manager opportunistisch verhalten, indem dann die individuelle Nutzenmaximierung zum Nachteil des Unternehmens führt.

Weber und Schäffer schließen daraus, dass Führungsakteure **Könnens- und Wollensdefizite** aufweisen, welche sie als **Rationalitätsdefizite** begrifflich zusammenfassen (vgl. Weber, Schäffer 2020: 26, siehe Abbildung 2.2).

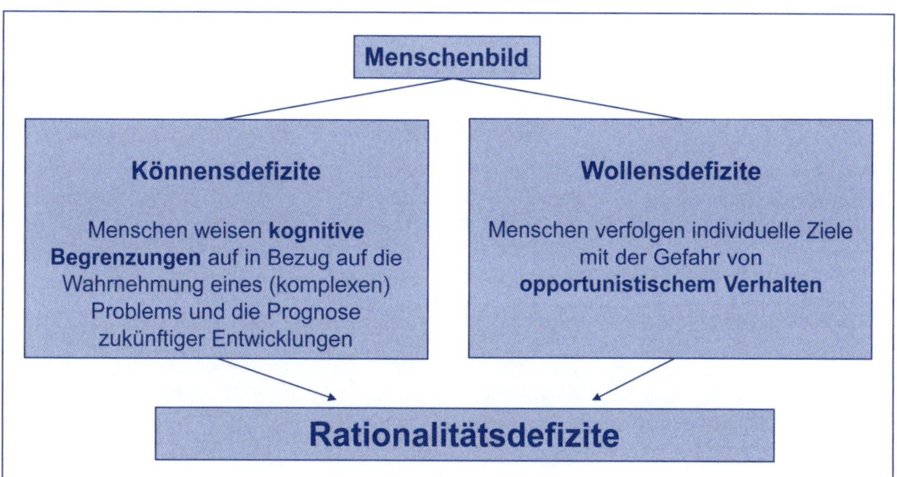

Abbildung 2.2: Akteursbezogene Führungsperspektive nach Weber und Schäffer (vgl. Weber/Schäffer 2020: 41–44, 47–50)

Rationalität

Rationalität definieren sie als Zweck-Mittel-Zusammenhang. Danach sei Führung immer dann rational, wenn es gelingt, einen gegebenen Zweck (ein gesetztes Ziel) mit den richtigen Mitteln zu erreichen (Führungseffizienz) oder die gegebenen Mittel (die Ressourcen des Unternehmens) dem richtigen Zweck (z. B. der richtigen strategischen Zielsetzung) zuzuführen (Führungseffektivität; vgl. Weber, Schäffer 2020: 46).

Controlleraufgaben

Übertragen auf die Logistik heißt das: Logistikcontroller unterstützen Logistikmanager, indem sie sichern, dass die Manager rationale Entscheidungen treffen. Die Kernaufgabe von Controllern ist es, Könnens- und Wollensdefizite zu vermindern bzw. zu vermeiden. Dazu nehmen Logistikcontroller Aufgaben aus folgenden drei Aufgabenbereichen wahr (vgl. Weber, Schäffer 2020: 42–45).

- **Entlastungsaufgaben**
  Logistikmanager delegieren Aufgaben an Logistikcontroller, die sie aufgrund begrenzter Ressourcen bzw. Kapazitäten nicht selbst erledigen können (z. B. Übernahme des Logistik-Berichtswesens einschließlich der Durchführung von Abweichungsanalysen.
- **Ergänzungsaufgaben**
  Auslöser sind zum einen Könnens- und Wollensdefizite der Logistikmanager; zum anderen kann es sein, dass Controller bewusst die Rolle als übergeordnete Instanz übertragen bekommen (z. B. Projektkontrolle: Logistikcontroller müssen die Freigabe weiterer Finanzmittel gegenzeichnen).
- **Begrenzungsaufgaben**
  Dazu zählen alle Aufgaben, die opportunistisches Verhalten der Manager begrenzen bzw. vermeiden, somit Wollensdefizite reduzieren (z. B. Kontrolle der an die strategischen Pläne gesetzten Annahmen).

Zu weiteren Beispielen siehe Abbildung 2.3.

Entlastungsaufgaben	Ergänzungsaufgaben	Begrenzungsaufgaben
Manager delegiert infolge begrenzter Kapazität Aufgaben an den Controller	Arbeitsteilung ausgelöst durch Wissensdefizite des Managers oder durch eine übergeordnete Instanz	Wollensdefizite bzw. opportunistisches Verhalten des Managers sind Auslöser für die Übernahme von Aufgaben durch den Controller;
Beispiele:	Beispiele:	Beispiele:
-Lieferantenbewertung durch ein umfangreiches Scoring-Modell	-Überprüfung von Standortentscheidungen mit strategischer Relevanz	-Plausibilitätsprüfung der vom Manager prognostizierten Marktentwicklungen
-Permanente Überwachung operativer Logistikkennzahlen (z.B. Durchlaufzeiten, Lieferzuverlässigkeit, Fehlmengenanalyse etc.)	-Evaluierung der Vorteilhaftigkeit eines Outsourcings der Lagerhaltung an Logistikdienstleister	-Verifizierung von Einsparungen durch vorgenommene Reorganisation der Materialfüsse (Prüfen auf Wahrheitsgehalt)
	-„Zweiter Blick", ob Einführung bestimmter SCM-Konzepte kostenrechnerisch positiv	

Abbildung 2.3: Aufgabentypen der Logistikcontroller mit Beispielen (vgl. Weber, Schäffer 2014: 39–42)

Die drei Aufgabentypen erleichtern eine pragmatische Arbeitsteilung zwischen Controller und Manager.

Jede der vorgestellten Controlling-Konzeptionen bietet fruchtbare Ansatzpunkte. Folgerichtig legen wir im weiteren Verlauf eine alle Ansätze integrierende, d.h. eine integrative Konzeption dem Logistikcontrolling zugrunde.

2.2 Definition des Logistikcontrollings

Gesucht wird eine Konzeption für das Logistikcontrolling, welche die Gemeinsamkeiten in den vorgestellten Konzepten aufgreift, die Dissensfelder diskutiert und einer Lösung zuführt. Im Ergebnis können wir die Kerninhalte zu einer integrativen Konzeption weiterführen und Logistikcontrolling definieren.

Was sind die Gemeinsamkeiten?

1. **Controlling leistet Führungsunterstützung.**
   Jedes der vorgestellten Controllingverständnisse repräsentiert eine eigene, spezifische Interpretation der Führungsunterstützungsfunktion. In institutioneller Sicht hebt man hierbei zumeist auf die Beziehung zwischen dem Manager als Entscheider und dem Controller als Berater ab. Danach berät der Controller den Manager im Prozess der Entscheidungsfindung. Der Controller selbst trifft keine Führungsentscheidungen.
2. **Controlling ist direkt auf das Führungssystem gerichtet und nur mittelbar auf das Ausführungssystem.**
   Ganz klar kommt das bei Horváth zum Ausdruck: „Die Koordinationsfunktion der Führung bezieht sich primär auf das Ausführungssystem. [...] Es gibt jedoch eine weitere Koordinationsaufgabe, die diese Primärkoordination erst überhaupt ermöglicht. Innerhalb des Führungssystems sind Koordinationsvorgänge notwendig, um die einzelnen Subsysteme der Führung miteinander zu verbinden. Die Koordinationsaufgabe des Controllings bezieht sich auf diese sekundäre Koordination innerhalb der Führung, die diese primäre Koordination erst ermöglicht" (Horváth et al. 2019: 46–47).
3. **Controller schaffen Informations- und Ergebnistransparenz.**
   Das Controlling ist auf das unternehmerische Zielsystem mit dem Fokus auf die Ergebnisziele ausgerichtet.
4. **Controller versorgen Manager mit relevanten Informationen.**
   Auch die Informationsversorgung der Führung durch das Controlling kann als gemeinsames Merkmal festgehalten werden. Bei dem informationsorientierten Ansatz geht das bereits aus der Bezeichnung hervor. Die Vertreter der koordinationsorientierten Konzeptionen betrachten ihre Ansätze ohnehin als eine Erweiterung der informationsorientierten Konzeption. In der Erklärung des Controllings als Sicherstellung einer angemessenen Rationalität der Führung finden wir ebenso die starke Betonung der Informationsversorgungsfunktion, denn ohne relevante Informationen sind rationale Entscheidungen nicht möglich.

5. **Die Koordination von Planung, Kontrolle und Informationsversorgung steht im Mittelpunkt.**
   Bei Horváth deckt diese Koordination den Gegenstand des Controllings vollständig ab. Weber und Schäffer erhärten ihrerseits diese Schwerpunktsetzung. Ihr auf die Rationalitätssicherung der Führung weiterentwickeltes Controllingkonzept unterstreicht den relativen Konsens über diesen inhaltlichen Schwerpunkt des Controllings.

Was sind die Dissensfelder?

- Ein erstes Dissensfeld betrifft die Erweiterung des mit Koordination von Planung, Kontrolle und Informationsversorgung abgegrenzten Controllinggegenstands um die Personalführung und die Organisation. Auflösung: Gerade in der Logistik tragen stetige Verbesserungen in den Prozessabläufen zum Erfolg bei. Die Planung muss diese organisatorischen Veränderungen berücksichtigen. Planung und Kontrolle sollen motivierend sein, woraus sich auch die notwendige Einbeziehung der Personalführung ergibt, z. B. in Form von Anreizsystemen.
- Den einzelnen Konzeptionen liegen grundlegend unterschiedliche Betrachtungsperspektiven zugrunde. In der Mehrzahl der Konzepte wird ein systemischer Führungsansatz gewählt. Diesem steht die akteursbezogene Sicht gegenüber. Welcher von beiden ist der allgemeinere Ansatz? Die Koordinationsfunktion des Controllings schafft die umfassende Basis für rationale Entscheidungen im Management. Die akteursbezogene Sicht bringt die Rationalitätsdefizite der Manager auf den Punkt und fördert so die Unterstützung der Manager durch Controller im Entscheidungsprozess.

Definition **Integrative Konzeption des Logistikcontrollings:**

Logistikcontrolling unterstützt das Logistikmanagement bei der Willensbildung und -umsetzung. Inhaltlich umfasst es:

- die Gestaltung und Koordination des Informationssystems mit dem Ziel, die Effizienz der Entscheidungsfindung und die Entscheidungsqualität in der Logistik zu steigern,
- die Gestaltung und Koordination des Planungs- und Kontrollsystems für die Zwecke der Logistik,
- die auf die Logistikplanung und -kontrolle ausgerichtete Koordination und Weiterentwicklung eines ganzheitlichen Logistikmanagementsystems einschließlich Organisation und Personalführung.

Damit soll ein maßgeblicher Beitrag zur Erhöhung der Effektivität und Effizienz sowie der Anpassungs- und Entwicklungsfähigkeit des Logistikmanagements geleistet werden.

Die Abbildung 2.4 veranschaulicht das Zusammenspiel zwischen Logistikcontroller und Logistikmanager. Beide arbeiten arbeitsteilig auf allen Führungsebenen fokussiert auf die Logistikziele eng zusammen. Dabei nimmt der Logistikcontroller die Rolle eines Beraters ein. Die Entscheidungskompetenz besitzt allein der Manager. Je besser die Unterstützung durch den Logistikcontroller, desto höher die Entscheidungsqualität der Logistikmanager.

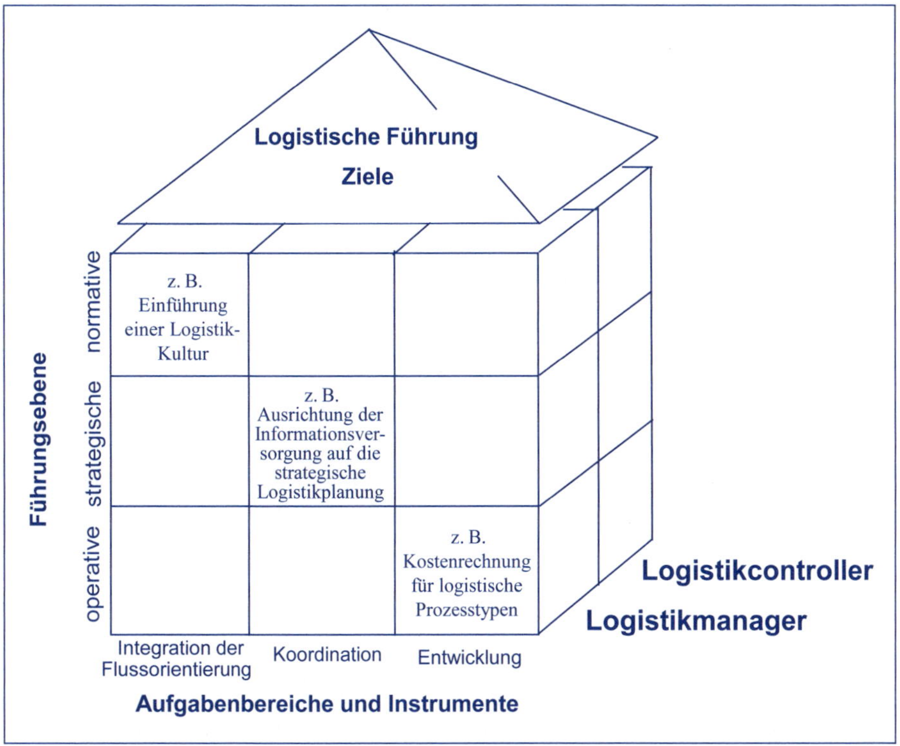

Abbildung 2.4: Zusammenspiel zwischen Logistikcontroller und Logistikmanager

Logistikcontroller unterstützen die Manager bei der flussorientierten Ausrichtung der Prozesse in unternehmensweiten und -übergreifenden Wertschöpfungsnetzen. Sie beraten bei der Integration der Flussorientierung in die Informationsversorgung, Planung und Kontrolle, Organisation und Personalführung. Zum Beispiel stellt sich an die Personalführung der Anspruch eine die Motivation fördernde Logistikkultur zu entwickeln. Die Abbildung 2.5 vertieft die Integration der Flussorientierung.

	flussorientiert	nicht flussorientiert
Planung	*Planung für ganze Bündel von Prozessen mit hoher Flussinterdependenz (z. B. für die drei Prozessketten: Teileversorgung, Montage und Ersatzteilversorgung)* *Primat von logistischen Planzielen (z. B. Lieferung innerhalb von 24 Stunden bei Bestandshöhe „0")*	*Planung für jeden einzelnen Prozess ohne Berücksichtigung von Flussinterdependenzen* *Ignoranz logistischer Planziele, dagegen Priorisierung hoher Auslasungsgrade der Fertigungskapazitäten, was mit großen Losgrößen, hohen Beständen und langen Lieferzeiten korreliert*
Organisation	*Von einer objekt- und verrichtungsspezialisierten Organisation hin zu einer nach logistischen Anforderungen ausgelegten Prozessorganisation* *Der Material- und Warenfluss determiniert mit seinem Ablauf die Aufbauorganisation in der Unternehmung.* *Das interorganisationale Beziehungsgefüge dominiert die Organisation innerhalb der Unternehmung.*	*Beibehalten der klassischen Organisation nach Funktionen oder Sparten, Regionen bzw. klassische Matrixmodelle* *Die Abläufe im Unternehmen werden an der Aufbauorganisation ausgerichtet.* *Die interne Organisation bestimmt die Organisation des interorganisationalen Beziehungsgefüges.*
Personalführung	*Primat logistischer Leistungs- und Kostenziele in Anreizsystemen* *Privilegierter Platz der Logistik in Personalentwicklungsplänen*	*Logistische Leistungs- und Kostenziele spielen in Anreizsystemen eine untergeordnete Rolle.* *In Sachen Personalentwicklung bleibt die Logistik außen vor.*
Informationsversorgung	*Die Kosten-, Leistungs-, Ergebnis- und Erlösrechnung ist voll auf die Bedürfnisse des Managements von Fließsystemen abgestimmt.* *Die Logistik findet in Systemen der strategischen Früherkennung und in Frühwarnsystemen eine angemessene Berücksichtigung (z. B. Aufnahme von Logistikindikatoren in das Frühindikatorensystem).*	*Es sind ausschließlich die klassischen Vollkosten- und Teilkostenrechnungssysteme installiert.* *Den Frühwarnindikatoren (z. B. relativer Marktanteil) mangelt es an Logistikindikatoren (z. B. JIT-Störungsquote und relative Entwicklung der Logistikkosten).*
Kontrolle	*Die logistischen Belange dominieren die inhaltliche Ausrichtung von Kontrollen.* *Im Vordergrund der Kontrolle steht die unternehmensübergreifende Perspektive von Fließsystemen.*	*Die Logistik bleibt bei Kontrollmaßnahmen außen vor.* *Die operative Kontrolle endet an der Unternehmensgrenze, der künstlichen Grenze des Material- und Warenflusses.*

Abbildung 2.5: Gegenüberstellung von flussorientierter und nicht flussorientierter Führung

Im nächsten Abschnitt wollen wir die Frage beantworten: Welche besonderen Herausforderungen stellen sich an das Logistikcontrolling für Unternehmensnetzwerke?

2.3 Supply Chain Controlling – eine qualitativ hohe Entwicklungsstufe des Logistikcontrollings

Die Anwendung des Logistikcontrollings für Unternehmensnetzwerke wirft neue Fragen auf: Welche Informationen müssen in einem netzwerkweiten System verfügbar sein? Was sollte netzwerkweit geplant und kontrolliert werden? Welche Unternehmen sind in das Supply Chain Controlling (SCC) einzubeziehen? Wie kann das SCC organisatorisch verankert werden?

Unternehmen kooperieren in Netzwerken zur Sicherung ihres Fortbestandes und zur Steigerung des Unternehmenserfolges. Das Netzwerk also als Mittel zum Zweck. Damit die Ergebnisse einer netzwerkweiten Kooperation auch im Unternehmen messbar werden, reicht es nicht aus, das Supply Chain Controlling autark auf der Netzwerkebene zu verankern. Die Effekte aus den Entscheidungen des Netzwerks sind bis auf die Ebene des einzelnen Unternehmens herunterzubrechen. Deshalb spannt sich das Supply Chain Controlling über mehrere Anwendungsebenen[1]:

Anwendungsebenen SCC

- die Unternehmensebene,
- die Relationale Ebene (Beziehung zwischen Unternehmen und direkten Partnern)
- die Netzwerkebene

Die Abbildung 2.6 unterstreicht es anhand typischer inhaltlicher Fragen.

[1] Diese Unterteilung greift den Vorschlag von Weber, Bacher, Groll auf (2002: 40).

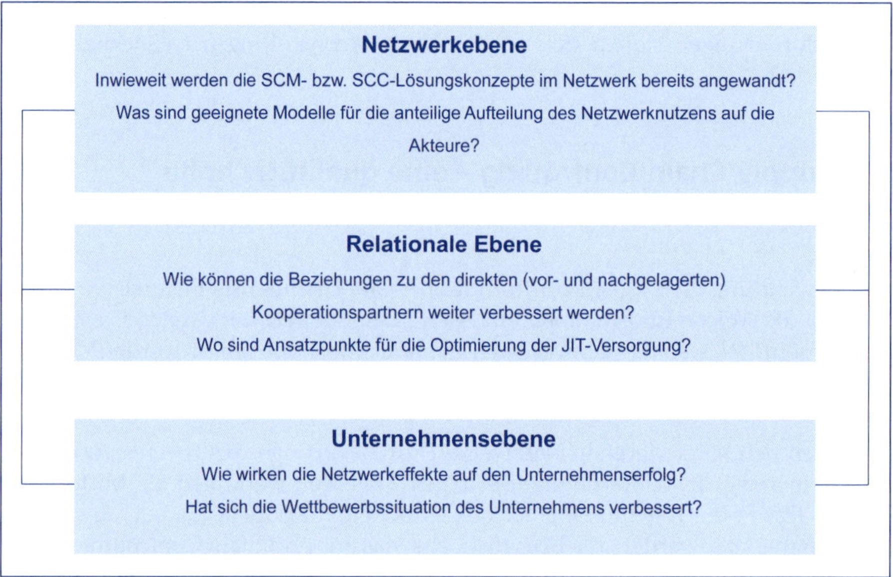

Abbildung 2.6: Netzwerkweites SCC – ein Ebenen integrierendes System

Welche Unternehmen sind in das unternehmensübergreifende SCC einzubeziehen?

Die idealisierte Supply Chain reicht von den Rohstofflieferanten bis zu den Endkonsumenten. Sie bezieht alle Wertschöpfungsstufen und Akteure ein. Dieser allumfassende Ansatz muss für das Controlling nicht zwangsläufig effizient sein. Stattdessen kann es zielführender sein, nicht alle Unternehmen in ein Controllingsystem zu integrieren. Die Auswahl fällt dann auf die wichtigsten Unternehmen. Das sind die Unternehmen, die einen hohen Wertschöpfungsanteil besitzen, über wertvolle Ressourcen und Kompetenzen verfügen und von strategischer Bedeutung sind. Es kommt zur Konstituierung strategischer Netzwerke. Die strategischen Partner schließen sich zusammen und andere Unternehmen, z.B. leicht austauschbare Anbieter von Standardteilen oder Standarddienstleistungen bleiben außen vor. Die Zusammenarbeit mit diesen wird zumeist über kurzfristige Verträge geregelt.

Reichweite SCC

Aufgabe

Versetzen Sie sich in die Rolle des Supply Chain Controllers. Wie würden Sie entscheiden?

1. Das netzwerkweite SCC sollte auf die Partner der unmittelbar vor- und nachgelagerten Wertschöpfungsstufe begrenzt bleiben (Netzwerk aller direkten Partner).
2. Das SCC muss sich über alle Akteure auf allen Wertschöpfungsstufen hinweg, beginnend bei den Rohstofflieferanten bis hin zu den Endkunden erstrecken (Netzwerk aller direkten und indirekten Partner).

3. Das SCC sollte sich nur auf die wichtigen Akteure (Kooperationspartner) erstrecken, unabhängig von ihrem Platz in der Wertschöpfungskette (selektive Netzwerk).

In einem kürzlich durchgeführten Workshop favorisierten die Teilnehmer aus Industrie, Handel und Logistikdienstleistung die Variante 3. Mit Inkrafttreten des Lieferkettengesetzes stellt sich die Frage nach der Reichweite des SCC erneut.

Wie kann das SCC organisatorisch verankert werden?

Netzwerke können zwischen verschiedenen Organisationslösungen wählen. Welche der nachfolgend diskutierten Lösungen vorteilhaft ist, hängt von der jeweiligen Situation ab. Mögliche Organisationslösungen sind:

Organisationslösungen

- **Einfache zentrale Organisationslösung**
  Bei dieser wird das SCC auf der Netzwerkebene von einem fokalen Unternehmen (Netzwerkführer) wahrgenommen. Das trifft auf solche Netzwerke zu, in welchen die Beziehungen zwischen den Netzwerkunternehmen hierarchischen Charakter besitzen.
- **Teambasierte zentrale Lösung**
  Alle Netzwerkpartner sind in das zentrale Team „netzwerkweites SCC“ eingebunden, entwickeln gemeinsam Problemlösungen und führen Aufgaben aus.
- **Dezentrale Organisationslösung**
  Das Pendant zu zentraler Organisation bildet die dezentrale Organisation. Bei ihr werden die SCC-Aufgaben auf die Netzwerkpartner arbeitsteilig verteilt und dezentral durchgeführt.
- **Fremdvergabe des SCC**
  Die Aufgaben des SCC werden im Rahmen eines Outsourcings an einen Spezialisten übertragen.

Alle vier Organisationslösungen haben eine praktische Relevanz. Die Teilnehmer in dem oben zitierten Workshop sprachen sich mehrheitlich für die teambasierte zentrale Lösung und die einfache zentrale Lösung aus. Mit großem Abstand folgte die dezentrale Organisationslösung sowie die Fremdvergabe.

2.4 Experteninterview

Am Praxisbeispiel der B.Braun SE, Melsungen wollen wir das bisher erworbene Wissen über Logistik- und Supply Chain Controlling veranschaulichen. Das Experteninterview führen wir mit Herrn Thorsten Nöll, Senior-Vice President Corporate Supply Chain Management & Procurement.

Kurz die Eckdaten zur B. Braun Gruppe: Die B. Braun SE ist ein Medizintechnik- und Pharma-Unternehmen mit Hauptsitz im Nordhessischen Melsungen. Das in 1839 gegründete Familienunternehmen ist weltweit mit Tochterunternehmen in 64 Ländern präsent. 65.055 Beschäftigte erwirtschafteten in 2022 einen Umsatz von als 8,499 Milliarden Euro.

Sehr geehrter Herr Nöll, Sie tragen im B. Braun Konzern die Verantwortung für die weltweiten Supply Chain-Prozesse. Ohne Arbeitsteilung und Führungsunterstützung durch Controlling wäre das nicht machbar.

Wer nimmt bei Ihnen das Supply Chain Controlling wahr? Haben Sie dafür Controllerstellen eingerichtet?

Supply Chain Controlling ist bei uns seit mehr als 20 Jahren ein kleiner, aber eigenständiger Bereich innerhalb der zentralen Supply Chain Organisation. Im Gegensatz zum Finance-Controlling geht es beim Supply Chain-Controlling in erster Linie um Prozess-Controlling. Da hier also andere Schwerpunkte gefragt sind als im klassischen Finance-Controlling, hat sich bei uns nie die Frage gestellt, ob dieser eigenständige Bereich notwendig ist. Zudem pflegt das Supply Chain Controlling in allen Fragen des Bestandsmanagements eine sehr enge Abstimmung mit den Kollegen aus dem Finanzbereich, denn Fragen zur Bestandsbewertung obliegen natürlich deren Zuständigkeit.

Zählen Sie bitte stichwortartig wichtige inhaltliche Aufgaben der Supply Chain Controller auf?

Der Aufbau und die Betreuung einer passenden IT-Infrastruktur zur real- bzw. near-time Analyse von allen Supply-Chain relevanten Prozessen ist sicher eine Hauptaufgabe.

Auf Basis dieser Daten müssen dann regelmäßig Management-Reports erzeugt werden, die unter anderem eine echte, gesellschaftsübergreifende End-to-End-Betrachtung der Supply Chain einer Produktlinie im Konzern ermöglichen.

Und natürlich gehören alle Arten von Analysen zu aktuellen Entwicklungen bzw. bei Plan-Ist-Abweichungen zum Tagesgeschäft eines Controllers. Hier unterscheidet sich die Tätigkeit wahrscheinlich nicht von der eines klassischen Controllers – aber eben mit anderen Schwerpunkten.

Auch ist bei uns die klassische Teilung des Controllings in Back- und Frontoffice nicht so stark ausgeprägt. Hier muss noch jeder bei Bedarf alles können.

Wählen Sie bitte ein Beispiel aus, welches das Zusammenspiel zwischen Manager und Controller auf eindrucksvolle Art anschaulich macht.

Wie bereits ausgeführt, ist das Supply Chain Controlling primär ein Prozess-Controlling. Es gilt also zum einen den Zusammenhang zwischen Prozess und Ergebnis zu verstehen und zum anderen zu überwachen, ob eben diese Prozesse eingehalten werden, die zum gewünschten Ergebnis führen sollen. Ein einfaches Beispiel ist die Parametrisierung von Artikel im Rahmen des MRP-Prozesses. Weicht der tatsächliche Bestand von den sich aus dem Prozess ergebenden Bestandskorridor ab, so liefert ein prozess-orientiertes Supply Chain Controlling nicht nur die Plan-Ist-Abweichung als Ergebnis, sondern kann erkennen, ob diese Abweichung zum Beispiel durch manuelle Bestellungen generiert wurde, die nicht aus dem MRP-Lauf entstanden sind. Durch diese Analyse hilft der Controller dem Manager nachhaltig die Prozesse und deren Einhaltung zu verbessern.

Wie das Unternehmen und die Supply Chain entwickelt sich auch Controlling immer weiter. Mit Blick in die Zukunft: Wo erhoffen Sie sich zukünftig weitere Entlastung seitens Controlling? Werden neue Controlleraufgaben hinzukommen – wenn ja, welche?

Ich sehe derzeit 2 Entwicklungen. Zum einen bietet ein modernes Supply Chain Controlling schon heute dem Management sog. Self-Service-Tools an, die diesem eigenständige, schnelle Analysen ermöglichen. Dieser Prozess wird die früher üblichen, einfachen Ad-hoc-Analysen eines Controllers schrittweise verschwinden lassen. Daneben sehe ich im Bereich der künstlichen Intelligenz Entwicklungen auf uns zukommen, die die Arbeit des Controllings wesentlich beschleunigen können und werden.

Darüber hinaus haben die technischen Entwicklungen rund um das Thema „Process Mining" bereits dazu beigetragen, dass das gesamte Thema Prozess-Controlling einen größeren Stellenwert in der täglichen Arbeit eingenommen hat. Supply Chain Controlling bei B. Braun umfasst in diesem Zusammenhang auch Process Mining der entsprechenden end-to-end Supply Chain Prozesse.

Wann ist für Sie persönlich die Arbeitsteilung zwischen Manager und Controller im Supply Chain Umfeld optimal?

In einer idealen Welt, schafft es der Supply Chain Controller mit seinen Daten und in Verbindung mit predictive analytics für den Logistikmanager Reports zu generieren, die diesem erlauben proaktiv zu handeln um zum Beispiel die tatsächliche Marktversorgung der Endverbraucher bei optimalen Beständen sicherzustellen.

Vielen Dank!

2.5 Zusammenfassung

Eine erfolgreiche Logistik setzt ein wirksames Teamwork zwischen Logistikmanager und Logistikcontroller voraus. Logistikcontroller unterstützen Manager im Prozess der Entscheidungsfindung und -umsetzung. Hierzu stellen Sie relevante Informationen bereit, koordinieren Planungs- und Kontrollaktivitäten, regen motivationsfördernde Maßnahmen der Personalführung an und begleiten organisatorische Veränderungsprozesse. Diesem Verständnis liegt die integrative Konzeption des Controllings zugrunde. In ihr werden die Gemeinsamkeiten alternativer Controllingansätze integriert.

2.6 Wissens- und Fähigkeitentest

Aufgabe 2.1:

Tragen Sie in die nachfolgende Abbildung Ü 2.1 die jeweiligen Konzeptionen des Controllings in der zeitlichen Reihenfolge ihrer Entwicklung ein.

Abbildung Ü 2.1: Konzeptionen des Controllings im Zeitverlauf

Aufgabe 2.2:

Ihnen wird die Aufgabe übertragen, Supply Chain Controlling neu einzuführen und die Reichweite vorzuschlagen. Nennen Sie bitte zwei Pro-Argumente und zwei Kontra-Argumente für die Anwendung auf das Netzwerk der direkt vor- und nachgelagerten Partner.

Aufgabe 2.3:

In einem Industrieunternehmen ist eine Make-or-Buy-Entscheidung für die Lagerung der Fertigwaren zu treffen. Zu prüfen ist, inwieweit ein komplettes Outsourcing an einen Logistikdienstleister vorteilhafter ist. Bitte machen Sie einen Vorschlag für die Arbeitsteilung zwischen Logistikmanager und Logistikcontroller in diesem Entscheidungsprozess. Verwenden Sie dazu die aus dem rationalitätsorientierten Ansatz bekannten drei Typen von Controlleraufgaben.

3. Logistiksysteme

Das Systemdenken ist für die Logistik typisch. Zum einen ist die Unternehmenslogistik hochkomplex, so dass erst die Gliederung in einzelne Teilsysteme die Komplexität handhabbar macht. Zum anderen sind Veränderungen und Wirkungen jedes Teilsystems immer an den Effekten auf das Logistikgesamtsystem zu bewerten.

Lernziele

Dieses Kapitel soll Sie befähigen:

- Lösungen für die Beschaffungslogistik, die Produktionslogistik und die Distributionslogistik vorzuschlagen,
- Ideen zu Innovationen diskutieren,
- zukunftsorientiert zu Denken und zu Handeln.

3.1 Beschaffungslogistik

Die Beschaffungslogistik stellt die Verbindung zu den Beschaffungsmärkten her. Inhaltlich eröffnet sich ein vielfältiger Themenkatalog beginnend bei der Suche, Auswahl und Bewertung der Zulieferer und Logistikdienstleister einschließlich von Ausschreibungen über zukünftige Leistungsbedarfe, weiter zu Entscheidungen über die passenden Sourcing- und Bereitstellungskonzepte, und auch die Materialdisposition, die Optimierung der Bestellmengen und Materialbestände, die Lagerhaltung, bis hin zur Kommissionierung der Materialabrufe und Anlieferung der Teile an den Produktions- und Montageplätzen in der Fertigung (vgl. Muchna et al. 2021: 31–35 u. 65–68).

Vor allem Branchen mit einer hohen Arbeitsteilung (z. B. Automobilindustrie, Maschinenbau, Elektrotechnik/Elektronik) geben den Beweis für die große Bedeutung der Beschaffungslogistik. Nahezu 75 Prozent der Wertschöpfung an einem Automobil leisten Zulieferer. Deshalb ist das Einflusspotenzial der Beschaffungslogistik auf den Unternehmenserfolg immens.

An dieser Stelle konzentrieren wir uns auf die Sourcing- und Bereitstellungskonzepte. Die Herausforderung besteht darin, das optimale Konzeptbündel für das zu beschaffende Material (Einzelteile, Komponenten, Module) zu finden. Auf weitere Themen kommen wir in späteren Kapiteln zu sprechen.

3.1.1 Sourcing-Konzepte

Die Sourcing-Konzepte unterscheiden sich nach den Beschaffungsobjekten, den Beschaffungsmärkten, der Lieferantenzahl sowie der räumlichen Integration der Zulieferer und Logistikdienstleister in den Produktionsprozess des Abnehmers.

- **Component Sourcing versus Modular Sourcing**
  Welche Beschaffungsobjekte sind zu beziehen? Component Sourcing steht für die Beschaffung von Einzelteilen (z. B. Schrauben) oder Einzelleistungen (z. B. Transportleistung). Das Pendant dazu bildet mit Modular Sourcing die Beschaffung vormontierter, einbaufertiger Funktionsgruppen (z. B. Sitzsystem, Cockpitsystem) sowie komplexer Dienstleistungsbündel (z. B. Vergabe von Transport und Lagerung für ganz Europa an einen Kontraktlogistikdienstleister).
- **Local Sourcing versus Global Sourcing**
  Wie weit entfernt sind die Beschaffungsquellen bzw. Lieferanten? Bei Local Sourcing haben die Zulieferer ihren Standort in räumlicher Nähe zum Hersteller. Als Gegenpol dazu sind bei einem Global Sourcing die Zulieferer über große Entfernungen weltweit verteilt.
- **Single Sourcing versus Multiple Sourcing**
  Wieviel Zulieferer werden pro Beschaffungsobjektart ausgewählt? Single Sourcing heißt, dass eine Beschaffungsobjektart (z. B. Batterie) nur von einem einzigen Zulieferer bezogen wird, während bei Multiple Sourcing für das gleiche Beschaffungsobjekt eine Vielzahl von Lieferanten unter Vertrag stehen. Häufig wählen Hersteller auch ein Dual Sourcing zur Abschwächung des bei Single Sourcing zutreffenden hohen Abhängigkeitsgrades des Abnehmers vom Zulieferer. Zum Beispiel reduzierte der Automobilzulieferer ZF schon vor Jahren die Zahl seiner Vorlieferanten und geht stärker in Richtung Dual Sourcing. Während Volkswagen für bestimmte Beschaffungsobjekte eine Single Sourcing Strategie favorisiert, hat sich BMW in den vergangenen Jahren ganz bewusst für Dual Sourcing entschieden.
- **External Sourcing versus Internal Sourcing**
  Traditionell fertigen die Zulieferer in ihren eigenen Werken. Die Beschaffungsquelle liegt damit außerhalb des Abnehmerunternehmens, also extern. Im Zuge der Vertiefung der Zusammenarbeit zwischen Abnehmer und Zulieferer beobachten wir zunehmend den Übergang vom External Sourcing hin zum Internal Sourcing. Dabei produzieren und montieren die Zulieferer direkt in der Produktionshalle des Abnehmers. Ein bekanntes Beispiel dafür bildet die Smart-Automobilproduktion.

Die Sourcing-Konzepte finden Anwendung für Sachgüter, aber auch für Logistikdienstleistungen (z. B. Single Sourcing für die Ersatzteillogistik in Nordeuropa).

Hersteller-Zulieferer-Beziehung in der Automobilindustrie

Beispiele aus der Praxis

Bis in die Gegenwart hinein beobachten wir einen deutlichen Trend zum Modular Sourcing. Die Entwicklung zu mehr Modular Sourcing spiegelt sich im Aufbau von Zulieferpyramiden wider (siehe Abbildung 3.1).

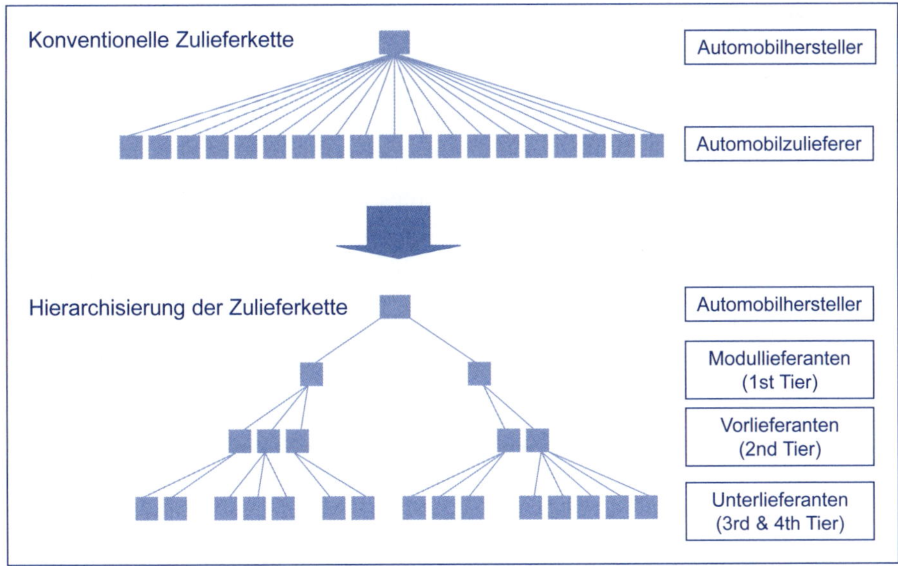

Abbildung 3.1: Von der konventionellen Lieferkette zur Zulieferpyramide

Der Trend zum Modular Sourcing hat Auswirkungen auf die Anzahl der Zulieferer. Module wie Sitzsysteme sind individuell auf den Automobilhersteller (OEM: Original Equipment Manufacturer) zugeschnittene, maßgeschneiderte Funktionsgruppen. Sie verkörpern einen hohen Wert. Ihre Herstellung setzt gemeinsame Forschungs- und Entwicklungsanstrengungen und eine strategische Partnerschaft zwischen OEM und Zulieferer voraus. Deshalb entscheiden sich die Hersteller in der Regel für ein Single Sourcing oder Dual Sourcing.

Während unkritische Einzelteile aus weltweiter Distanz beschafft werden, haben wir bei Modulen einen Inlandsanteil von deutlich über 80 Prozent. Local Sourcing bringt für Module Vorteile. Gründe dafür sind ihr hoher Wert. Das macht Module transportsensibel. Erstens steigen über große Transportdistanzen die Kosten für sogenannte Unterwegs-Bestände exorbitant an. Zweitens sind Module wegen ihrer Komplexität viel aufwändiger im Handling, was sich drittens negativ auf die Auslastung der Transportmittel auswirkt.

Frage an Sie

Welche Rahmenbedingungen haben diesen Trend zu mehr Modular-, Single-/Dual- und Local Sourcing erst möglich gemacht?

Beispiele für förderliche Rahmenbedingungen sind:

- hohes Niveau der Informations- und Kommunikationstechnologien (IuK)
- zunehmende Intensität des Wettbewerbs
- Angebote von Modullieferanten
- unternehmensübergreifende Planungs- und Steuerungskonzepte

Sourcing-Entscheidungen sind stets im Zusammenhang mit den Konzepten der Materialbereitstellung zu treffen.

3.1.2 Bereitstellungskonzepte

Alternativen für die Bereitstellung von Material sind:

- klassische Vorratshaltung im Eingangslager
- Beschaffung im Bedarfsfall
- Einsatzsynchrone Anlieferung Just-In-Time oder Just-In-Sequence

Just-In-Sequence (JIS) bildet eine Verstärkung von Just-in-Time (JIT), bei der die Module zusätzlich sequenzgerecht, das heißt in der Reihenfolge der Montage, angeliefert werden. Die Abbildung 3.2 zeigt, in welchen Situationen die einzelnen Konzepte zu empfehlen sind. Die beiden Haupteinflussgrößen sind dabei der Materialwert (Beschaffungsobjektwert) und der Verlauf des Materialverbrauchs.

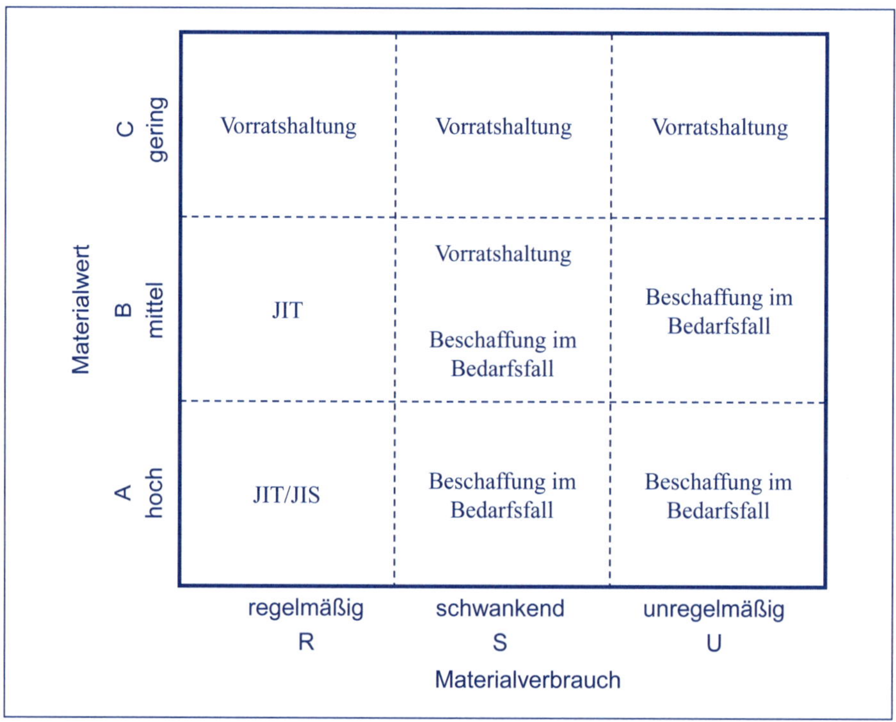

Abbildung 3.2: Anwendungsfelder der Bereitstellungskonzepte

Gebietsspediteur

Für die Anlieferung von Material spielt das **Gebietsspediteurkonzept** eine wichtige Rolle. Der für einen fest definierten geographischen Raum beauftragte Spediteur bündelt kostenoptimal die Materialtransporte der in diesem Raum angesiedelten Zulieferer, transportiert die Güter zu seinem Umschlagterminal, welches in unmittelbarer Nähe zum Hersteller gelegenen ist. Hier erfolgt dann die Kommissionierung gemäß der Produktionsabrufe sowie die Zuführung bis zu den Bau- und Montageplätzen in der Fertigung. Gegenüber einer konventionellen Belieferung, bei welcher sowohl die Zulieferer als auch die Hersteller Material bevorraten, dabei die Transporte nicht lieferantenübergreifend abstimmen, liegen die Vorteile des Gebietsspediteurs in niedrigeren Transport-, Lager- und Bestandskosten. Denn die Lagerung bzw. das Vorhalten von Pufferbeständen erfolgt beim Spediteur, so dass eine doppelte Lagerhaltung sowohl beim Zulieferer als auch beim Hersteller entfällt. Außerdem wird eine höhere Lieferzuverlässigkeit (Termintreue) infolge kürzerer Distanz zwischen dem Lager des Spediteurs und dem Anlieferpunkt in der Produktion erreicht.

Studien über die Hersteller-Zulieferer-Beziehungen in der Automobilindustrie unterstreichen die obigen Handlungsempfehlungen. Während niedrigwertige Einzelteile auf Vorrat gelagert werden, z. B. Schrauben zu nahezu 100 Prozent, kommt für Module eine Vorratshaltung unter den aktuellen Rahmenbedingungen eher nicht in Frage. 75 Prozent der Module werden Just-In-Sequence bereitgestellt plus 20 Just-In-Time (vgl. Göpfert et al. 2016: 175–217).

Untersucht man die Kombinierbarkeit der Bereitstellungs- und Sourcing-Konzepte, so kann festgestellt werden, dass es keine Ausschlüsse gibt, aber Vorzugskombinationen. Die Punkte in Abbildung 3.3 markieren Vorzugskombinationen.

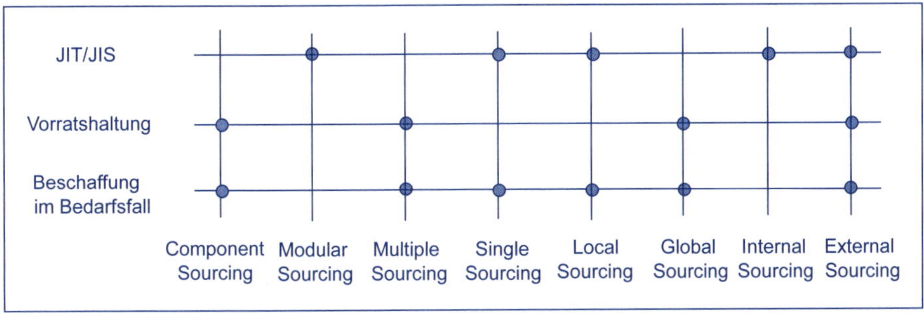

Abbildung 3.3: Vorzugskombinationen von Sourcing- und Bereitstellungskonzepten

Bei den vorzuziehenden Kombinationen werden die Vorteile der Konzepte voll ausgenutzt. Das ist z. B. der Fall bei einem Kombinieren von Modular Sourcing mit JIT und JIS. Denn dadurch wird einer Bestandserhöhung (infolge des höheren Wertes von Modulen) durch die einsatzsynchrone und sequenzgerechte Anlieferung entgegen gewirkt.

Bei der Kombination von JIT/JIS mit Local Sourcing handelt es sich um die typische und zumeist anzutreffende abnehmernahe Umsetzung von JIT/JIS. In der Regel produzieren über 80 Prozent der Modulzulieferer im Umkreis von weniger als 50 km vom Hersteller entfernt. Sind die Standorte der Modullieferanten weiter entfernt, dann übernehmen Kontraktlogistiker in direkter Nähe zum Produktionsstandort des Herstellers die Konsolidierung der Lieferströme und die JIT/JIS-Bereitstellung.

3.1.3 Fallbeispiel Selbststeuernde Anlieferprozesse

Das folgende **Fallbeispiel** bezieht sich auf die **Vision und Einführung des selbststeuernden Anlieferprozesses** im Werk Ingolstadt der Audi AG (siehe ausführlich Roth 2019: 349–366). Mit dem Projekt „Lkw-Quick-Check-In" gewann Audi den Innovationspreis „Beste Logistikinnovation im Volkswagen Konzern".

Smart Logistics

Mit dem Projekt wird eine intelligente Vernetzung von Kunden, Hersteller, Lieferanten, Sublieferanten, Logistikdienstleister, Maschinen sowie Fertigungs- und Logistikprozessen bewirkt. Derartige Produktionsnetzwerke können in Echtzeit gesteuert und optimiert werden (Smart Factory) bis hin zu der Zukunftsvision, wonach sich die Netzwerke selbst steuern. Die neue Logistiklösung für die Anlieferverkehre ins Werk Ingolstadt – Lkw-Quick-Check-In – bildet einen Baustein bei der Verwirklichung dieser Vision digitaler Vernetzung der Supply Chain in Echtzeit. „Die Logistik wird smart!" Sie rückt mit „Smart Logistics" auf eine neue, digitale Entwicklungsstufe.

Logistikinnovation

Der selbststeuernde Anlieferprozess basiert auf festen Fahrplänen, um Komplexität bei den Lieferströmen herauszunehmen und ihnen Stabilität zu geben. Die notwendige Flexibilität wird durch Geofencing über eine Smartphone-App erreicht. Die starre Fahrplanlogik kann so flexibel auf Abweichungen reagieren. Die Steuerung des Lkw beginnt bei der neuen Lösung schon im Zulauf und nicht erst bei Ankunft an der Leitstelle Inbound-Logistik am Produktionswerk (siehe Abbildung 3.4). Zeitliche Abweichungen im Zulauf der Lkw werden automatisch in Echtzeit erkannt und die geplanten Ankunftszeiten korrigiert. Die Lieferscheinbuchung erfolgt digital sobald der Lkw das Werksumfeld erreicht hat und der Lkw bzw. Fahrer erhält direkt die Einfahrtgenehmigung zur Entladestelle. Lkw-Staus im Zulauf zum Werk und zur Entladestelle werden so vermieden.

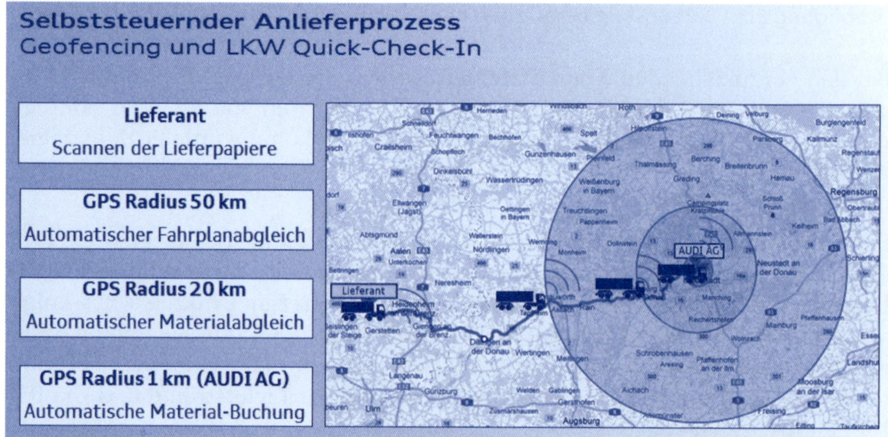

Abbildung 3.4: Konzept Geofencing und Lkw-Quick-Check-In (Roth 2019: 357)

Die Abbildung 3.5 zeigt die erzielten Effekte auf die Verkürzung der durchschnittlichen Lkw-Durchlaufzeit mit dem Hinweis auf weitere in Zukunft mögliche Steigerungen.

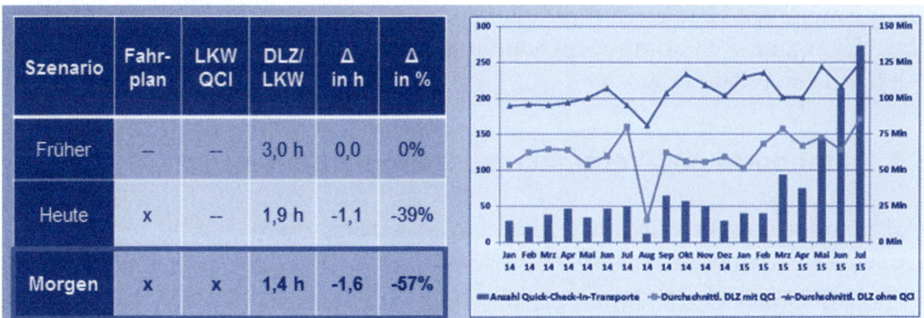

Szenario	Fahr-plan	LKW QCI	DLZ/ LKW	Δ in h	Δ in %
Früher	--	--	3,0 h	0,0	0%
Heute	x	--	1,9 h	-1,1	-39%
Morgen	**x**	**x**	**1,4 h**	**-1,6**	**-57%**

Abbildung 3.5: Vergleich der durchschnittlichen Lkw-Durchlaufzeit bei Fahrplanrelationen mit und ohne Lkw-Quick-Check-In (Roth 2019:362)

3.2 Produktionslogistik

3.2.1 Fertigungstiefe

Die Fertigungstiefe drückt aus, wie groß der eigene Leistungsanteil des Unternehmens an der gesamten betrieblichen Wertschöpfung ist. In der Regel werden die Begriffe Fertigungstiefe und Wertschöpfungstiefe synonym verwendet. Bei einer Fertigungstiefe von 25 Prozent werden die übrigen 75 Prozent (Differenz zu 100 Prozent Wertschöpfung) von Dritten (Zulieferer, Logistikdienstleister) zugekauft. Insofern steht die Fertigungstiefe in direktem Zusammenhang mit dem Outsourcing (Auslagerung von Wertschöpfungsleistungen). Die Entscheidung über die Fertigungstiefe beeinflusst die Intensität der Vernetzung zwischen Produktions- und Beschaffungslogistik. Je niedriger die Fertigungstiefe, desto höher die Vernetzung.

Grundsätzlich gilt:
Ohne direkte Bezugnahme auf die beschaffungsseitigen Möglichkeiten sind Entscheidungen über die Fertigungstiefe zum Scheitern verurteilt.

Berechnung Fertigungstiefe

In Studien aus der Unternehmenspraxis wird die Ermittlung der Fertigungstiefe zumeist nach der Formel berechnet: Gesamtleistung des Unternehmens (Nettoumsatzerlöse +/– Bestandsveränderung) minus Materialaufwand und die so erhaltene Differenz wiederum auf die Gesamtleistung (Nettoumsatzerlöse +/– Bestandsveränderung + Materialaufwand) bezogen. Darüber hinaus werden in der Literatur noch detailliertere Berechnungen vorgeschlagen, die u.a. auch die

Abschreibungen auf Ausstattungen und Maschinen aus der internen Fertigungsleistung herausrechnen.

Die Fertigungstiefe und die Sourcing- und Bereitstellungskonzepte hängen wechselseitig direkt zusammen. Niedrige Fertigungstiefe bewirkt eine höhere Arbeitsteilung zwischen Hersteller und Zulieferer und schafft erst die Voraussetzung für einen Übergang vom Component Sourcing hin zum Modular Sourcing kombiniert mit JIT/JIS-Bereitstellung.

3.2.2 Standorte und Vernetzung der Produktionswerke

Auf Standortentscheidungen wirken eine Vielzahl unterschiedlicher Einflussgrößen. Dazu gehören:

- globale Umwelt: z. B. Zunahme der Internationalisierung, neue Wachstumsmärkte, Klimawandel, Naturkatastrophen
- Aufgabenumwelt: z. B. Verhalten der Wettbewerber, Lieferantenpotenzial, Zunahme der Individualisierung der Kundenwünsche, Anstieg der Nachfrage nach lokal produzierten Waren
- Unternehmensinterne Ziele: z. B. Erhöhung der globalen Produktverfügbarkeit, Anstieg der Fahrzeugmodelle und Varianten, Flexibilität in der Supply Chain, autonom agierende Produktionswerke oder Produktionsvernetzung

Innerhalb eines Produktionsnetzes tauschen die Werke Informationen, Know-how, Güter (Komponenten und Module), aber auch Personal oder freie Kapazitäten aus. Die Gleichteile- oder Plattformstrategie (gleiche Teile für unterschiedliche Produkttypen) begünstigt die Vernetzung zwischen den Produktionsstandorten. Wie dabei die Güterflüsse zwischen den spezialisierten Produktionswerken gestaltet werden können zeigt die Abbildung 3.6. Im Demonstrationsbeispiel handelt es sich um ein länderübergreifendes (transnationales) Produktionsnetz. Die vier symbolisierten Werke haben ihren Standort in unterschiedlichen Ländern, die zugleich große Absatzpotenziale aufweisen. Jedes Werk produziert für den lokalen Absatzmarkt (z. B. an die lokale Nachfrage angepasste Produktvarianten). Die Werke sind auf die Fertigung ganz bestimmter Leistungsumfänge (Komponenten, Module) spezialisiert, die in alle Produkte und Produktvarianten eingebaut und zwischen den Produktionswerken ausgetauscht werden.

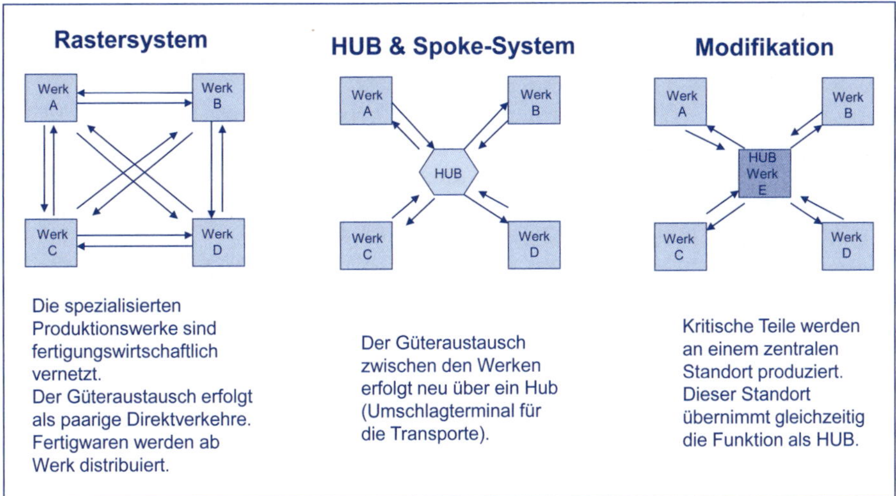

Abbildung 3.6: Transnationales Produktionsnetz (Varianten)

Welche der drei Varianten vorzuziehen ist, hängt jeweils von den situativen Bedingungen ab. Zum Beispiel haben die Verkehrsinfrastruktur, das Angebot an Transportleistungen und die Höhe der Transportpreise neben Faktoren wie Unterwegs-Bestände, Termintreue und Produktions- bzw. Fertigungswerktyp Einfluss auf die Entscheidung.

3.2.3 Fallbeispiel Volkswagen

Das Zusammenspiel der Fertigungswerke im Produktionsnetz wollen wir am Beispiel Volkswagen vertiefen. Zu unterscheiden sind verschiedene Typen der Fertigungswerke:

- Fahrzeugwerk,
- Komponentenwerk,
- CKD-Werk (Completely Knocked Down),
- Werk als Drehscheibe.

Große Produktionswerke sind zumeist als Fahrzeug- und Komponentenwerk ausgelegt (z. B. das Werk in Wolfsburg).

Drehscheiben-philosophie

Die Drehscheibenphilosophie ist für Volkswagen charakteristisch. Volumenmodelle sollen an mindestens zwei Standorten produziert werden. Im ersten Werk wird das Modell in großer Stückzahl bis an die Kapazitätsgrenze gefertigt. Der zweite Standort, die flexible Drehscheibe, produziert unterschiedliche Modelle. Die Drehscheibe ermöglicht so ein volumenbezogenes Atmen, indem auf die Nachfrageschwankungen im Lebenszyklus eines Modells viel besser reagiert werden kann. In einem Drehscheibenwerk kann der Nachfragerückgang bei einem Modell durch eine gleichzeitige Erhöhung der Stückzahl anderer Modelle kompensiert werden. Zum Beispiel wird die große Zahl des VW-Polo im spanischen Werk Pamplona produziert; zusätzlich fungiert das Werk in Bratislava (Slowakei) als Drehscheibe; neben dem Polo wird hier u. a. der Touareg gefertigt.

Plattformstrategie Modulstrategie

Die Plattformstrategie hat großen Einfluss auf die Intensität der Vernetzung zwischen den Werken. Ein Fahrzeug besteht aus einer Plattform und einem Hut. Zur Plattform gehören alle Teile, die Fahrzeugtyp übergreifend sind und von den Kunden nicht sichtbar wahrgenommen werden. Rund 60 Prozent aller in einem Fahrzeug verbauten Teile wie Abgasanlagen, Achsen, Batterien, Kraftstoffbehälter gehören zur Plattform. Zum Beispiel lassen sich auf der A-Plattform die Modelle Golf, Golf-Variant, Bora, New Beetle, Audi A3, Audi TT und Skoda Octavia bauen. Zum Hut gehört alles, was die Individualität des Fahrzeugs ausmacht, z. B. Außenhaut und das gesamte Interieur. Eine Ergänzung zur Plattformstrategie bildet die Modulstrategie. Über die Zahl der Plattformen hinaus werden weit über hundert Modularten als funktionale Baugruppen entwickelt und produziert. Gleiche Module werden in unterschiedlichen Fahrzeugtypen verbaut mit den Effekten eines schnelleren Reagierens auf die Nachfrage, höherer Flexibilität in der Produktion von Modellen und Varianten sowie kürzeren Auftragsabwicklungszeiten und Lieferzeiten.

CKD-Werk

Für die Bedienung der Auslandsmärkte kann es in konkreten Situationen vorteilhaft sein, ein CKD-Werk zu errichten. CKD steht für Completely Knocked Down. Die für den lokalen Auslandsmarkt bestimmten Fahrzeuge werden nicht als Fertigfahrzeuge exportiert, sondern komplett zerlegt in Form von Teilesätzen. Vor Ort montiert das CKD-Werk dann die Teilesätze zum fertigen Fahrzeug. Mit anderen Worten: Das CKD-Werk importiert komplett zerlegte Fahrzeuge und baut diese lokal zusammen. Hohe Einfuhrzölle sowie restriktive Local-Content-Vorgaben (z. B. bestimmte Anteile an Fertigungsleistungen im jeweiligen Land zu erbringen, auch unter Einbeziehung der lokalen Zulieferer) sind meist die Gründe.

Zwischen den beiden Alternativen Export von Fertigfahrzeugen und Export von Teilesätzen existieren Zwischenformen. Semi Knocked Down (SKD) beinhaltet den Export von teilmontierten Fahrzeugen einschließlich demontierter Teile und im Ausland erfolgt die Endmontage. Auf diese Art und Weise können nicht nur Einfuhrzölle auf Fertigfahrzeuge vermieden werden, sondern auch neue Märkte mit anfangs kleineren Jahresvolumen können schneller und kostenoptimaler bedient werden. Bei Medium Knocked Down (MKD) (erweiterte Verfahren gegenüber SKD) werden Rohkarossen und Montageteile exportiert. Im Importland erfolgen die Lackierung und Fertigmontage. Neben Importteilen werden auch Teile von den Lieferanten vor Ort beschafft.

Im nächsten Abschnitt richten wir den Blick auf den Materialfluss innerhalb der Produktionswerke.

3.2.4 Gestaltung des Materialflusses in der Fertigung

Zielkriterien für den werksinternen Materialfluss sind:

- kurze Fertigungsdurchlaufzeit vom ersten Arbeitsgang an bis zur Fertigstellung
- niedrige Transportkosten
- niedrige Bestände

Klassische Gestaltungsformen sind:

- **Werkstattfertigung**
  Synonym: Verfahrensspezialisierte Fertigung, Verrichtungsprinzip

  Die Fertigung ist nach einzelnen Werkstätten organisiert. Jede ist auf ein Fertigungsverfahren (z.B. Bohren, Schweißen, Sägen) spezialisiert. Ein Produkt durchläuft für seine Fertigung mehrere unterschiedliche Werkstätten. In der Einzel- und Kleinserienfertigung ist diese Organisationsform von Vorteil.
- **Fließfertigung**
  Synonym: Erzeugnisspezialisierte Fertigung, Objektprinzip

  Die Maschinen und Fertigungsarbeitsplätze werden materialflussgerecht in der Reihenfolge der Arbeitsgänge des zu produzierenden Produktes aufgestellt. Angewandt wird die Fließfertigung in der Großserien- und Massengutproduktion in den Varianten: Fließfertigung mit Zeitzwang (Taktstraße), Fließfertigung ohne Zeitzwang (mit Pufferlager), Fließfertigung mit fester räumlicher Kopplung und Fließfertigung ohne räumliche Kopplung. Bei dieser können Arbeitsmaschinen übersprungen werden.

Auf dem Prinzip Fließfertigung ohne räumliche Kopplung der Arbeitsstationen basieren neuere Ansätze der Gestaltung und Steuerung des Fertigungsflusses. Beispiel Automobil: Das Automobil bleibt ein Massen- bzw. Volumenprodukt, gleichzeitig wird es aber immer individueller. Alles geht in Richtung Losgröße eins. Für die individuellen Varianten wird mittels Algorithmen immer der kürzeste Weg mit optimaler Durchlaufzeit gefunden. Das Ganze funktioniert auf Basis Robotik und Selbststeuerung, d.h. die Objekte suchen sich bei dieser zukunftsorientierten Lösung selbst den Weg.

Überlegen Sie: Würde diese Zukunftsvision (Produkte suchen sich selbst den optimalen Weg in einer Fließfertigung ohne Zeitzwang und ohne räumliche Kopplung) das Werkstattprinzip in Zukunft obsolet werden lassen? Diskutieren Sie mit Kollegen und Kommilitonen!

Zielgerichtete Materialflüsse in der Fertigung setzen eine funktionierende Produktionsplanung und -steuerung voraus.

3.2.5 Produktionsplanung und -steuerung (PPS)

Die Informationen aus der Absatzplanung finden Eingang in die Produktionsplanung. Das bildet keine Einbahnstraße, stattdessen werden wechselseitige Abstimmungen durchgeführt, bei der Nachfrage und Kapazitäten abgeglichen werden bzw. ins Gleichgewicht zu bringen sind (z.B. rechtzeitige Schaffung zusätzlicher Produktionskapazitäten).

Für die Steuerung des Materialflusses in der Fertigung (Produktionssteuerung) wird zwischen zwei Prinzipien unterschieden:

- **Push-Prinzip**
  Synonym Bringprinzip

  Die erste Fertigungsstufe setzt den Fertigungsfluss in Bewegung. Die jeweils nachgelagerte Fertigungsstufe beginnt erst dann zu produzieren, wenn erstens von der vorgelagerten Stufe die gefertigten Zwischenprodukte angeliefert sind und zweitens ein Fertigungsauftrag von der zentralen Steuerungsinstanz vorliegt.

- **Pull-Prinzip**
  Synonym Holprinzip

  Das Pull-Prinzip funktioniert genau umgekehrt. Die letzte Fertigungsstufe (z. B. Endmontagestelle) stößt den Materialfluss an. Die ihr vorgelagerte Stelle beginnt zu produzieren. Und so setzt sich das fort, indem immer die nachgelagerte Fertigungsstufe den Fertigungsimpuls an die vorgelagerte Stufe gibt. Damit wird gesichert, dass die vorgelagerten Stufen nur soviel produzieren wie tatsächlich nachgefragt wird. Effekte sind niedrigere Bestände und eine höhere Flexibilität gegenüber Nachfrageänderungen.

Aus der Abbildung 3.7 geht hervor, dass bei der Anwendung des Pull-Prinzips eine dezentrale Produktionssteuerung möglich wird. Lediglich der auslösende Fertigungsimpuls an die Endfertigungsstelle erfolgt durch die Zentralinstanz. Das KANBAN-Konzept basiert auf dem Pull-Prinzip.

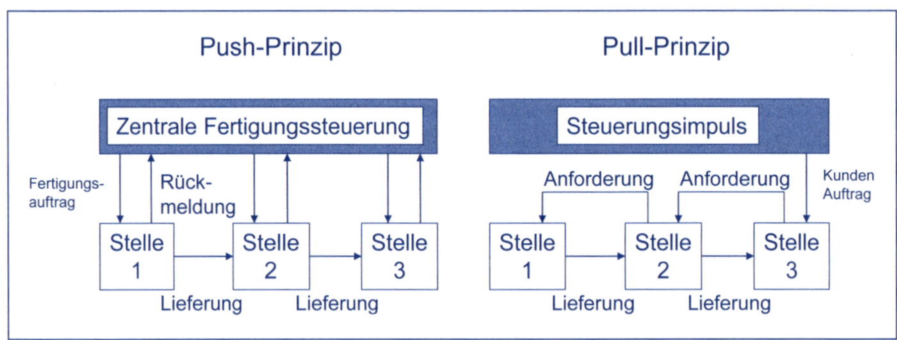

Abbildung 3.7: Prinzipien der Fertigungssteuerung

Die Informationen über die Nachfrage stützen sich entweder auf vorliegende Kundenaufträge oder auf Prognosedaten:

- **Prognosegetriebene Produktion**
  Synonym Lagerfertigung, Make-to-Stock

  Produktion für den anonymen Markt: Die Produktion ist ausschließlich auf die prognostizierte Nachfrage ausgerichtet. Da zwischen Prognose und Kundennachfrage in der Regel eine zeitliche oder sachliche Differenz besteht, führt die prognosegetriebene Produktion zum Aufbau von Lagerbeständen an Fertigwaren.

- **Auftragsgetriebene Produktion**
  Synonym Auftragsfertigung, Build-to-Order

  Die Produktion startet erst mit dem Eingang von Kundenaufträgen.

Welche der beiden Verfahrensweisen für ein Unternehmen zutreffend ist, hängt von zahlreichen Faktoren ab (Branche, Produktarten, Zahl der Produktvarianten, Kundenloyalität, Nachfrageverlauf, Vorhersagegenauigkeit, Produktionsdurchlaufzeit, Lieferzeitanforderungen etc.), so dass häufig ein Entscheidungsspielraum zwischen Lager- oder Auftragsfertiger kaum gegeben ist.

In der Kombination prognose- und auftragsgetriebener Produktion besteht jedoch eine besondere Option. Die Vorteile beider Verfahrensweisen werden ausgenutzt (siehe Abbildung 3.8).

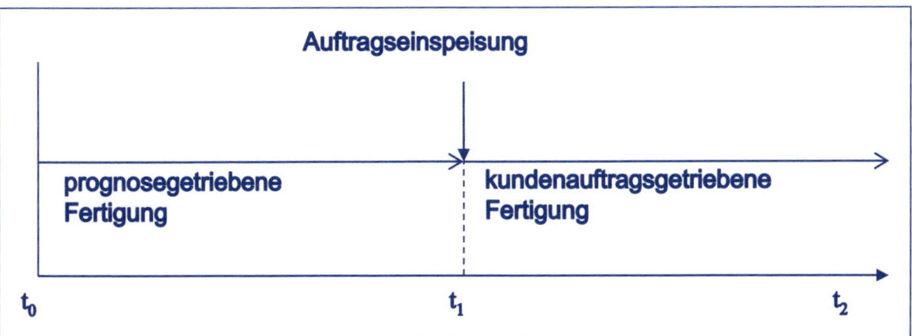

Abbildung 3.8: Kombination prognose- und kundenauftragsgetriebene Produktion

Durch die Kombination reduziert sich die Fertigungsdurchlaufzeit der Kundenaufträge, damit auch die Lieferzeit. Kürzere Durchlauf- und Lieferzeiten erhöhen die Lieferzuverlässigkeit (Termintreue). Bestände an Fertigwaren können auf Null reduziert werden. Bestände an Zwischenprodukten wirken sich aufgrund ihres niedrigeren Werts positiv auf sinkende Bestandskosten aus. Die Kombination prognose- und kundenauftragsgetriebener Produktion bildet ein Beispiel für die engen Beziehungen zwischen Produktions- und Distributionslogistik.

3.3 Distributionslogistik

3.3.1 Absatzkanal

Für den Fluss der Fertigwaren vom Unternehmen bis hin zum Kunde hat sich der Begriff Absatzkanal durchgesetzt. Wie kommt die Ware zum Kunde? Hersteller und Handel sind stets auf der Suche nach dem für sie optimalen Absatzkanal. Dabei sind Antworten auf folgende Fragen zu finden:

- **Wie viele Absatzkanalstufen?**
  Zu entscheiden ist zwischen einstufigen Kanal (z. B. Lieferung ab Werkslager) und mehrstufigen Kanal (z. B. vierstufig: Werkslager, Zentrallager, Regionalla-

ger, Auslieferungslager). Die Auslieferungsläger befinden sich in direkter Nähe zu den Kunden. Existieren keine Werkslager, sondern nur Zentrallager, dann ist das auch ein einstufiger Absatzkanal. Ob eine einstufige (zentrale) Struktur oder eine mehrstufige (dezentrale) Struktur optimal ist, hängt von vielen Einflussgrößen ab. Hat ein Unternehmen ein breites Warensortiment, dann wird es eine zentrale Struktur wählen, da ein dezentrales Vorhalten des gesamten Warensortiments bis hin zu den Auslieferungslägern viel zu hohe Bestände und Kosten bedingen würde. Zwar sind die Transportkosten bei einer zentralen Struktur höher, jedoch weden Lager- und Bestandskosten gespart, so dass die Gesamtkosten niedriger sind. Weitere Einflussfaktoren sind: Kundenstruktur (wenige Großkunden versus viele kleine Kunden), Produktwert und Lagerungsanforderungen.

- **Wie viele Läger und Kapazitäten sind auf den einzelnen Stufen einzurichten?**
  Auf jeder Lagerstufe ist über die Zahl der Läger und die Kapazitäten zu entscheiden.
- **Wie viele Absatzkanäle?**
  Wir beobachten eine Entwicklung vom ausschließlichen Absatz über den stationären Handel, hin zu Multi-Channel, Cross-Channel und Omni-Channel.

  Multi-Channel:
  Zusätzlich zum Absatzkanal über den stationären Handel kommen ein oder mehrere Kanäle dazu, meist ein Online-Kanal. Bei Multi-Channel koexistieren die Kanäle (z. B. stationärer Handelskanal und Onlinehandel) völlig unabhängig nebeneinander. Der Kunde kann für einen Warenkauf nicht zwischen den Kanälen wechseln. Wenn der Kunde die Ware im stationären Handel bestellt, dann muss er seine bestellte Ware im stationären Handel abholen, wird dem Kunde also nicht online nach Hause geschickt. Umgekehrt gilt das bei Online-Bestellung ebenso: Der Sendungsablauf beginnend mit Bestellung, über Lieferung und Retoure läuft einzig und allein über den Online-Kanal.

  Cross-Channel:
  Die Kanäle werden partiell integriert. Beispiele: Der Kunde prüft online die Produktverfügbarkeit in der Filiale, bestellt und holt die Ware in der stationären Filiale ab. Falls das online bestellte Produkt nicht seinen Wünschen entspricht, kann er es in der Filiale abgeben. Sowohl für das Unternehmen als auch für den Kunde sind es trotz partieller Integration noch getrennte Absatzkanäle. Cross-Channel ist ein Entwicklungsschritt in Richtung Omni-Channel.

  Omni-Channel:
  Alle Absatzkanäle (stationärer Handel, Online-Handel, Mobile Commerce, Tele-Shopping, Multi-Media etc.) verschmelzen aus Sicht der Kunden zu einem vollständig integrierten, ganzheitlichen Absatzkanal. Der Kunde kann frei zwischen den Alternativen hin und her springen, auch innerhalb eines Prozesses. Z. B. beginnt der Kunde seine Bestellung in der Filiale und schließt sie später online ab. Entwicklungstreiber für Omni-Channel ist das Marketing. Das Bestell- und Kaufverhalten jedes einzelnen Kunden wird 100 Prozent transparent. Hier setzt das Kundenmarketing an. Die Vorteile von Omni-Channel liegen damit auf Seiten der Unternehmen und ihrer Umsätze aber auch auf Seiten der Kunden, da Warenkäufe einfacher werden.

- **Sind alle Waren auf jeder Lagerstufe vorzuhalten (Bevorratungsstrategie)?** Beim traditionellen Ansatz wird jede Produktart auf jeder Lagerstufe bevorratet. In der Praxis wird von dem traditionellen Ansatz häufig abgegangen und stattdessen zu einer selektiven Bevorratungsstrategie gewechselt. Produkte mit seltenem Abverkauf (= Produkte mit niedrigem Umschlag, deshalb auch als Langsamdreher bezeichnet) werden nur auf Werks- oder Zentrallagerebene vorgehalten und nicht in den lokalen Auslieferungslagern, um so Bestandskosten zu sparen.
- **Welche Belieferungsstrategie sollte gewählt werden?** Sollen die Warentransporte über alle Lagerstufen geleitet werden oder können Lagerstufen auch übersprungen werden? Die selektive Bevorratung wird vorzugsweise mit einer selektiven Belieferung, bei der Lagerstufen übersprungen werden, kombiniert. In der Praxis wird häufig eine selektive Belieferungsstrategie gewählt, aber es gibt auch nicht wenige, situationsbedingte Ausnahmen.
- **Für welche Leistungen ist ein Outsourcing zu empfehlen?** Die Bandbreite des Outsourcings bewegt sich zwischen dem kompletten Outsourcing der Distributionslogistik bis hin zu dem Outsourcing einer einzelnen Leistungsart wie dem Transport oder der Lagerung. Immer mehr Unternehmen übertragen neben dem Transport auch die Lagerung an einen Logistikdienstleister. Dieser betreibt entweder ein exklusiv für den Kunde errichtetes Lager oder ein **Multi-User-Warehouse**, in welchem Waren mehrerer Kunden eingelagert sind. In der Regel übernehmen Logistikdienstleister auch die Transporte zu den Kunden. Das hat auch den Effekt, dass Lagerstufen wie die Stufe Auslieferungsläger eingespart werden kann, wenn die Logistikdienstleister über eigene Stückgutnetze verfügen und so die Transporte über ein dezentral enges Netz an **Transshipmentpoints** (Umschlagterminals) erfolgen. So können die Waren vom Zentrallager aus effektiv und effizient zu den Endkunden transportiert werden. Vorteilhaft kann auch die Einrichtung eines **Distributioncenter** sein. In diesem führen die Logistikdienstleister beispielsweise einfache Montagearbeiten zur Finalisierung der Fertigwaren durch.

3.3.2 Fallbeispiel Pick-by-Robots im E-Commerce

Cobots ist die Kurzfassung für Collaborative Robotics und beinhaltet eine Innovation in der Kooperation zwischen Mensch und Roboter. Während früher der Bereich der Roboter fest abgegrenzt war, ein komplett abgeschlossener Bereich, arbeiten neu Menschen und Roboter kollaborativ, d.h. Hand in Hand direkt zusammen. Der Roboter wird zum digitalen Arbeitskollegen.

Das Fallbeispiel bezieht sich auf die E-Commerce-Kommissionierung im Distributioncenter des Kontraktlogistikers FIEGE (vgl. Mester/Wahl/Jöhren 2022: 309–322). Am Standort Ibbenbüren kommissioniert FIEGE die Versandartikel (Schuhkartons) für einen führenden Schuhhändler. Weltweit zum ersten Mal kommt dafür die neue Technologie **Pick-by-Robots** zum Einsatz. Sie ermöglicht das für den Online-Handel wichtige stückgenaue Kommissionieren mittels Roboter. Im Unterschied zum stationären Handel bewegen wir uns bei den Versandaufträgen für Online-Kunden bei Losgröße 1. Entwickelt wurde der Kommissionierroboter

TORU von dem Start-up MAGAZINO. FIEGE und MAGAZINO haben gemeinsam TORU zur Anwendungsreife geführt.

Warum ist Pick-by-Robots den bisherigen Techniken in der Kommissionierung von E-Commerce-Versandaufträgen überlegen?

- **Mensch-zu-Ware-Systeme**
  Die Mitarbeiter selbst laufen durch die Lagergänge und holen die Artikel aus den Regalen. Weiterentwicklungen wie Pick-by-Voice (der Mitarbeiter wird per Sprache gesteuert, was er aus den Fachregalen zu entnehmen hat) oder das Tragen von Datenbrillen (die Informationen zu Objekt, Regal und Lagerplatz werden dem Mitarbeiter auf der Brille eingeblendet) bringen zwar Verbesserungen (z. B. Rückgang der Fehlerquote in der Kommissionierung), aber das Problem zu hoher Lohnkosten für das Picken von Artikeln aus Warenlagern bleibt.
- **Ware-zu-Mensch-Systeme**
  Bisherige automatisierte Ware-zu-Mensch-Systeme können nur ganze Ladungsträger (z. B. Paletten, Behälter) zum Mitarbeiter bringen. Der Mitarbeiter muss selbst noch die einzelne Ware entnehmen. Im Anschluss muss der angerissene Ladungsträger wieder ins Lager transportiert werden. Diese Systeme sind relativ inflexibel und mit hohen Investitionskosten verbunden.

Die Kommissionierung der Versandaufträge im E-Commerce erfordert höchste Flexibilität, um Losgröße 1 in kürzester Zeit kostenoptimal umzusetzen. Weder die Mensch-zu-Ware-Systeme noch die bisherigen automatisierten Ware-zu-Mensch-Systeme sind den zukünftigen Herausforderungen im Online-Handel mit Blick auf Schnelligkeit, Kosten und Qualität gewachsen.

Abbildung 3.9: Der Roboter kann nicht nur online bestellte Schuhe aus dem Regal holen, sondern auch Retouren wieder einlagern (Mester/Wahl/Jöhren 2022: 333)

Der Kommissionier-Roboter TORU holt selbständig die einzelnen Artikel aus den Regalen, legt sie auf seinem eingebauten Ablageplatz ab und bringt sie zu dem Mitarbeiter an der Versandstation. Mittels zahlreicher Sensoren und Kameras kann TORU seine Umgebung sehen, verstehen und eigene Entscheidungen treffen (z. B. die Lagerplatzverdichtung zur Erhöhung der Lagerauslastung). Da der Roboter seine Bewegungen in Echtzeit plant kann er auf unvorhergesehene Ereignisse reagieren. Durch den Einsatz der 3D-Kammeratechnologie und intelligenten Algorithmen findet TORU immer den optimalen Weg. Mit zunehmender Einsatzzeit lernen die Roboter immer mehr dazu und geben über die Cloud-Vernetzung ihr erlerntes Wissen in Echtzeit an alle Roboter weiter. So können sich die Roboter auch in Zukunft immer weiter verbessern. TORU lagert nicht nur aus, sondern transportiert auch retournierte Ware zurück in die Regale.

3.3.3 Experteninterview Omni-Channel-Handel

Dr. Michael Krings ist Partner der Schweizer Strategieberatung Retail Capital Partners (RCP) AG, Pfäffikon (SZ) und leitet dort das Competence Center Commerce e Operations. Davor war er unter anderem als Mitglied des Top Executive Boards der Parfümerie Douglas GmbH für alle Supply Chain Management Aufgaben dieses Unternehmens verantwortlich und hat dessen Weiterentwicklung zu einem führenden europäischen Omnichannel-Händler maßgeblich mit vorangetrieben.

Sehr geehrter Herr Dr. Krings, bitte beschreiben Sie kurz die Omnichannel-Supply-Chain.

Die Omnichannel Supply Chain ist ein ganzheitliches System, innerhalb dessen Endkunden bedarfsgerecht mit Waren und Dienstleistungen versorgt werden. Sie umfasst den kompletten Waren- und Informationsfluß von den verschiedenen Herstellerstufen über den Groß- und Einzelhandel bis zum Endkunden und – in Bezug auf Retourenprozesse und Kreislaufkonzepte – auch wieder zurück. Von den „Vorläufer-Systemen"Multichannel bzw. Crosschannel Supply Chain unterscheidet sich die Omnichannel Supply Chain insbesondere durch die vollständige Integration der verschiedenen Kanäle. Die Integration wird z. B. in kanalunabhängig nutzbaren Beständen und der aus Kundensicht vorteilhaften Möglichkeit, beim Einkaufen beliebig zwischen Kanälen wechseln zu können, deutlich. Ein perfektes Beispiel dafür ist der Omnichannel-Möbelhandel: Hier können Kunden im Webshop Vorabinformationen sammeln und erste Planungen u. a. mittels Augmented Reality-Lösungen vornehmen, sich danach die Produkte gezielt im Geschäft ansehen und ausprobieren, bevor sie diese final im Webshop entweder zuhause oder auch im Laden bestellen. Neben der Abholung im Geschäft kann dann auch eine Lieferung mit Services wie Aufbau und Entsorgung alter Produkte am Wohnort des/der Kunden erfolgen.

Sie betonen jüngst die Dynamik und Ressourcenknappheit, welche die Omnichannel-Supply-Chain prägen. Was beinhaltet das konkret (Beispiele)?

Der Fachkräftemangel ist für die Gestaltung der Supply Chains ein großes Problem. Neben den Fahrern gibt es auch im Bereich der qualifizierten Lageristen einen stetig steigenden Personalmangel. Durch die zunehmende Bedeutung des E-Commerce wächst auf der anderen Seite die Nachfrage nach Dienstleistungen und damit nach Personal. Zusätzlich führt das ungleich dynamischer verlaufende Online-Geschäft zu Nachfragespitzen, deren Abdeckung schwierig ist. Ein weiteres Beispiel betrifft die Notwendigkeit zum Aufbau einer City-Logistik. Auch hier sind Kapazitäten in Gestalt von Lagerlösungen und Liefernetzwerken knapp und der Bedarf steigt durch den Trend zu Omnichannel-Handel ständig weiter an.

Was sind für Sie erfolgversprechende Lösungsansätze für den Umgang mit knappen Ressourcen? Bitte stellen Sie einen Lösungsansatz etwas ausführlicher vor.

Der Personalmangel in der Suuply Chain kann durch eine intelligente Kombination aus modular aufgebauter Automatisierung und einer die Bedarfe berücksichtigenden Personaleinsatzplanung optimiert werden. Monolithische und weitgehend auf „Größendegressionseffekte" ausgerichtete Strukturen haben ausgedient. Kleine Automatisierungslösungen in Kombination mit einer Mitarbeiterentwicklung, die auf Leistungsanreize und kontinuierliche Verbesserung zielt, gepaart mit der Personaleinsatzplanung, sind den alten Lösungen weit überlegen. Voraussetzung dafür ist allerdings ein durchgängig hoher Digitalisierungsgrad in der Supply Chain, da für die Planungen und Simulationen Status-, Kapazitäts- und Leistungsdaten erforderlich sind. Damit können Auslastungen optimiert und Prozesse effizient gesteuert werden.

Blick in die Zukunft: Wohin geht die Reise in der Distributionslogistik auch mit Blick auf den stationären Handel und unsere Innenstädte? Wo finden die Shopping-Erlebnisse in Zukunft statt?

Konsequente Kundenorientierung bleibt für den Handel die oberste Maxime. Entsprechend wird sich auch die Distributionslogistik verstärkt in den Dienst der Endkunden stellen. Ein Grund ist, dass die „emotionsfreie" Warenversorgung aus dem stationären Handel zunehmend in den Distanzhandel (z. B. E-Commerce, Social Commerce, Q-Commerce) verlagert wird. Bisherige Kunden des stationären Handels lassen in diesem Sinne die von ihnen bislang beim Einkauf faktisch ausgeübten Kommissioniertätigkeiten in Logistikcentern erledigen. Sie können sich dann auf den Genuss mit allen Sinnen und das Edu- und Entertainment beim Einkaufen der Produkte mit hohem emotionalem Niveau und Engagement konzentrieren. Das echte Shopping-Erlebnis insbesondere in attraktiven Innenstädten wird also weiter auch stationär stattfinden, aber mit veränderter Ausrichtung. Standardisierbare Routine wie das „Replenishment" wird ins Internet bzw. effiziente Microfulfillment-Center verlagert.

Vielen Dank für das Interview.

3.4 Ein Blick in die Zukunft

3.4.1 Online-Handel

Verbände, Berater und Handelsunternehmen erwarten in den nächsten Jahren eine starke Zunahme des Online-Handels mit bezogen auf das gesamte Warensortiment durchschnittlich 10 bis 15 Prozent pro Jahr.

Heute beträgt der Anteil des Online-Handels am Einzelhandelsumsatz rund 12 Prozent. Extrapoliert auf das Jahr 2036 steigt dieser auf 42 Prozent an. Nach Berechnungen auf Basis von Statistiken und logischen Annahmen kann in 2036 ein Einzelhandelsumsatz von 729 Milliarden Euro erwartet werden. Zu diesem trägt der Online-Handel mit 309 Milliarden Euro bei. Dagegen nimmt der stationäre Handel absolut und relativ ab (siehe Abbildung 3.10[2]).

[2] Die Daten in Abbildung 3.10 und 3.11 sind auf Basis von Statistiken einschlägiger Handels- sowie KEP-Verbände in Deutschland und auf Basis eigener Berechnungen (Trendextrapolation) unter Einschluss von Experteneinschätzungen sowie zusätzlicher logischer Annahmen erstellt.

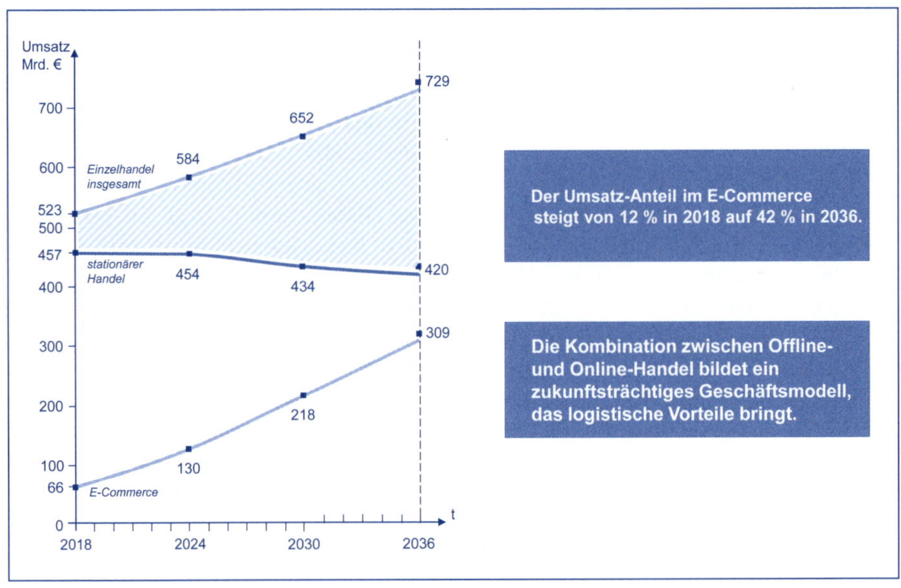

Abbildung 3.10: Prognose des Online-Handels B2C (Göpfert 2022: 248)

Die Kombination zwischen Offline- und Online-Handel (Cross- bzw. Omnichannel) bildet ein zukunftsträchtiges Geschäftsmodell, das die Konsumenten erwarten und das logistische Vorteile bringt. Diese sind:

- Die Kunden können aus einem größeren Angebot von Möglichkeiten des Erhalts von Waren einschließlich der Retourenabwicklung wählen.
- Das virtuelle Regal bewirkt eine Sortimentserweiterung, und zwar immer dann, wenn in den stationären Filialen die Flächen begrenzt sind. Die online bewirkte Erweiterung des Sortiments steigert die Attraktivität.
- Durch die Vernetzung der Vertriebskanäle in Form von Omni-Channel können die Lieferzeit verkürzt, die Lieferflexibilität und -qualität sowie die -zuverlässigkeit erhöht und die Logistikkosten optimiert werden (vgl. Krings/Wollenburg 2022: 229–256).

Repräsentative Beispiele belegen diesen Trend: Amazon übernahm die Supermarktkette Whole Foods; Wal-Mart kaufte den größten indischen Online-Händler Flipkart für 21 Mrd. Dollar. Alibaba (zweitgrößte Internetkaufhaus der Welt) investiert in Supermärkte.

3.4.2 Sendungs- und Paketvolumen

Wie wirkt sich das Wachstum im Online-Handel auf das Sendungs- und Paketvolumen im Jahr 2036 aus?

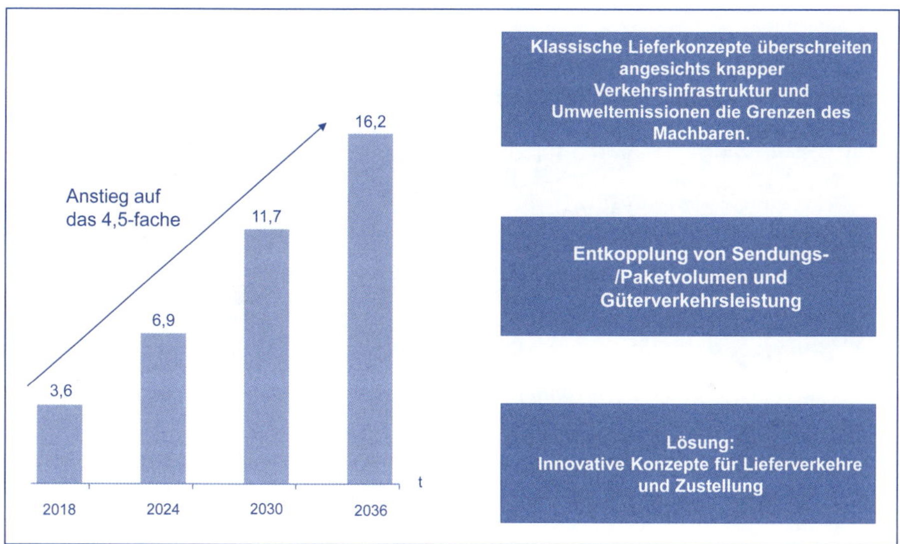

Abbildung 3.11: Prognose des Sendungs- und Paketvolumens in Milliarden Sendungen bzw. Paketen (Göpfert 2022, S. 251)

Nach solider Berechnung wird das Sendungs- und Paketvolumen bis 2036 auf das 4,5-fache ansteigen (siehe Abbildung 3.11). Angesichts der knappen Kapazitäten der Verkehrsinfrastruktur würde das bei einer klassischen Zustellung bis zur Wohnungstür die Grenzen des Machbaren überschreiten. Notwendig ist eine Entkopplung zwischen Sendungs-/Paketvolumen und Güterverkehrsleistung. Die Lösung liegt in einer intelligenten Vernetzung von bewährten und ganz neuartigen Zustellkonzepten. Diese werden im nächsten Abschnitt vorgestellt.

3.4.3 Innovative Zustellungsoptionen

Wie kommt die online bestellte Ware zum Kunde? Als erstes ist zu unterscheiden, ob die Zustellung in der Stadt oder im weniger dicht besiedelten ländlichen Raum erfolgt. Die Herausforderung liegt besonders in den Großstädten und urbanen Ballungsräumen. In fünf Jahren wird die Hälfte der Weltbevölkerung in größeren Städten leben, Tendenz steigend, für 2050 rechnet man mit einem Anteil von zwei Drittel der Weltbevölkerung in Großstädten.

Wie sieht das Mix aus unterschiedlichen Zustellungsoptionen zukünftig aus, z. B. im Jahr 2036?

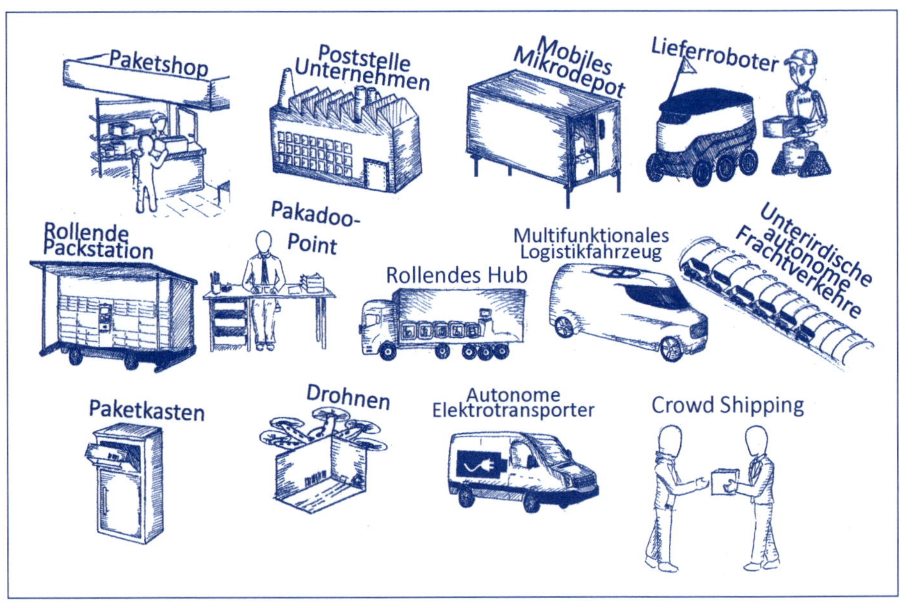

Abbildung 3.12: Lieferverkehre und Zustellungsoptionen (Göpfert 2022, S. 252)

Die ersten drei Zustellungsoptionen **Paketshops, Packstationen, Paketkästen** sind mehr oder weniger flächendeckend umgesetzt. Zusätzliche Vorteile würden rollende Packstationen bringen (z. B. autonom fahrende Stationen), da diese sich so standortmäßig veränderten Bedarfen schnell anpassen können. Z. B. kann zum Abfangen saisonaler Spitzenbedarfe in der Weihnachtszeit eine rollende Packstation relativ problemlos zu einer bereits vorhandenen dazu gestellt werden.

Die **Poststellen der Unternehmen** können zu Paketstationen erweitert werden. Das ist zugleich die Gründungsidee von Pakadoo. Kunden registrieren sich bei Pakadoo und lassen ihre online bestellte Ware an einen Pakadoo-Point am Arbeitsplatz liefern. Alle Lieferdienste haben Zugang zu diesen Pakadoo-Points und profitieren von den Vorteilen einer Bündelung der Anliefertransporte, 100-prozentiger Erstzustellquote und Verbesserung ihrer Umweltbilanz.

Drohnen kommen heute bereits für die Zustellung in spezifischen Fällen zum Einsatz. Die Entwicklung hin zu Frachtdrohnen mit größerem Ladegewicht wird ihre Bedeutung in Zukunft erhöhen.

Mobile Mikrodepots eignen sich für dichtbesiedelte Gebiete. Das sind kleine, dezentrale Verteilplätze, die in den Stadtbezirken aufgestellt werden. Von den Mikrodepots aus werden die Waren zu Fuß oder mit Elektro-Lastenrad zugestellt. Die Wirtschaftlichkeit mobiler Mikrodepots konnte in Pilotprojekten bereits nachgewiesen werden (z. B. Hermes und UPS in Hamburg, München, Frankfurt, Paris, vgl. IHK Mittlerer Niederrhein 2019).

E-Transporter können als **rollende Hubs** genutzt werden. Die E-Transporter fahren festgelegte Standorte zu definierten Zeitfenstern an; vergleichbar zum Fischauto oder Bäckerauto im ländlichen Raum. Die Online-Kunden holen ihre Sendungen am Fahrzeugstandort ab bzw. bringen Retouren zum Fahrzeug.

Lieferroboter befinden sich ebenfalls in der Pilotphase. Der Einsatz von Lieferrobotern bietet sich an, wenn ein relativ freier Lieferweg für den Roboter gegeben ist, z. B. in reinen Wohngebieten am Stadtrand. Die Lieferroboter des Start-ups Starship transportieren ein Gewicht von max. 15 kg über eine einfache Distanz von 10 km. Die Praktikabilität wurde u. a. von Hermes in Kooperation mit Starship im Rahmen eines Pilotprojektes getestet.

Elektrisch betriebene **multifunktionale Logistikfahrzeuge** ermöglichen gleichzeitig alternative Zustellungen: das Starten und Landen von Drohnen, die Zustellung per Lieferroboter und die persönliche Zustellung durch Lieferboten (Mercedes Vision Van, siehe Abbildung 3.13).

Abbildung 3.13: Der Mercedes-Benz Vision Van (Daimler 2021)

Autonom fahrende Elektrotransporter geben dem zustellenden Fahrer Zeit für verwaltende und dispositive Arbeiten.

Unterirdische autonome Frachtverkehre (Frachtroboter) beliefern Filialen, Paketshops, Packstationen und Mikrodepots. Z. B. sieht das spektakuläre Projekt von Alphabet in dem ganz neu aufzubauenden Stadtviertel der kanadischen Metropole Toronto unterirdische Flotten von Robotern für die Paketanlieferung vor. Ähnlich hat die Schweiz das große Zukunftsprojekt „Cargo Sous Terrain“ gestartet. In einem Tunnelsystem, der die wichtigsten Logistikzentren der Schweiz verbindet, sollen die Güter mittels selbstfahrenden, unbemannten Transportfahrzeugen zwischen den Hubs befördert werden. So berichtete die Schweizer Presse, dass die gesetzlichen Grundlagen für den unterirdischen Gütertransport gelegt werden. (vgl. Tages-Anzeiger 2021, siehe auch www.cst.ch).

Alle bisher betrachteten Zustelloptionen haben eine Gemeinsamkeit, sie basieren auf B2C. Das Konzept **Crowd Shipping** zeigt unter Nutzung sozialer Netzwerke, dass es auch anders geht, nämlich Consumer to Consumer (C2C). Auf einer Plattform, der Crowd, kommen private Anbieter von Transportraum und private Versender zusammen und vereinbaren Abhol- bzw. Zustellaufträge. Dass es funktionieren kann, beweist das Geschäftsmodell von Uber, das auf dem vergleichbaren Konzept „Crowd Mobility" basiert (vgl. u. a. Choudary et al. 2017: 14 f.; Handelsblatt 2019). Im nachfolgenden Punkt verstärken wir den Blick auf den städtischen Raum.

3.4.4 Smart Cities und urbane Logistik

Singapur leidet wohl am stärksten unter einem immer weiter wachsenden Verkehrsaufkommen. Um dem wachsenden Verkehrsaufkommen her zu werden, sieht Singapur künftig autonom verkehrende **Lufttaxis** und **Passagierdrohnen** vor mit Start- und Landeplätzen auf den Hochhäusern. Das Projekt „Urban Aerial Mobility" des europäischen Flugzeugkonzerns Airbus geht genau in diese Richtung. Erste Tests des „City-Airbus" laufen (120 km/h Maximalgeschwindigkeit, Platz für vier Personen ohne Pilot, senkrechter Start und senkrechte Landung).

Die Idee des **„fliegenden Automobils"** will Uber gemeinsam mit der amerikanischen Weltraumbehörde NASA zur Wirklichkeit werden lassen.

Diese Beispiele neuer Konzepte der Personenmobilität lassen sich auch auf die Güterlogistik übertragen. Abbildung 3.14 zeigt einige Zukunftsoptionen auf.

Abbildung 3.14: Smart Cities und urbane Logistik (Göpfert 2022, S. 255)

Autonome Luftfrachttaxis, **fliegende Transporter** und **Frachtdrohnen** mit größerem Ladegewicht und -raum sind für die von den Kunden gewünschten kurzen

Lieferzeiten als zukünftige Optionen denkbar. Der Trend zum **mehrgeschossigen Lagerhaus** käme dem Starten und Landen auf den Dächern der Lagerhochhäuser entgegen.

Auf der einen Seite ein Ausweichen in die Luft auf der anderen Seite muss zukünftig die städtische Infrastruktur auch in der **Nacht für Lieferverkehre** freigegeben werden. Das kann funktionieren unter der Voraussetzung neuer logistischer Konzepte, wie der Einsatz geräuscharmer, geräuschloser Fahrzeuge, Lade- und Entladehilfsmittel. Dazu laufen aktuell Pilotprojekte.

Die **Filiale** erhält zusätzlich die Funktion als **städtisches Verteillager**, indem direkt und binnen kürzester Lieferzeit aus der Filiale heraus geliefert werden kann.

Veränderungen in den klassischen Handelsströmen werden **rollende Fabriken** bringen. Das sind mit 3D-Drucker ausgestattete Fahrzeuge, die flexibel z. B. am Stadtrand aufgestellt werden und Waren vor Ort ausdrucken. Vorteile sind: kürzere Lieferzeiten, größere Stückzahlen schnell verfügbar, Vermeidung von Liefertransporten sowie individuelles Design. Hierin liegt auch ein Zukunftsgeschäft für Logistikdienstleister. Amazon hat für rollende Fabriken bereits Patente angemeldet.

3.4.5 Neuartige Transportmittel und Lagerlösungen

Transport, Lagerung, Umschlag (TUL) sind die physischen Kernprozesse in der Logistik. Das beste Logistik- und Supply Chain Management hat keinen Wert, wenn es nicht auf funktionierende Transport- und Lagersysteme zurückgreifen kann. Die nachfolgend stichwortartig angeführten Lösungsideen geben Anregungen für zukünftige Lösungen.

- Das **Lagerhaus-Luftschiff** ist eine Vision von Amazon. Amazon hat bereits 2016 Patente für ein solches Airborne Fulfillment Center erworben. Diese in der Luft schwebenden Fulfillment Center sind eine flexible, bedarfsorientiert einsetzbare Alternative zu kostenintensiven urbanen Standorten. Lieferdrohnen transportieren Pakete auf und ab (vgl. o. V. 2016).
- Das **Lagerhaus auf dem Wasser**: Autonom fahrende Schiffe können in urbanen Küstenregionen als Lagerhaus und Drohnenplattform zum Einsatz kommen (vgl. o. V. 2020).
- **Unterirdische Rohrleitungssysteme** wie die Zukunftsprojekte „CargoCap" oder das „Hyperloop-Transportsystem". Zu letzterem hat Elon Musk (Vorstandsvorsitzender von Tesla) die Boring Company gegründet. Tests laufen dazu u. a. in Los Angeles. Durch eine zwei Kilometer lange Röhre, die kaum breiter ist als ein Auto, werden Transportobjekte bewegt. Die Hamburger Hafen und Logistik AG und die Hyperloop Transportation Technologies haben ein Joint Venture gegründet, die „Hyperport Cargo Solution". Ziel ist es, Container als selbstfahrende Transportkapseln mittels Magnetschwebebahntechnik und Teilvakuum durch Röhren schnell in das Hinterland zu transportieren (vgl. o. V. 2019).
- **Intelligente Paletten**: In Verbindung mit der Vision vom „Physical Internet" werden intelligente Paletten zukünftig selbst ihren Weg suchen und sich über Smart Contracts auch dafür bezahlen lassen (vgl. Sternberg, Norman 2017).

- **Autonomes Fahren**: Experten rechnen damit, dass im Jahr 2036 bzw. 2040 der klassische Lkw mit Fahrer durch einen autonom fahrenden Lkw nahezu flächendeckend ersetzt wird. Zum Beispiel testen die Hamburger Hafen und Logistik AG und MAN den Einsatz von autonomen Lkw im Rahmen des Projektes „Hamburg Truck-Pilot". Testbereich ist das Containerterminal Altenwerder und eine rund 70 Kilometer lange Strecke auf der A7 (vgl. HHLA 2020).
- **Autonome Schiffe**: Die Hafenbehörde Rotterdam erwartet, dass noch vor 2030 autonome Schiffe anlegen und alle Prozesse (Liegefläche, Passage des Schiffes etc.) vollständig digitalisiert sind (vgl. Naumann 2018).
- **Elektrifizierter Schwerverkehr auf Autobahnen** (Elisa): Im Pilotprojekt docken sich Lkw's an die Elektro-Oberleitung an und laden so die Batterie für einen teilweisen Elektrobetrieb auf. Getestet wird auf einem fünf Kilometer langen Autobahnabschnitt auf der A5 südlich von Frankfurt. Batterieelektrische Lkw haben noch zwei Nachteile: die geringe Reichweite und die schweren Energiespeicher. Eine Alternative, besonders für Langstrecken und Güterverkehr kann die **Wasserstoffenergietechnik** (Brennstoffzelle) bilden. Bei dieser Technik wird die Energie für den Elektromotor in der Brennstoffzelle mittels einer chemischen Reaktion von Wasserstoff mit Sauerstoff erzeugt (vgl. Jordan 2019).

3.5 Zusammenfassung

Beschaffungs-, Produktions- und Distributionslogistik sind immer im Gesamtzusammenhang zu sehen. Bei einer Entscheidung in einem dieser Teilsysteme sind die Auswirkungen auf die anderen Teilsysteme zu beachten. Das bildet die Voraussetzung, damit die positiven Effekte aus Verbesserungen z.B. in der Beschaffungslogistik nicht durch unangepasste Prozesse in der Produktions- und Distributionslogistik kompensiert werden. Denn wäre das der Fall, dann hätten die Verbesserungen in einem Teilsystem keine positiven Effekte auf die Unternehmenslogistik als Ganzes. Die Quelle für dauerhafte und steigende Erfolge in der Logistik sind Innovationen.

3.6 Wissens- und Fähigkeitentest

Aufgabe 3.1:

Sie beraten ein Unternehmen bei der Neugestaltung der Beschaffungslogistik. Sie beginnen mit einem Überblick zu Sourcing- und Bereitstellungskonzepten. Bitte nennen Sie vier Beispiele für empfehlenswerte Kombinationen.

Aufgabe 3.2:

Welche Effekte bringt eine Kombination von prognosegetriebener- und kundenauftragsgetriebener Produktion und wann kommt diese zum Einsatz?

Aufgabe 3.3:

Online-Handel boomt. Wie kann das wachsende Paketaufkommen logistisch bewältigt werden? Gehen Sie auf vorgestellte Zukunftslösungen ein und produzieren Sie eigene Ideen.

4. Logistikdienstleister

Logistikdienstleister sind in den Wertschöpfungsketten von Industrie und Handel nicht wegzudenken. Ihr Angebotsspektrum reicht von einfachen Standardleistungen bis hin zu hochkomplexen, auf den Kunde individuell zugeschnittenen Leistungspaketen. In hohem und zunehmendem Umfang beauftragen Industrie und Handel die Logistikdienstleister mit der Ausführung von Logistikleistungen. Entsprechend bewegt sich der Grad des Outsourcings bei durchschnittlich über sechzig Prozent.

Lernziele

Das vierte Kapitel soll Sie befähigen:

- das Potenzial der Logistikdienstleister für Industrie und Handel zu erkennen,
- die Chancen der Startup-Unternehmen in der Logistik zu beurteilen,
- Transportnetze zu entwickeln.

4.1 Logistikdienstleister

4.1.1 Logistikdienstleistung

Logistikdienstleistungen besitzen spezifische Eigenschaften, die sie von Sachgütern grundlegend unterscheiden:

- **Logistikdienstleistungen sind an externe Faktoren gebunden.**
  Ohne die Integration des **externen Faktors** (Verlader oder Logistikobjekt z. B. Palette) können keine Logistikdienstleistungen erstellt werden. Die Kategorie **Verlader** umfasst ursprünglich alle Unternehmen, die Güter zu verladen haben und wird mittlerweile begrifflich gleichgesetzt mit Nachfrager logistischer Dienstleistungen. Da die Verlader Eigentümer der Logistikobjekte bleiben, stellen die Transport-, Umschlags-, Lager- und Verpackungsobjekte für die Dienstleister externe Faktoren dar.

  Die Abbildung 4.1 veranschaulicht die Bandbreite der Aktivitätsgrade des Nachfragers und des Anbieters logistischer Dienstleistungen. Im Rahmen dieser **Bandbreite** bewegen sich die **In-/Outsourcing-Strategien.** Die jeweiligen Wertschöpfungsanteile des Verladers und des Dienstleisters an hundert Prozent Wertschöpfung bewegen sind auf der Leistungskurve.

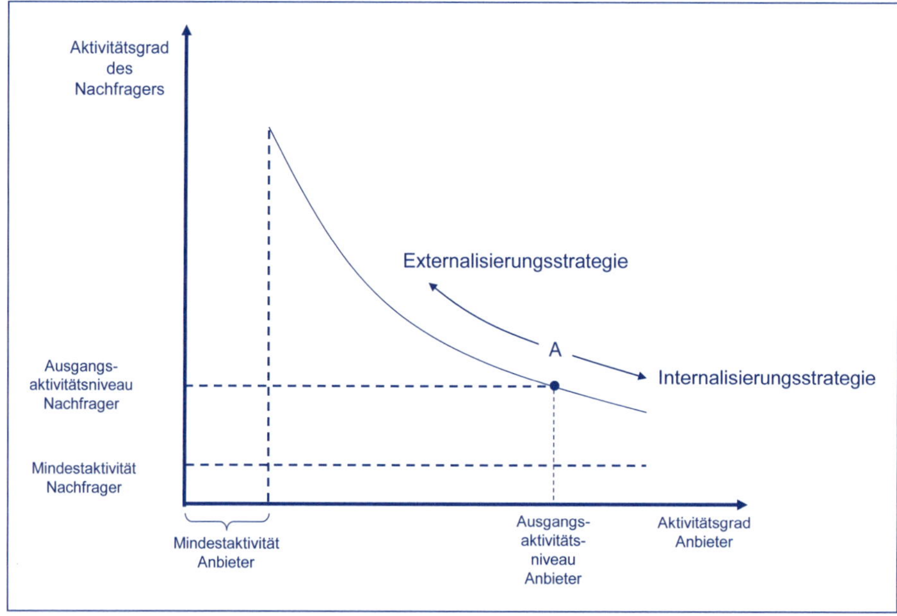

Abbildung 4.1: Aktivitätsgrad von Nachfrager und Anbieter bei der Erstellung logistischer Dienstleistungen (in Anlehnung an Corsten, Gössinger 2015: 120)

Der Kurvenverlauf kann keine Gerade sein, da infolge der notwendigen Integration des externen Faktors die Leistungskurve nie die Abszisse oder Ordinate schneidet. Der Verlader muss mindestens das Logistikobjekt und relevante Informationen bereitstellen (Mindestintegration des Verladers); aufseiten des Logistikdienstleisters kommt ohne einen minimalen Aktivitätsgrad keine Zusammenarbeit zustande. Aktivitätsgrad des Nachfragers plus Aktivitätsgrad des Anbieters ergibt 1,0 bzw. hundert Prozent Wertschöpfung. Der Aktivitätsgrad des Anbieters errechnet sich dann, indem von den hundert Prozent Wertschöpfung der Wertschöpfungsanteil des Nachfragers subtrahiert wird.

- **Logistische Leistungen sind immaterielle Leistungen.**
  Sowohl beim räumlichen Transfer (Transport von A nach B) als auch bei der Überbrückung zeitlicher Dissonanzen (Lagerhaltung) werden die Logistikobjekte selbst nicht verändert. Beispiel: Ein Student benutzt die Bahn für die Fahrt von Hamburg nach München, verändert damit seinen Aufenthaltsort, aber nicht seine Person.

  Die physischen Logistikprozesse (TUL-Prozesse) sind zwar materieller Natur, aber das logistische Leistungsergebnis ist immateriell. Gegenüber Sachgütern, die man anfassen, wiegen und messen kann, stellt sich die **Bewertung immaterieller Leistungen vielschichtiger und komplexer** dar; ein weiterer Aspekt, der auf das In-/Outsourcing Einfluss nimmt. Möglicherweise entscheiden sich Verlader deshalb bei **kritischen Logistikleistungen** wieder für ein **Insourcing.**

- **Logistikleistungen sind nicht lagerfähig.**
  Logistische Leistungen können nicht auf Vorrat produziert werden. Produktion und Konsumtion (bzw. Inanspruchnahme) logistischer Leistungen finden als ein Prozess statt. Das wird als **Uno-actu-Prinzip** bezeichnet. Während die Airline von Frankfurt nach New York fliegt, konsumieren und genießen die Passagiere den Flug.

  Aus dem Uno-actu-Prinzip folgt aber auch, dass der Verlader bzw. im Beispiel die Passagiere den gebuchten Flug (das Kaufobjekt) nicht vorher testen können. Im Vergleich dazu hat ein Pkw-Käufer die Möglichkeit, eine Probefahrt mit demselben Fahrzeug zu machen. Auch die Sachgüterproduktion sieht eine Qualitätskontrolle der Zulieferteile und -module vor, bevor sie eingebaut werden.

  Diese zwei Tatsachen, zum einen das Zusammenfallen von Produktion und Konsumtion und zum anderen das damit nicht mögliche Austesten derselben logistischen Leistung, beeinflussen das In-/Outsourcing-Verhalten.

  Aus der Eigenschaft der Nichtlagerfähigkeit logistischer Leistungen folgt eine hohe Empfindlichkeit der Logistikdienstleister gegenüber Nachfrageschwankungen. Logistikdienstleister reagieren darauf mit der Bildung kooperativer Logistikservicenetzwerke. Logistikdienstleisterkooperationen führen einen Ausgleich der unterschiedlichen Spitzenlast zwischen Kooperationspartnern herbei.

  Daraus folgt eine hohe Bedeutung von Logistikdienstleisternetzwerken. Das hebt das In-/Outsourcing der Verlader auf eine erweiterte Ebene, indem sie nicht an den einzelnen Logistikdienstleister, sondern an kooperative Logistiknetzwerke Leistungen vergeben. Damit steigt die Komplexität der In-/Outsourcing-Entscheidung, z. B. indem nicht nur der eine Dienstleister, sondern das gesamte Logistiknetzwerk vor der Auswahl zu bewerten sind.

Definition

Eine einheitliche Definition des Begriffs Logistikdienstleistung existiert nicht. Nach dem jeweiligen Verwendungszweck wird differenziert in **drei Definitionsansätze** (vgl. u. a. Corsten, Gössinger 2015: 26):

- **potenzialorientierte Definition**
  Danach wird die Logistikdienstleistung als menschliche oder maschinelle Leistungsfähigkeit definiert, womit am Nachfrager oder am Objekt des Nachfragers (Transport- oder Lagergut) eine gewollte Änderung (Ortsveränderung oder Zeitüberbrückung) bewirkt werden soll. Bei dieser Definition liegt der Fokus auf der Leistungsfähigkeit als Voraussetzung für die Erbringung logistischer Leistungen.
- **prozessorientierte Definition**
  Diese Definition konzentriert den Dienstleistungsbegriff auf den Prozess der Kombination von Leistungsbereitschaft und weiteren internen Produktionsfaktoren mit dem externen Faktor, d. h. mit dem Nachfrager (im Falle der Personenbeförderung) oder mit dem von ihm eingebrachten Logistikobjekt (z. B. Stück-, Kurier- oder Expressgut). Verwendung findet dieser Ansatz für Prozessverbesserungen. Die Logistikobjekte bleiben Eigentum des Verladers, sodass sie aus der Sicht des Logistikdienstleisters externe Faktoren sind.

- **ergebnisorientierte Definition**
  Die Logistikdienstleistung bildet das immaterielle Ergebnis der logistischen Leistungserstellung (z. B. kurze Lieferzeit, Termintreue, keine Transportschäden).

Sollen ausschließlich die Ergebnisse dienstleistender Tätigkeiten analysiert, verglichen und bewertet werden, dann reicht der ergebnisorientierte Definitionsansatz aus (z. B. vergleichende Bewertung der Leistungsergebnisse zwischen mehreren Logistikdienstleistern). Tiefergehende Analysen über die Ursachen für gute oder schlechte Leistungsergebnisse erfordern jedoch die Erweiterung um die prozess- und potenzialorientierte Sicht. Folgerichtig ist eine alle drei Ansätze integrierende Logistikdienstleistungsdefinition zu empfehlen.

Integrative Definition

Die **Logistikdienstleistung** bildet das immaterielle Ergebnis des Leistungserstellungsprozesses, das von personellen und materiellen Produktionsfaktoren an einem externen Faktor, der sich nicht im uneingeschränkten Verfügungsbereich des Dienstleisters befindet, erbracht wird.

Leistungsarten

Die Abbildung 4.2 zeigt eine Einteilung logistischer Dienstleistungen. Die TUL-Leistungen bilden den klassischen Leistungsbereich. Im Zuge der Logistikentwicklung kommen Leistungen zur Koordination des Güterflusses von der Beschaffung, über die Produktion bis hin zur Distribution hinzu. Value-Added Services (auch als Mehrwertdienste bezeichnet) generieren zusätzliche Wettbewerbsvorteile.

TUL-Leistungen	Koordinationsleistungen	Value Added Services
Transportorganisation Transportdurchführung Tourenplanung Frachtraumdisposition Umschlagen der Güter in Güterverkehrszentren Lagerplanung Lagerhaltung Kommissionierung Materialbereitstellung	Management der Zulieferkette Produktionsplanung und -steuerung Optimierung des Absatzkanals	Beratungsleistungen Qualitätskontrolle Merchandising Factoring Bewertung und Auswahl der Zulieferer

Abbildung 4.2: Logistikdienstleistungsarten

Je nachdem, wie viele Leistungen miteinander kombiniert werden, wird zwischen logistischen **Einzelleistungen** (Logistikkomponenten) und **Systemleistungen** unterschieden. Bei Letzteren wird ein ganzes Bündel von Einzelleistungen zu einem Logistikdienstleistungspaket geschnürt. Innerhalb der Systemleistungen besitzt die Kontraktlogistikleistung gegenwärtig und zukünftig einen herausragenden Stellenwert.

Kontraktlogistikleistung

Eine **Kontraktlogistikleistung** bildet eine auf die individuellen Bedürfnisse des Kunden zugeschnittene, maßgeschneiderte, kundenspezifische Logistiksystemlösung, die auf einer langfristigen Geschäftsbeziehung beruht und ein relativ großes Umsatzvolumen bindet.

4.1.2 Dienstleistertypen

Definition Logistikdienstleister

Logistikdienstleister sind Unternehmen, deren hauptsächlicher Unternehmenszweck eine auf effektive und effiziente Flüsse von Objekten (Material, Waren, Personen, Informationen) gerichtete Produktion logistischer Dienstleistungen bildet. Die Leistungspalette schließt je nach Unternehmenstyp auch komplementäre Leistungen (Value-Added Services) mit ein.

Logistikdienstleister unterscheiden sich nach der Leistungsbreite und -tiefe (Abbildung 4.3). Dabei drückt die Leistungsbreite die Anzahl der Leistungsarten aus und die Leistungstiefe, inwieweit die Leistung über das rein physische Ausführen hinausgeht und auch die Übernahme der dazu gehörenden Managementleistungen (Planung, Steuerung, Kontrolle, Organisation) einschließt.

Abbildung 4.3: Unterscheidung der Logistikdienstleister nach Leistungsbreite und -tiefe (in Anlehnung an Pfohl 2018:333)

Die Bandbreite möglicher Dienstleisterausprägungen umfasst auf der einen Seite die Anbieter von physischen Einzelleistungen wie Frachtführer und auf der anderen Seite die Anbieter komplexer Kontraktlogistikleistungen (z. B. Übernahme der kompletten Distributionslogistik) ein. Insofern bietet sich zunächst eine Gruppierung nach zwei **Logistikdienstleistertypen** an:

- **Logistikkomponentenanbieter**
  Dazu gehören alle Dienstleister, die sich auf logistische Einzelleistungen (Komponenten) wie Transportieren, Umschlagen und Lagern spezialisieren. Beispiele für Logistikkomponentenanbieter sind sowohl Transportunternehmen (Operateure der See- und Binnenschifffahrt sowie Luft-, Schienen- und Straßenverkehrsunternehmen) als auch Lager- oder Verpackungsunternehmen.
- **Logistiksystemanbieter**
  Diese Unternehmen bieten ihren Kunden komplexe Leistungsbündel – Logistiksystemlösungen – an. Eine Logistiksystemlösung stellt eine zielgerichtete Bündelung interdependenter logistischer Einzelleistungen sowie komplementärer Zusatzleistungen dar. Logistiksystemanbieter sind der **Lead Logistics Provider (LLP)** und der **Third Party Logistics Provider (3PL),** die zumeist als **Kontraktlogistiker** tätig werden.

  Third Party Logistics Provider (3PL):

  Die Bezeichnung Third Party Logistics Provider (3PL) geht auf den rasanten Bedeutungszuwachs der Logistik zurück. Der Logistikdienstleister verhandelt als dritte Partei auf Augenhöhe mit Industrie und Handel. Treffend brachte es der Geschäftsführer und Inhaber eines international aufgestellten Logistikunternehmens auf den Punkt: „Früher haben wir mit dem Transport- oder Lagerleiter verhandelt, heute sprechen wir mit der Geschäftsführung oder dem Vorstand."

  Später aufgestellte Systematiken mit **1PL, 2PL** oder **4PL** lösen sich von der ursprünglichen Idee, die hinter der Kreierung des 3PL steht. Das Konzept des 4PL sieht den Logistikdienstleister als Architekt und Generalmanager der Supply Chain von Industrie- und Handelsunternehmen, der ausschließlich koordiniert und keine eigenen physischen Assets (Transport- und Lagerkapazitäten) besitzt. Der Nichtbesitz eigener Transportnetze und Assets soll dem 4PL eine Unabhängigkeit und Neutralität bei der Auswahl der physischen Logistikkapazitäten bescheinigen, indem dieser nicht die Auslastung eigener Assets priorisieren kann und muss.

  Lead Logistics Provider (LLP):

  Das 4PL-Konzept hat sich in der Praxis nicht durchgesetzt. Dies führte zum Konzept des Lead Logistics Providers (LLP), bei dem nun im Unterschied zum 4PL-Konzept der Logistikdienstleister erstens über eigene operative Kapazitäten verfügt und zweitens nicht die Systemführerschaft der gesamten Supply Chain, stattdessen explizit die des Logistikdienstleisternetzwerks übernimmt. Lead Logistics Provider sind Logistiksystemanbieter und arbeiten in der Regel mit Komponentenanbietern zusammen. Entsprechend liegt die Wertschöpfungstiefe der Systemanbieter zumeist unter 100 Prozent. In der Rolle als Lead Logistics Provider steht der Systemanbieter (in Analogie zu der bekannten Zulieferpyramide in der Industrie) an der Spitze einer Logistik-Dienstleisterpyramide (siehe Abbildung 4.4).

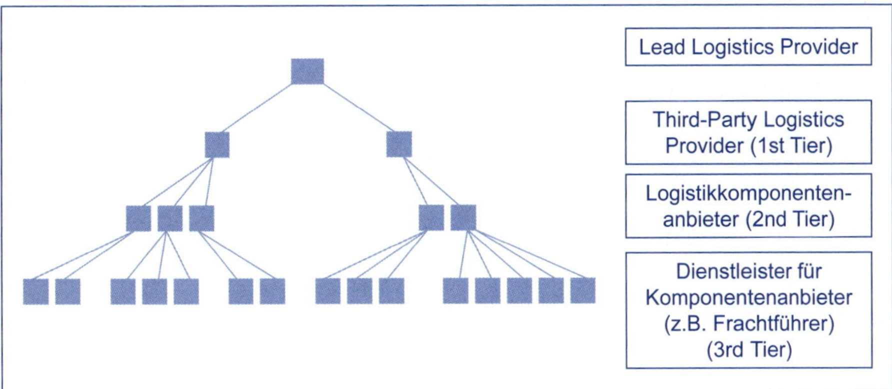

Abbildung 4.4: Logistik-Dienstleisterpyramide

- **Startup-Unternehmen**
  Mit der Digitalisierung in der Logistik begann eine nahezu explodierende Phase von innovativen Neugründungen. Gegenüber normalen Existenzgründungen zeichnen sind Logistik-Startups durch vier Merkmale aus (vgl. Göpfert, Seeßle 2022: 299; Seeßle 2021: 27):
  - Startups sind mit ihrer Technologie und/oder ihrem Geschäftsmodell hochinnovativ.
  - Startups streben ein signifikantes Mitarbeiter- und/oder Umsatzwachstum an.
  - Startups sind starke Innovationstreiber in der Logistik-Landschaft.
  - Startups sind jünger als zehn Jahre.

  Startups repräsentieren einen neuen Typ in der Logistikdienstleisterlandschaft. Zugleich lassen sich Bezüge zu den klassischen Typen herstellen. Danach agieren Startups als Komponentenanbieter in der Gruppe der Einzeldienstleister (z. B. Pakadoo oder Starship) und Verbunddienstleister (z. B. Instafreight). So erreicht Instafreight als Betreiber einer Online-Transportplattform ein umfassendes Transportnetzwerk an Frachtanbietern. Instafreight hat sich damit als digitale Spedition erfolgreich am Logistikmarkt etabliert.

4.1.3 In-/Outsourcing

Logistik-Outsourcing

Logistik-Outsourcing bezeichnet die dauerhafte Fremdvergabe logistischer Leistungen an Dritte.

Da die Kernkompetenzen eines Industrieunternehmens eher in der Sachgüterproduktion liegen und weniger in der Logistik, bietet sich für diese ein Outsourcing logistischer Leistungen an. Damit reduzieren sie ihre Wertschöpfungs- bzw. Logistiktiefe. Logistik-Outsourcing ist aber nicht nur ein Thema für Industrie und Handel, sondern auch für Logistiksystemdienstleister (Lead Logistics Provider, 3PL, Kontraktlogistiker).

Logistik-Insourcing

Logistik-Insourcing setzt Logistik-Outsourcing voraus. Logistik-Insourcing ist die Antwort auf ein gescheitertes Outsourcing oder das Ergebnis einer Neubewertung der Unternehmenssituation und veränderter Rahmenbedingungen.

Häufig wird Logistik-Insourcing als Phase in einem Prozess, beginnend bei der Phase Eigenerstellung der logistischen Leistungen, weiter zur Phase Outsourcing und schließlich in die Phase Insourcing mündend, interpretiert.

4.2 Logistikdienstleistungsmarkt

Industrie- und Handelsunternehmen lassen sich in ihrem In-/Outsourcing-Verhalten in hohem Maße von der Attraktivität des Logistikdienstleistungsmarkts (als Gesamtheit potenzieller Outsourcing-Partner) beeinflussen. Der **europäische Logistikmarkt** (EU-Mitgliedsländer, vgl. Schwemmer 2019: 48) verkörpert ein Volumen von rund 1.120 Milliarden € (2018). Das Ranking führen die Länder Deutschland (278 Milliarden €) vor Frankreich, gefolgt von Großbritannien und Italien an. Auf Großbritannien, das die EU (zuletzt die Zollunion) zum 01.01.2021 endgültig verlassen hat, entfallen 133,6 Milliarden €. Der Logistikmarkt von Österreich umfasst ein Volumen von 24,7 Milliarden €.

Das **Logistikmarktvolumen für Deutschland** ist in 2019 auf rund 285 Milliarden € angestiegen (vgl. Schwemmer et al. 2020: 81). Davon sind erst ca. 55 Prozent an Logistikdienstleister fremdvergeben.

Interessant ist eine vergleichende Betrachtung zwischen dem Outsourcing-Grad bei TUL-Leistungen (TUL: Transportieren, Umschlagen, Lagern) und der Kontraktlogistik. Bewegt sich der Outsourcing-Grad im Bereich Transportieren, Umschlagen, Lagern mit ca. 60 Prozent im oberen Bereich, so liegt er doch im Bereich Kontraktlogistik deutlich niedriger bei ca. 32 Prozent. Entsprechend groß ist das noch offene Marktpotenzial; ein Grund für die der Kontraktlogistik mehrheitlich bescheinigte Einstufung als ein attraktiver Wachstumsmarkt.

Der gemessen am Umsatzvolumen mit Abstand kleinste Markt bildet die Schwergutlogistik & Krandienste. Zu den größten Märkten gehören die Kontraktlogistik, die Stückgutlogistik und die KEP-Dienste, die nachfolgend detaillierter betrachtet werden.

4.2.1 Kurier-, Express- und Paketmarkt (KEP-Markt)

Charakteristisch für den klassischen Kurier-, Express- und Paketmarkt sind kleinvolumige Sendungen mit einem Gewicht von **maximal 31,5 kg.** Die 31,5 kg sind die Schnittstelle für den Übergang zum Stückgut. Weiterhin sind die Sendungen bezüglich ihrer Abmessungen **hoch standardisiert,** damit die weltweiten Transporte und damit verbundene Logistikprozesse (Einsammeln, Sortieren, Ausliefern der Sendungen) effizient durchgeführt werden können. Zudem sind insbesondere die Express- und Kuriersendungen äußerst **zeitkritisch** und verkörpern eine **hohe Wertigkeit.** Das an Logistikdienstleister vergebene Auftragsvolumen bewegte sich in 2019 bei 21,5 Milliarden € (vgl. Schwemmer et al. 2020: 81).

Die rasante Entwicklung des Onlinehandels treibt den Paketmarkt an. Waren in der Vergangenheit die B2B-Transporte der Wachstumstreiber der KEP-Branche, werden es in den kommenden Jahren die B2C-Sendungen sein.

Mit Blick auf die B2C-Sendungen sind innovative Zustellnetze und -optionen notwendig. Bereits umgesetzte Beispiele sind Abend- und Wochenendzustellungen oder die DHL-Paketbox. Den wichtigsten Erfolgsfaktor im Paketgeschäft bildet das Sendungsaufkommen pro Kunde (in der Abholung und Anlieferung). Ob sich der Vorschlag der Bundesnetzagentur, wonach sich konkurrierende Paketdienste eine Paketannahme-/Paketausgabestelle teilen oder ein gemeinsames Fahrzeug für die Zustellung in den Innenstädten einsetzen, durchsetzen wird, wird die Zukunft zeigen (vgl. Bundesnetzagentur 2017: 48).

Der Konzentrationsgrad im deutschen KEP-Markt ist ausgesprochen hoch. Die zehn größten KEP-Dienstleister besitzen mit einem Umsatzvolumen von rund 16,2 Milliarden € (2019) einen Anteil von rund 75 Prozent (siehe Abbildung 4.5).

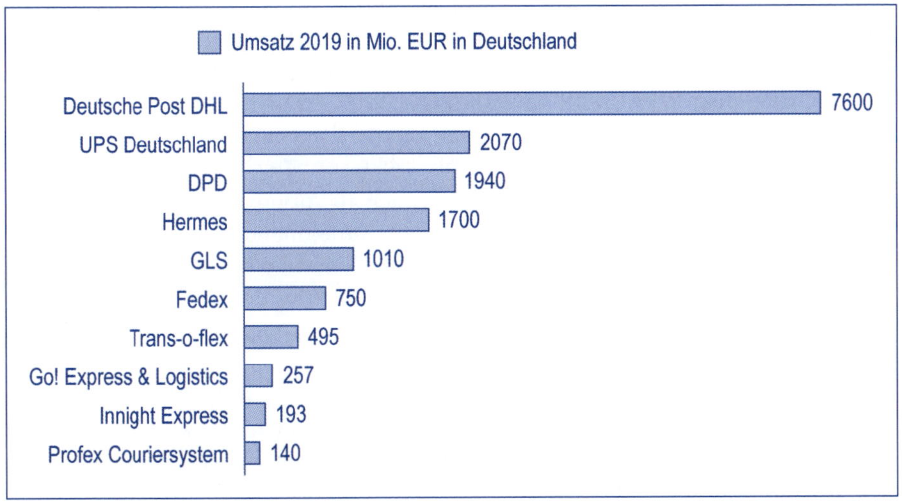

Abbildung 4.5: Die Top 10 im Teilmarkt Kurier-, Express- und Paketdienste (vgl. Schwemmer et al. 2020:87)

4.2.2 Stückgutmarkt

Stückgüter sind individuell etikettierte Trocken- und Stapelgüter mit einem Sendungsgewicht zwischen 31,5 kg bis unter drei Tonnen. Ein Stückgut wird bei TUL-Vorgängen als eine Handling-Einheit (logistische Einheit) physisch und informatorisch behandelt.

Die Vertiefung der Arbeitsteilung in der industriellen Wertschöpfung, die damit einhergehende Reduzierung der Wertschöpfungs- und Fertigungstiefe, sichtbar an der Steigerung des Outsourcing-Grads, veränderte das Verhältnis zwischen dem Aufkommen von Stückgütern und Massengütern.

Zu den Massengütern zählen Transportobjekte der Grundstoff- bzw. Rohstoffindustrie (z. B. Kohle, Erze, Erdöl, Erdgas) und der Entsorgungswirtschaft. Sie werden nicht nach Stückzahl, sondern nach Gewicht und Volumen bestimmt. Die Sendungsgewichte liegen meist bei über 100 Tonnen. Massengüter sind vergleichsweise von geringerem Wert als Stückgüter.

Güterstruktureffekt

Mit dem Begriff **Güterstruktureffekt** wird das veränderte Aufkommensverhältnis zwischen Stück- und Massengütern bezeichnet. Das Stückgutaufkommen wächst schneller als das Massengutaufkommen, sodass der relative Anteil der Massengüter am Güteraufkommen abnimmt.

Die steigende Nachfrage nach Gütertransportleistungen wird also durch qualitative Veränderungen geprägt. Sie resultieren aus den veränderten Eigenschaften industrieller Wertschöpfungssysteme. Es sind bestandsarme Systeme. Sowohl Hersteller als auch Systemlieferant verfügen – wenn überhaupt – nur über minimale Bestände. Indem die Ausgleichsfunktion von Lägern nicht oder nur sehr begrenzt genutzt wird, tritt die Transportfunktion in den Vordergrund. Relativ hochwertige Stückgüter (Module) fließen zwischen den Unternehmen. Industrielle Wertschöpfungsnetze sind in hohem Maße transportsensibel. Daraus leiten sich höchste Ansprüche an die Zuverlässigkeit der Transporte (Termintreue), die qualitative Ausführung (Schadensquote = 0) und das Erfordernis nach schnellen Transporten in kleinen Transportlosen bei hoher Transportfrequenz ab.

Dieser **Trend zu kleinen Sendungsgrößen,** auch als Atomisierung der Sendungen bezeichnet, treibt den Stückgutmarkt weiter an. Zunehmend kommen die Verlader auch im B2C-Geschäft auf die Stückgutdienstleister zu; ein Feld, das traditionell vor allem von den KEP-Dienstleistern bearbeitet wurde.

Im E-Commerce sind zweistellige Zuwachsraten zu verzeichnen, wobei ein Outsourcing von B2C-Sendungen an Stückgutoperateure voraussetzt, dass diese die dafür notwendig differenzierteren logistischen Leistungen (z. B. Zustellungsmodi) erbringen können. Nicht nur, dass die Stückgutdienstleister in das Geschäftsfeld der KEP-Dienstleister vordringen; umgekehrt versuchen die KEP-Dienstleister in den Stückgutmarkt einzudringen.

Im Stückgutmarkt kommen vor allem flächendeckende Sammelgut- bzw. Stückgutnetzwerke zum Einsatz, die nachfolgend vorgestellt werden.

4.2.3 Kontraktlogistikmarkt

Kontraktlogistiklösungen bündeln zahlreiche und vielfältige logistische Einzelleistungen zu individuell auf die Kundenbedürfnisse zugeschnittenen, maßgeschneiderten Logistiksystemleistungen (z. B. die Übernahme der kompletten Beschaffungslogistik für einen Kunde). Der Kunde nimmt die Kontraktlogistiklösung als individuelle Lösung wahr. Der Logistikdienstleister nutzt für eine effiziente

Produktion der Kontraktlogistikleistung soweit als möglich standardisierte Logistikprozesse. Diese logistischen Basisleistungen fließen dann in mehrere maßgeschneiderte Kontraktlogistiklösungen ein.

Diese Vorgehensweise erfolgt in Analogie zur Plattformstrategie in der Automobilindustrie. Für unterschiedliche Fahrzeugmodelle gibt es eine gemeinsame Plattform. Logistikdienstleister, die im Stückgut- und Kontraktlogistikmarkt operieren, nutzen ihr standardisiertes flächendeckendes Stückgutnetz für ihre kundenindividuellen Kontraktlogistiklösungen. Das Stückgutnetz gehört dem Basislogistiksystem des Dienstleisters an und die individuellen Leistungen dem System logistischer Zusatzleistungen (siehe Abbildung 4.6).

Abbildung 4.6: Das Plattformmodell in der Logistik

Die Wertschöpfung einer Kontraktlogistiklösung kann sich zu 60 Prozent aus Standardleistungen und zu 40 Prozent aus individuellen logistischen Leistungen zusammensetzen. Damit wird die Strategie standardisierte Individualleistung in der Kontraktlogistik umgesetzt. Auch die Nutzung eines Multi-User-Warehouse für mehrere Kontraktlogistikkunden ist ein weiteres Beispiel.

Der Kontraktlogistikmarkt unterteilt sich in:

- **industrielle Kontraktlogistik**
  Lösungen für die Belieferung von Geschäftskunden mit Industriegütern (B2B)
- **Konsumgüterkontraktlogistik**
  Lösungen für die Belieferung von Privat- und Handelskunden mit Konsumgütern (B2C und B2B)

Hervorgerufen durch die Zunahme des E-Commerce kommt es in der Konsumgüterkontraktlogistik zu einem interessanten **Wandel:** Teile der klassischen B2B-Lösungen zur Belieferung der Handelsfilialen wandeln sich neu zu B2C-Lösungen (Warenanlieferung an den Endkunden). Das steht im Zusammenhang mit der Weiterentwicklung der Absatzkanäle hin zu Multi-, Cross- bzw. Omni-Channel (vgl. Homburg 2020: 957 – 960). Der stationäre Handel bietet zunehmend alternativ auch Onlineshopping an; aber auch Konzepte, wonach der Shop in der City als Showroom fungiert, zum Anschauen und Anprobieren, und die Ware bei Gefallen dann dem Endkunde nach Hause geliefert wird. Die Filiale dient auch als Abholstation für Bestellungen im Onlineshop des Händlers.

Damit verändern sich die logistischen Leistungen. Die Sendungsgrößen werden kleiner, die Kommissionier-Leistungen nehmen zu und logistische Zusatzleistungen wie das Beilegen von Flyern, Gutscheinen, Promotion-Ware, Sonderetikettierungen und eine anspruchsvollere Retourenlogistik werden vielfältiger. Mit dem Wandel geht auch eine Verlagerung der Transporte von den klassischen Stückgut- zu Paketleistungen einher.

In der Konsumgüterkontraktlogistik tätige Logistikdienstleister stehen zugleich vor der Herausforderung, die Warenströme und Bestände zwischen B2B und B2C zu verbinden. Die Abbildung 4.7 stellt die Top 10 dieses Teilmarkts zusammen.

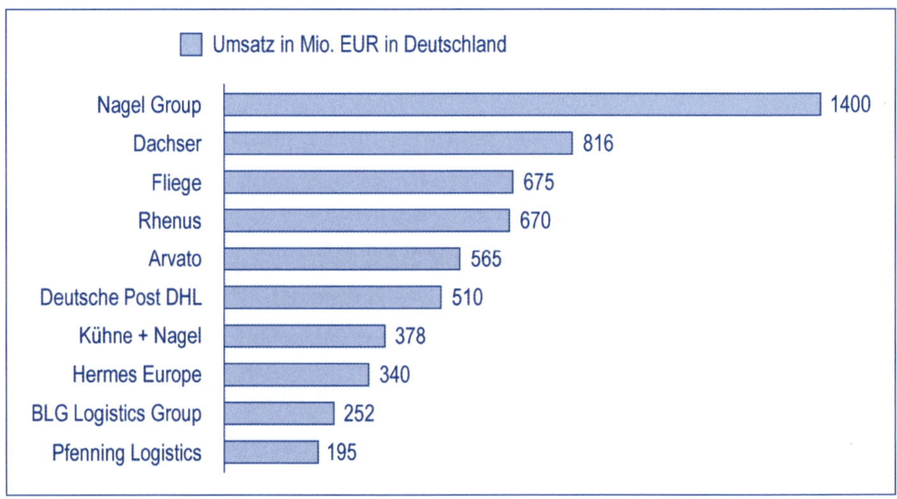

Abbildung 4.7: Die Top 10 im Teilmarkt Konsumgüterkontraktlogistik (vgl. Schwemmer et al. 2020: 144)

4.3 Sammelgut- bzw. Stückgutnetzwerke

Stückgüter werden auch als Sammelgut bezeichnet, da sie erst durch das Einsammeln der einzelnen Sendungen von den zahlreichen Versendern im Quellgebiet eine Komplettladung (z. B. voll ausgelasteter Lkw) ergeben. Das bildet die Voraussetzung für einen effizienten, gebündelten Transport zum Empfangsgebiet. Angekommen im jeweiligen Empfangsgebiet werden die Stückgüter dann den Empfängern zugestellt.

Die Abbildung 4.8 zeigt die Funktionsweise der Sammelgutnetzwerke (synonym Stückgutnetzwerk). In einem Stückgutnetzwerk arbeiten Speditionen als Versand- und Empfangsspeditionen zusammen.

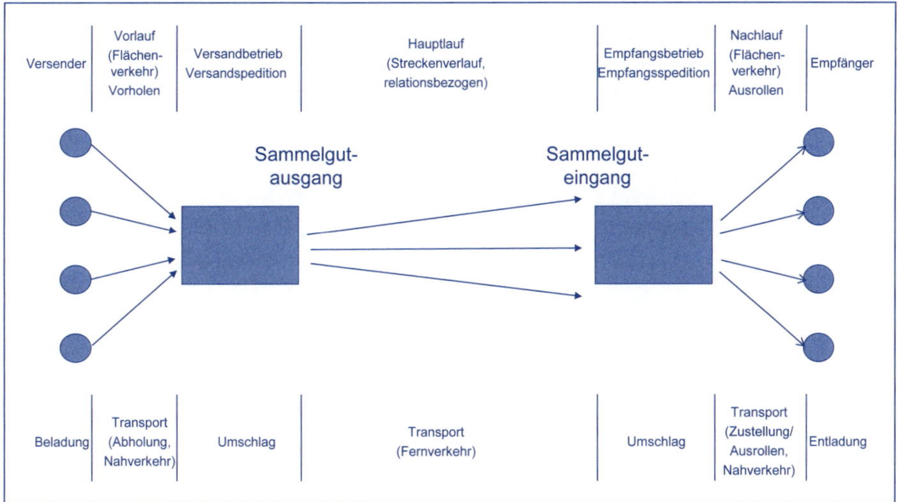

Abbildung 4.8: Funktionsweise der Sammelgut-/Stückgutnetzwerke (in Anlehnung an Brandenburg et al. 2020: 193)

Versandspedition

Die **Versandspedition** holt flächendeckend in ihrem regionalen Einzugsgebiet die Stückgüter von den Versendern zum Umschlagterminal vor (Flächenverkehr). Hier werden die Sendungen nach Empfangsregionen sortiert und für den Hauptlauf zu den Empfangsspeditionen gebündelt (Streckenverkehr).

Empfangsspedition

Angekommen im Zielgebiet rollt die **Empfangsspedition** die Stückgüter zu den Empfängern aus. Dabei geht mit dem Ausrollen zugleich ein Einsammeln von Sendungen einher. Insofern fungiert jede Netzwerkspedition sowohl als Versand- als auch als Empfangsspedition.

Der in der Abbildung 4.9 gewählte Ausschnitt des Stückgutnetzwerks CargoLine veranschaulicht die Zusammenarbeit der Versand- und Empfangsspeditionen. Jede Spedition ist für ein definiertes geografisches Gebiet zuständig. Innerhalb dessen holt jede Spedition Sendungen von Versendern ab und rollt Sendungen zu Empfängern aus.

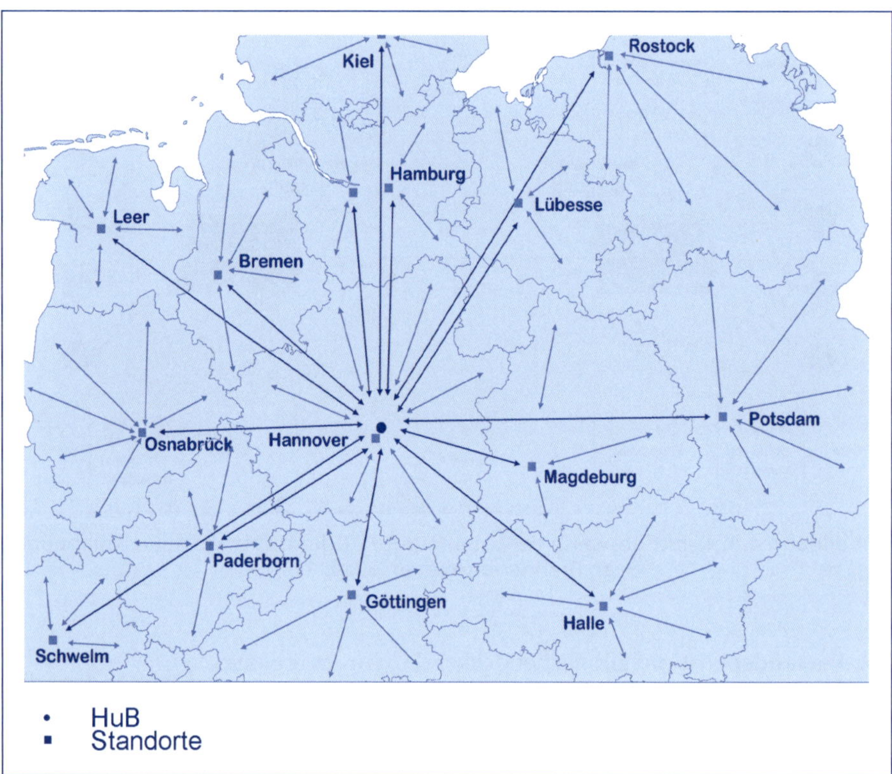

Abbildung 4.9: Ausschnitt aus dem Stückgutnetz CargoLine (entn. aus Studienbrief 4.03 LOG, Hamburger Fernhochschule 2021: 23)

In der Abbildung sind die kooperierenden Speditionen nicht direkt vernetzt, sondern indirekt über eine HuB. Im konkreten Fall übernimmt die Spedition in Hannover eine HuB-Funktion. Alle Hauptläufe werden über dieses HuB geführt. Das ist ein Beispiel von weiteren möglichen Vernetzungen.

Typische Ausgestaltungsformen der Stückgutnetze sind:

- **direkte Vernetzung der Versand- und Empfangsbetriebe**
  Jede Spedition sortiert nach Empfangsregionen und fährt im Hauptlauf jede andere Spedition an. Dabei sind die Verkehre zumeist als Begegnungsverkehre organisiert, d.h., die Speditionen treffen sich auf der Hälfte der Strecke und tauschen den Wechselbehälter aus. Spedition A übergibt Sendungen für Spedition B und umgekehrt.
- **indirekte Vernetzung der Versand- und Empfangsbetriebe über ein oder mehrere HuBs**
  Die Sendungen sind entweder von den Versandbetrieben bereits vorsortiert oder werden spätestens im HuB nach Empfangsregionen sortiert.

- **Kombination direkter und indirekter Vernetzung zwischen den Versand- und Empfangsspeditionen**
  Falls das Sendungsaufkommen einer Versandspedition für eine oder mehrere Empfangsspeditionen regelmäßig mindestens eine Komplettladung ergibt, dann braucht es keiner weiteren Bündelung über ein HuB, sondern die Sendungen werden im Hauptlauf direkt zu den Empfangsspeditionen gefahren und dort ausgerollt.
- **mehrstufige HuB-Struktur des Stückgutnetzes**
  Zwischen Versand- und Empfangsdepots und Zentralhub sind regionale HuBs eingerichtet. Zu den Versanddepots vorgeholte Stückgutsendungen werden im Depot umgeschlagen und je nach Sendungsaufkommen direkt zum Zentralhub oder zu den regionalen HuBs transportiert. Sendungen für den Einzugsbereich der regionalen HuBs werden vor Ort verteilt, für andere Einzugsbereiche bestimmte Sendungen werden entweder zu den zuständigen regionalen HuBs oder gebündelt zum Zentralhub weitergeleitet.

Im Stückgutmarkt stehen kooperative Stückgutnetzwerke mittelständischer Speditionen und konzentrative Stückgutnetzwerke (Konzernnetzwerke: Mitglieder sind Konzerntöchter oder die Betriebe einer Großspedition) untereinander im Wettbewerb. Von den zehn größten Stückgutnetzen in Deutschland (siehe Abbildung 4.10) sind mit Dachser, DB-Schenker, Deutsche Post DHL, Raben und Emons fünf konzerngebundene (konzentrative) Netzwerke; die anderen sind kooperative Netzwerke.

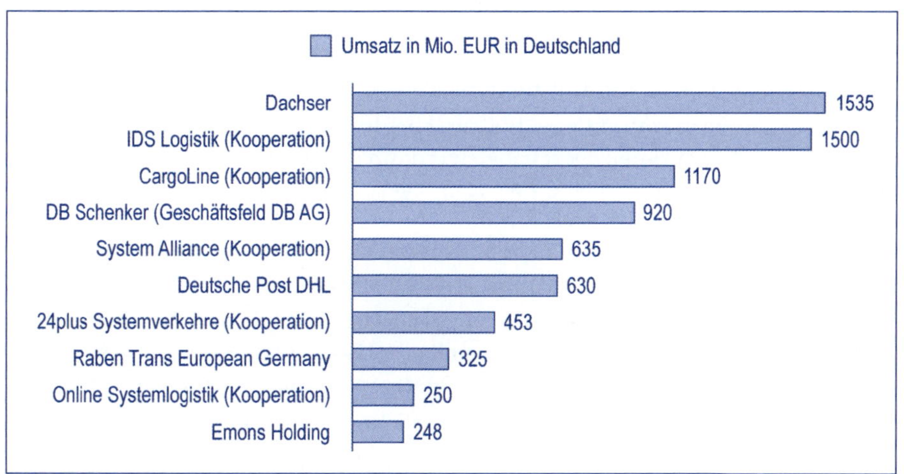

Abbildung 4.10: Die zehn größten Stückgutnetze (vgl. Schwemmer et al. 2020: 93)

Die große Attraktivität des Angebots etablierter Stückgutnetze mit kosteneffizienten, flächendeckenden nationalen und internationalen Stückgutverkehren schaffte erst die Voraussetzung für den hohen Grad des Outsourcings von Stückguttransporten seitens Industrie und Handel. Stückgutnetze erbringen zugleich auch Basisleistungen für die Kontraktlogistik.

4.4 Experteninterview

Dr. Andreas Froschmayer ist selbstständiger Consultant für Strategie, Kultur und Unternehmensorganisation und arbeitet u. a. für die DACHSER Group SE & Co. KG. Davor war er als Corporate Director Strategy & PR bei DACHSER tätig.

Sehr geehrter Herr Dr. Froschmayer, DACHSER gehört zu den führenden Logistikunternehmen Europas. Wie schafft es DACHSER über Jahrzehnte hinweg stetig Vorreiter in der Logistik zu sein?

Zunächst hat DACHSER ein sehr resilientes Geschäftsmodell entwickelt, das gegenüber kurzfristigen Marktveränderungen bestehen kann. Dazu gehört eine Fähigkeit, immer wieder Innovationen hervorzubringen und damit die Qualität für die Kunden auf höchstem Nivea sicherzustellen. Und schließlich eine gute Unternehmenskultur, die unsere Mitarbeitenden an das Familienunternehmen bindet und gleichzeitig im Arbeitsmarkt attraktiv ist.

DACHSER verfügt über ein eigenes Stückgut-Netzwerk. Innerhalb Deutschlands bieten Sie Stückgutverkehre flächendeckend an. Ist das auch das Ziel für ganz Europa, oder setzen Sie hier stärker auf die Kooperation mit Partnern?

Wir haben bereits ein europäisches flächendeckendes Stückgutnetz für unsere Industriekundenlogistik entwickelt, durch eigens geplante und gebaute Standorte oder durch Zukäufe, die integriert wurden. Nur in ganz wenigen Ländern haben wir noch Partner, die wir wie unsere eigenen Niederlassungen betrachten. In Food Logistics haben wir eine starke Marktstellung in Deutschland und dort arbeiten wir aber mehrheitlich mit starken Partnern zusammen.

DACHSER ist in der Kontraktlogistik stark engagiert. Bitte veranschaulichen Sie kurz eine typische Kontraktlogistiklösung.

Eine durchgängige Kontraktlogistiklösung beginnt in China mit einem Transport vom Innenland zum Hafen. Dort haben wir dann beispielsweise ein Warehouse für den Kunden in Betrieb, um eine Zwischenlagerung vorzunehmen. Von dort wird die Fracht mit dem Schiff nach Europa gebracht, zum Beispiel Hamburg. Dann werden die Sendungen mit unserem europäischen Landverkehrsnetz in ganz Europa an alle Kunden oder beispielsweise an alle ca. 18.000 Baumärkte geliefert.

Herr Dr. Froschmayer, Sie werden als Experte für Strategie und Zukunftstrends in der Logistik-Community hochgeschätzt. Was sind für Sie die größten Herausforderungen vor der Logistikdienstleister in den nächsten Jahren stehen?

Wir sehen sechs Thesen zum Thema „Lieferketten im Wandel".

1.: Wirtschaftliche Blockbildungen verändern den globalen Handel.

Viele Produktionsunternehmen blicken mit Sorge auf den Technologie- und Handelsstreit zwischen China und den USA. Dies geht einher mit Einfuhr- und Ausfuhrverboten, etwa für Chips, Netzwerkausrüstung und Grundstoffe wie seltene Erden oder bestimmte Chemikalien. Hinzu kommen Nutzungsverbote für geschäftsrelevante Software und Limitierungen im Datentransfer.

Gleichwohl sind und bleiben die Wirtschaftsräume in Asien, allen voran China, aber auch Indonesien, Malaysia, Vietnam und andere Länder im indopazifischen

Raum, für produzierende Unternehmen und damit auch für die Logistik wesentliche Produktions- und Marktplätze.

2.: Arbeitsteilung und Globalisierung werden fortbestehen.

Arbeitsteilung und Globalisierung folgen in Krisen veränderten „Spielregeln“: „Dual Sourcing“ verbreitert dann beispielsweise die Lieferantenbasis in mehreren Ländern und vor allem auch Weltregionen. Dazu kommt bei den Unternehmen eine verstärkte vertikale Integration. Das heißt, mehr Wertschöpfung wird im Unternehmen selbst generiert, weniger zugekauft. Schließlich setzen viele Betriebe auch auf einen deutlichen Ausbau der Lagerflächen.

Ein neuer Fokus liegt auf Supply Chain Optimization-Beratungsprojekten. Hier ist DACHSER immer öfter gefragt, gemeinsam mit den Kunden maßgeschneiderte Lösungen mit einer End-to-End-Steuerung logistischer Prozesse und weitreichender Digitalisierung für eine optimale Supply Chain Visibility zu realisieren.

3.: Geopolitische Veränderungen erfordern klare Strategien für resiliente Logistiknetzwerke.

In den vergangenen Jahren sind die Risiken einer Unterbrechung der Supply Chains deutlich gestiegen. Sie zwingen die Unternehmen in viel stärkerem Maße als bisher dazu, geopolitische und gesellschaftliche Faktoren und Entwicklungen in ihre Aufwands- und Kostenkalkulationen einzubeziehen. Da sind resiliente Netzwerke gefragt, wie sie DACHSER betreibt – mit einheitlichen Prozessen, smarten IT-Systemen und dem Know-how der Mitarbeitenden.

4.: Die Resilienz von Supply Chains hat strategische und operative Dimensionen.

Resilientere Lieferketten erfordern in vielen Prozessen radikales Umdenken – nicht zuletzt vom bisherigen Primat der Kosten hin zu den neuen Prioritäten Verlässlichkeit und Nachhaltigkeit. Dabei spielt insbesondere die Wahl von Produktionsländern und Zulieferstandorten eine immer bedeutendere Rolle.

5.: Energie, Logistikflächen und Personal werden zu entscheidenden Standortfaktoren.

Begrenzte Lagerflächen, stark gestiegene Kraftstoff- und Energiepreise belasten die gesamte Logistikbranche. Weil die Preissprünge besonders für kleinere Fuhrunternehmen schwer zu verkraften sind, unterstützt DACHSER sie mit rascher Bezahlung.

Angesichts dramatisch knapper Personalressourcen investiert DACHSER zudem verstärkt in die Ausbildung, in attraktive Vergütungs- und Arbeitsmodelle, moderne Technologie für die Mitarbeitenden und Aus- und Weiterbildungsmaßnahmen.

Beim Klimaschutz treibt DACHSER proaktiv Forschung und Innovationen rund um regenerative Energien voran. So werden die Photovoltaikkapazitäten auf den Betriebsstätten bis 2025 vervierfacht, Wasserstoff- und Elektroantriebe in der Praxis getestet. Bereits zu Jahresbeginn 2022 wurde die Energieversorgung der DACHSER-Immobilien weltweit auf 100 Prozent Grünstrom umgestellt.

6.: Werte sind ein strategisches Kriterium in einer unsicheren Welt.

Werteorientiertes, nachhaltiges Handeln und Verantwortung für kommende Generationen zu übernehmen, ist heute bereits fester Bestandteil der Unternehmenspolitik, das gilt für das Familienunternehmen DACHSER und für viele unserer

Kunden. Gerade und ganz besonders in krisenhaften, konfrontativen Zeiten. Es ist daher entscheidend, die DACHSER-Kultur überzeugend zu vermitteln und zu leben, Freiräume zu schaffen, Kreativität zu ermöglichen und selbstbestimmtes Lernen am Arbeitsplatz zu fördern. Das Erleben von Zusammenhalt und Teamgeist, von Vertrauen, Zuversicht und Verantwortung im täglichen Miteinander sind Differenzierungspotenziale im Markt, die wir gemeinsam erhalten und weiter fördern müssen.

Vielen Dank für Ihre klaren Worte.

4.5 Wissens- und Fähigkeitentest

Aufgabe 4.1:

Welche Einflüsse haben die Merkmale logistischer Leistungen auf das In-/Outsourcing? Nennen Sie die Merkmale und geben Sie zu jedem ein Beispiel für den Einfluss auf das In- /Outsourcing.

Aufgabe 4.2:

Beschreiben Sie die Funktionsweise und die Ausgestaltungsformen von Sammelgut-/Stückgutnetzwerken.

5. Plattformen in Transport und Logistik

Sowohl im privaten als auch im geschäftlichen Bereich nutzen wir zunehmend das Angebot auf Plattformen wie Booking.com, Amazon, Shop24, Ebay, Myhammer, Airbnb, Immoscout24 und viele mehr. Im Privaten haben wir uns schon längst zu Plattform-Akteuren hin entwickelt. Ein Erwachsener surft privat mindestens zweimal am Tag auf einer Plattform. Wird sich diese Entwicklung auch in der Wirtschaft, in Transport und Logistik durchsetzen? Werden Industrie- und Handelsunternehmen bzw. Verlader in Zukunft hauptsächlich als Plattform-Akteure ihre Transport- und Logistikleistungen einkaufen? Hauptsächlich bedeutet, dass über fünfzig Prozent des Einkaufsvolumens via Plattform getätigt wird.

Lernziele

Das fünfte Kapitel soll Sie befähigen:

- die Bedeutung von Plattformen in Transport und Logistik zu erkennen,
- die Ergebnisse empirischer Studien kritisch zu hinterfragen und
- Offene Fragen zu diskutieren.

5.1 Intention

Das Spektrum von Plattform-Typen wird immer breiter, angefangen bei Transport-Plattformen (digitale Speditionen); über Fulfillment-Plattformen im E-Commerce (z. B. Fulfillment By Amazon – FBA); sowie IoT-Plattformen (IoT – Internet of Things; z. B. Start-ups: RIO, Evertracker, Axoom, ODC ondemandcommerce) bis hin zu weiteren Typen. Der Markt der Plattformen in Transport und Logistik ist im Wachsen, neue Logistik-Startups treten in den Markt und beschleunigen das Wachstumstempo.

Während Newcomer ihren Ruf erst aufbauen, haben etablierte Logistikdienstleister ihren guten Ruf dann zu verlieren, wenn sie mit dem Tempo digitaler und innovativer Herausforderungen nicht mithalten können. Das ist auch der Grund, weshalb Diskussionen zwischen Startups und Etablierten nicht selten zu einer Art „Selbstverteidigung“ seitens der klassischen Logistikdienstleister abrutschen. Der konstruktive Dialog bleibt dann aus. Aber gerade dieser konstruktive, offene Dialog, das aufeinander zugehen ohne Hintergedanken, Geben und Nehmen auf beiden Seiten, dem Fortschritt in der Sache dienend, schafft Raum für Kreativität und Ideenfindung, von denen Startups und etablierte Logistikdienstleister dann gemeinsam profitieren können.

Genau das ist die Intention dieses Beitrags. Die Ergebnisse aus einer empirischen Studie des Logistik-Lehrstuhls der Universität Marburg, die nachfolgend präsentiert werden, sollen zum miteinander reden, Problemlösen sowie zu kooperativen Weiter-/Neuentwickeln und praktischen Umsetzen inspirieren. Die Fragen und Antworten lösen neue Fragen aus bzw. verlangen nach Vertiefung. Dazu stellt sich Philipp Ortwein, Mitgründer und Geschäftsführer Instafreight GmbH, im Interview spannenden Fragen.

5.2 Empirische Studie

5.2.1 Methodisches Vorgehen

Für die empirische Studie wurde die Methode der schriftlichen Expertenbefragung gewählt, da diese gegenüber einer großzahligen quantitativen Erhebung zum Zeitpunkt der Durchführung im Frühjahr 2019 eine höhere Aussagequalität erwarten lies. Aktiv teilgenommen haben 23 Experten, davon vertreten 9 die Gruppe der Verlader (Industrie und Handel), 6 die etablierten Logistikdienstleister, 4 die Logistik-Startups und 4 die Wissenschaft. Verschickt wurde der Fragebogen online an 30 Experten, was einer Rücklaufquote von rund 77 Prozent entspricht.

Die Inhalte der Befragung wurden im Team unter Mitwirkung der Studentinnen und Studenten im Masterstudium mit Vertiefung Logistik diskutiert und zusammengestellt. Anliegen war es, den Fragenbogen zukunftsorientiert, inhaltlich ansprechend, übersichtlich, verständlich und mit kurzer Antwortzeit zu gestalten. Danach gliedert sich der Fragebogen in die sechs Teile:

1. Einstieg
2. Kooperationen mit und zwischen Logistik-Plattformen
3. Leistungen und Zukunftspotenziale von Logistik-Plattformen
4. Value Added Services der Transport-Plattformen aktuell und zukünftig
5. Vorteile bei der Nutzung von Plattformen für logistische Dienstleistungen
6. Wo stoßen Plattformen an ihre Grenzen

Jeder Teil umfasste ausformulierte Fragen und gab extra Raum für offene Fragen und Antworten. Vor dem Versand wurde der Fragebogen mehreren Pretests unterzogen und finalisiert.

5.2.2 Ergebnisse

Zu Beginn des boomenden Eintritts der Plattformanbieter in den Transport- und Logistikmarkt im Jahr 2016 dachte ein Großteil der Verlader (Industrie und Handel) und der etablierten Logistikdienstleister: Transportplattformen werden nur Backup-Funktion für Industrie und Handel haben. Das Expertenbild in 2019 zeigt, dass diese anfängliche Meinung mit einem Mittelwert von 2,09 eher nicht zutrifft. Dass durchaus noch Unsicherheit besteht und Einzelne mit ihrem Standpunkt konträr zur allgemeinen Meinung stehen, lässt die Bandbreite der Expertenstatements erkennen, die sich in diesem Fall zwischen 1 „trifft gar nicht zu“ und 5 „trifft ganz sicher zu“ bewegt (siehe Pfeil in Abbildung 5.1).

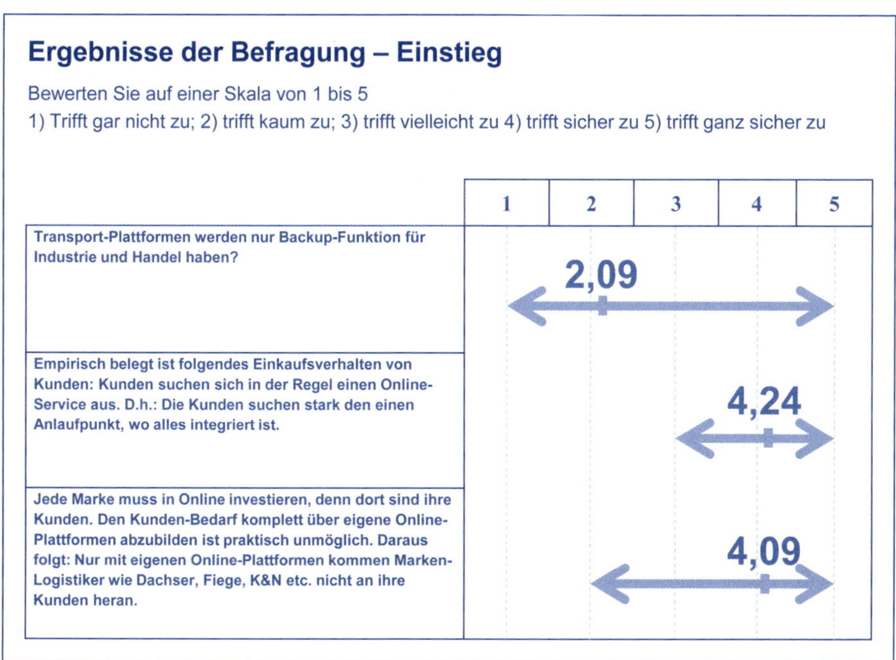

Abbildung 5.1: Antworten zu Teil I der Expertenbefragung

Nachdem den Plattformen in Transport und Logistik zwischenzeitlich eine größere Rolle bescheinigt wird, stellt sich die Frage, wie sich deren Kunden bzw. Verlader verhalten werden. Erfahrungen mit Handelsplattformen lehren: Die Kunden suchen sich in der Regel den einen, starken Online-Anbieter aus (z. B. Amazon). Sie suchen den einen Anlaufpunkt, wo sie alles finden bzw. alles integriert ist. Daraus folgt: Plattformen in Transport und Logistik sollten möglichst breit aufgestellt sein. Darin sind sich die Experten mit einem Wert von 4,29 „trifft sicher zu“ bzw. „trifft ganz sicher zu“ einig. Zu diesem Konsens gibt es auch kaum „Ausreißer“; erkennbar an der niedrigen Bandbreite der Antworten.

In Analogie zu Amazon würde auf einer breit aufgestellten Plattform ein großes Spektrum an Logistikdienstleistungen unterschiedlichster Logistikdienstleister angeboten. Auf dieser finden die Kunden die Transport-, Lager-, Verpackungs-, Beratungsleistungen und vieles mehr. Tritt dieser Fall ein, dann sind auch Markenlogistiker „gezwungen“ ihre Leistungen auf dieser Plattform mit anzubieten, denn dort sind ihre Kunden.

In diesem Zusammenhang ist das Ergebnis des DSLV-Expertenforums (DSLV 2021, S. 1) kritisch zu hinterfragen bezüglich der Aussage: „Für die Etablierung monopolartiger Strukturen ist der Transport- und Logistikmarkt viel zu fragmentiert.“ Fragmentierung allein wird kein Hinderungsgrund sein und Konsolidierungsprozesse tun ihr übriges. Bereits vor Jahren wurde die Herausbildung von wenigen

Oligopolen in der Logistik vorausgesagt. Ob man monopolartige Strukturen haben möchte, das ist ein anders Thema.

Den Kunden-Bedarf komplett über eine eigene Online-Plattform (mit eigenen Dienstleistungen) zu decken, erscheint nicht gerade realitätsnah. So urteilen auch die Experten: „Nur mit eigenen Online-Plattformen kommen die etablierten Markenlogistiker nicht an ihre Kunden heran".

Inwieweit Logistikdienstleister ihre Plattformdienste kooperativ mit anderen Logistikdienstleistern (z. B. strategische Partner) zusammenlegen oder gemeinsame Plattformen gründen beurteilen die Experten verhalten optimistisch mit einem Wert von 3,77 in Richtung „trifft sicher zu" (siehe Abbildung 5.2). Einig und zuversichtlich erwarten die Experten, dass die etablierten Großen in Spedition und Logistik mit den digitalen Speditionen kooperieren oder Joint Venture gründen.

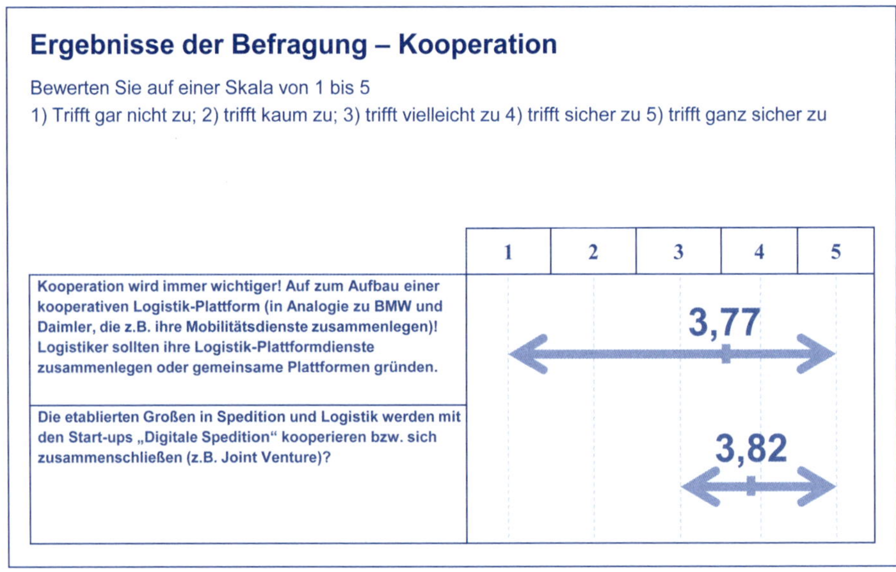

Abbildung 5.2: Antworten zu Teil II der Expertenbefragung

Lösen kann man sich auch von dem Vorurteil, dass über Plattformen nur Standardleistungen angeboten und vertrieben werden können. 17 der 23 Experten sind der Meinung, dass auch individuelle Leistungen möglich sind.

Dies unterstreichend blicken wir in die Automobilindustrie. Jeder Kunde kann sein Fahrzeug individuell auf sich zugeschnitten zusammenstellen. Weiterhin ist bekannt, dass sich in der Regel eine individuelle Fahrzeugvariante wertmäßig zu ca. 80 Prozent aus Standardmodulen und -teilen zusammensetzt und nur 20 Prozent individuelle Produktmerkmale sind. Individuell wird das Automobil durch die individuell gewünschte Kombination von Varianten an Komponenten, wie Lenkrad-, Felgen-, Sitzvarianten etc.; im Ergebnis also auch eine standardisierte Individualität.

In Analogie dazu könnte ein nachfragendes Industrieunternehmen sein individuelles Leistungspaket aus Standard- und individuellen Leistungskomponenten schnüren. Kann ein Logistikdienstleister alle Komponenten des gewünschten Leistungspakets anbieten, dann steht die Umsetzung nicht in Frage. Aber auch dann nicht, wenn mehrere Dienstleister involviert sind, da digitale Technologien wie die Blockchain-Technologie die dezentrale Koordination zwischen den beteiligten Dienstleistern ohne Einschaltung einer zentralen Koordinationsinstanz möglich machen.

Es ist zu empfehlen, die Diskussion zu Standardleistungen und individuellen Leistungen künftig nicht auf der Ebene „entweder oder bzw. ja oder nein" zu führen. Stattdessen wird es zielführender sein zu fragen: Wieviel Individualität in der Nachfrage vertragen Plattformen in Transport und Logistik?

Sinnvoll wäre dann auch eine differenziertere Betrachtung nach Typen von Plattformen. Z. B.: Wieviel Individualität können digitale Speditionen leisten?

Die prinzipielle Machbarkeit ist das eine, die unternehmenspolitische Entscheidung das andere. Wird als Wettbewerbsstrategie eine Kostenführerschaft verfolgt, dann liegt das Schwergewicht auf dem Angebot von Standardleistungen; bei einer Differenzierungsstrategie spielen individuelle Leistungen eine maßgebende Rolle.

Ein Gradmesser für die Bedeutung von Plattformen ist zweifelsohne der Anteil am gesamten Umsatz in der Logistikbranche. Das Umsatzvolumen des europäischen Transportmarktes bewegt sich bei rund 350 Milliarden Euro. Welchen Anteil daran werden im Jahr 2030 Transport-Plattformen haben?

Für alle Logistik-Teilmärkte lässt der Mittelwert der Expertenbefragung erwarten, dass in 2030 über die Hälfte des Logistik-Umsatzes via Plattformen abgewickelt werden wird (Abbildung 5.3). Die einzelnen Einschätzungen schwanken breit zwischen 15 Prozent und 90 Prozent Umsatzanteil.

Ergebnisse der Befragung – Plattform-Leistungen

Beurteilen Sie mit Ja oder Nein bzw. Prozentangabe

	Ja	Nein
Eignen sich Transport-/Logistik-Plattformen nur für Standardleistungen?	6	17
Wird es so kommen, dass nahezu 90 Prozent des Umsatzes in der Logistik via Plattformen abgewickelt werden?	11	11
Sind wir in Zukunft als Plattform-Akteure unterwegs, egal ob auf Anbieter- oder Kundenseite?	14	8
Steht die PlattformLogistik für eine neue Entwicklungsphase im Lebenszyklus der Logistik (ein neues Logistik-Zeitalter)?	12	10
Wieviel Prozent des Logistik Umsatzes wird in 2030 über Plattformen abgewickelt?	51,43 % (15% bis 90%)	

Abbildung 5.3: Antworten zu Teil III der Expertenbefragung

Die über 50 Prozent Marktanteil berechtigen zu der Aussage: Wir werden in Zukunft als Plattform-Akteure unterwegs sein, egal ob als Kunde oder Anbieter. Ob diese Entwicklung eine neue Entwicklungsphase in der Logistik einleitet bzw. begründet, wird je nach Betrachter verschieden gesehen. SCHWEMMER und SEEẞLE gehen in ihrem Herausgeberwerk der Entstehung der „Neuen Logistik" aus Wissenschafts- und Unternehmenssicht auf den Grund (vgl. Schwemmer, Seeßle 2021). Das Meinungsbild schwankt zwischen einerseits „Plattform-Logistik": eine neue Entwicklungsphase" und andererseits als nur ein Beweis des technologischen Fortschritts.

Ergebnisse der Befragung – Value Added Services

(Teil IV der Expertenbefragung)

Value Added Services besitzen eine wettbewerbsentscheidende Rolle. Digitale Speditionen stellen sich mit Sicherheit die Frage: Welche Value Added Services sie zukünftig anbieten sollten. Die befragten Experten erwarten vieles, vor allem:

- tiefergehende Sendungsverfolgung; neben dem klassischen Tracking auch Nachverfolgung von Kenngrößen wie Temperatur, Erschütterungen, Gewicht etc. – alles in Richtung IoT-basiertes (Qualitäts-) Tracking (IoT-Internet of Things); real time Track&Trace (z. B. via Blockchain)
- Beratungsleistung und Entwicklung von Transportkonzepten
- Online-Bezahlsysteme
- Event Management
- Verpackungsservices
- Retourenmanagement
- Perfect Order Fulfillment
- Crossmodalität: Auswahl der Transportmodi
- Übernahme von Garantien/Leistungsversprechen, Laufzeitgarantien: „Wenn Sie innerhalb der nächsten 2 Stunden bestellen/beauftragen, erfolgt die Lieferung garantiert am nächsten Werktag"
- Kapazitätsgarantien
- Verifikation von Kunden und Anbietern, so dass flexible Kooperationen mit neuen Geschäftspartnern vertrauensvoll möglich sind
- Versicherungsservices

Ergebnisse der Befragung – Vorteile von Plattformen für die Nutzung logistischer Dienstleistungen

(Teil V der Expertenbefragung)

Die Nutzung von Plattformen in Transport und Logistik bringt Vorteile. Ob in Talkshows, in virtuellen Diskussionsforen, auf Tagungen etc., immer werden drei große Vorteile: die höhere Effizienz, Transparenz und Schnelligkeit betont. Die Experten erweitern das „Dreiergespann" explizit um einen weiteren großen Vorteil: das größere Anbieter-/Kundenvolumen (Abbildung 5.4).

Welche Vorteile sehen Sie bei der Nutzung von Plattformen für logistische Dienstleistungen?	
Höhere Effizienz ✓ Einfacher, effizienter, schneller: Alle Verbesserungen beziehen sich aber auf Standardleistungen ohne Komplexität und Beratungsleistung; ✓ Bessere Auslastung von Kapazitäten, Kostenreduzierung; ✓ Mittelfristig auch geringere Kosten (insb. Personal); ✓ Optimierung Transportkapazitäten; ✓ Bessere Ausnutzung von Laderaum, Vermeidung von Leerfahrten, CO_2-Reduzierung; ✓ Senkung der Transaktionskosten; ✓ Darüber hinaus kann eine höhere Auslastung sichergestellt werden, wenn Plattformen voll im Markt integriert sind.	10
Höhere Transparenz ✓ Hohe Preistransparenz; ✓ Hohe Transparenz über Kapazitäten, Preise, etc.; ✓ Vergleichbarkeit von Leistungen und Preisen; ✓ Kunde: Transparenz, Auswahl der LDL, Standards, Kostenreduzierung; ✓ Anspruchsvolle Lieferketten effizienter und transparenter gestalten	10
Höhere Schnelligkeit, Geschwindigkeit ✓ Schnellere Allokation von Kapazitäten; ✓ Schnellere, schlanke Prozessabwicklung; ✓ Schnelle, unkomplizierte, flexible Abwicklung; ✓ Zeitvorteile bei der Buchung	9
Größeres Anbieter-/Kundenvolumen ✓ Zugang zu einer großen Anzahl Marktteilnehmer (Einkäufer/Verkäufer); ✓ Zugriff auf sehr großen Frachtführerpool; ✓ Anbieter finden, die nicht bekannt waren; ✓ Mehrere Anbieter für eine Leistung; ✓ Anbieter: Sichtbarkeit, Added Value Selling to all Customer, direkter Wettbewerbsvergleich, Volumen, Preis etc. möglich; ✓ schnellere Anpassung an Veränderungen im Markt; ✓ Einbindung, Nutzung kleiner Kapazitäten, damit Effizienz des Marktes; ✓ Auch als Einstieg für kleinere Unternehmen	8

Abbildung 5.4: Antworten zu Teil V der Expertenbefragung

Bei allen Vorteilen, die Plattformen bieten, stoßen sie vor allem bei komplexen individuellen Leistungen an ihre Grenzen. Auf den Kunde zugeschnittene komplexe Kontraktlogistikleistungen umzusetzen liegt auf den ersten und sicher auch zweiten Blick außerhalb des Leistungsprofils von Plattformen. Ein Experte brachte es anschaulich auf den Punkt: „Plattformen können keine Distributionslogistik und Beschaffungslogistik für einen Industriebetrieb mit 10 Werken, 1000 Kunden und 100 Lieferanten in der ganzen Welt ausschreiben oder gar betreiben, wenn jeden Tag hunderte von Sendungen faktisch gleichzeitig in einem weltweit integrierten Logistiknetzwerk abgewickelt werden müssen."

Grenzen sehen die Experten insbesondere auch in Bezug auf multimodale Transportketten. Infrage gestellt wird ebenso die Fähigkeit zum Reagieren bei Problemen im Prozess bzw. bei nicht vorhersehbaren Ereignissen. Die Abbildung 5.5 vertieft das Meinungsbild mit beispielhaften Aussagen/Antworten.

Einige Standpunkte sind durchaus kritisch zu hinterfragen und möglicherweise zu entkräften. So der oft postulierte mangelnde persönliche Kontakt, der für die Vertrauensbildung wichtig ist. Warum sollte Plattformbetreibern, z. B. digitalen Speditionen der persönliche Kontakt zum Kunde nicht möglich sein? Dass es möglich ist, demonstriert Instafreight überzeugend mit einer 24 Stunden Unterstützung an 7 Tagen in der Woche durch persönlichen Ansprechpartner. Wie weiter oben argumentiert, schließen Plattformen dem Grunde nach individuelle Leistungen nicht per se aus. Insofern wäre da genauer zu differenzieren nach Komplexitäts- und Individualisierungsgrad.

Wo stoßen Plattformen an ihre Grenzen?	
Komplexe und individuelle Leistungen ✓ Plattformen können keine Distributionslogistik und Beschaffungslogistik für einen Industriebetrieb mit 10 Werken, 1000 Kunden und 100 Lieferanten in der ganzen Welt ausschreiben oder gar betreiben, wenn jeden Tag hunderte von Sendungen faktisch gleichzeitig in einem weltweit integrierten Logistiknetzwerk abgewickelt werden müssen. ✓ Kontraktlogistik, Speziallogistik, Service Customization, Innovationen ✓ Sie können nicht den persönlichen Kontakt ersetzen der für eine vertrauensvolle Zusammenarbeit sehr wichtig ist ✓ Spezialangebote, Krisen, Fullfillment bei Ausfall, Supplier/Service Management SCM ✓ Sobald Spezifika gefordert sind, wird es problematisch ✓ Kundenbeziehungen bleiben i.d.R. eher auf niedrigem Niveau ✓ Bei der Entwicklung individueller Distributionskonzepte ✓ Bei individuellen Kundenanforderungen ✓ Bei allen komplexen Dispositionsprozessen sowie spezifischen Anforderungen, die nicht mittels einfachster IT-Transaktionen zu lösen sind (GG, Schwerlast, Projektgeschäft, etc.) ✓ Bei komplexeren, größeren Logistikprojekten, bei denen sehr individuelle Leistungen gefragt werden ✓ Komplexere Dienstleistungen ✓ Individuelle Kundenlösungen ✓ Bei Industrieaufträgen mit hohen Volumina und/oder hohem Gewicht sowie bei Spezialtransporten	13
Multimodalität ✓ Vernetzung von Dienstleistungen, Verkehrsträger übergreifende Lösungen, Vernetzung von Services ✓ Intermodale Verkehre mit wechselndem Verkehrsträger	2

Abbildung 5.5: Antworten zu Teil VI der Expertenbefragung

Plattformen müssen nicht alles leisten können! Jede Technologie, jedes Transportmittel, jeder Mensch, jedes Unternehmen besitzt Grenzen. Die Herausforderung liegt darin, die jeweiligen Leistungspotenziale zu erkennen, aufzubauen und auszunutzen.

5.2.3 Offene Fragen

Die Ergebnisse der Studie inspirieren zu neuen und vertiefenden Fragen und Antworten. Zugeschnitten auf den Plattformtyp digitale Spedition sind aus Autorensicht von Interesse:

- Wieviel Individualität kann eine digitale Spedition leisten?
- Welche Value Added Services wünschen sich die Kunden von einer digitalen Spedition?
- Wie hoch ist die Reaktionsfähigkeit einer digitalen Spedition bei auftretenden Problemen im Prozessverlauf?
- Eine digitale Spedition stellt selbst eine Innovation dar, aber auf welche Art und Weise sichert sie auch ihre zukünftige Innovationsfähigkeit?
- Was sind typische Leistungspotenziale einer digitalen Spedition?
- Digitale Speditionen konzentrieren sich bisher auf Straßenfracht oder Seefracht? Kann eine digitale Spedition auch intermodale Transportketten anbieten?
- Welche Erfahrungen haben digitale Speditionen auf dem Gebiet von Kooperationen mit den Großen in der Speditionsbranche sowie mit anderen Startups gemacht?
- „Eine digitale Spedition wird hybrid (digital&analog)." – vorstellbar oder absurd? Z. B.: Amazon, Alibaba waren nur digital, sind heute auch mit eigenen Filialen aufgestellt.

Neugierig geworden? Dann lesen Sie das Experteninterview im nachfolgenden Abschnitt.

5.3 Experteninterview

Philipp Ortwein ist Co-Founder und Managing Director der InstaFreight GmbH.

Sehr geehrter Herr Ortwein, vorab schon einmal vielen Dank, dass Sie zu diesem Interview bereit sind. Ihre Expertenmeinung ist gefragt. Seit der Gründung im Jahre 2016 hat sich InstaFreight zu einem der größten digitalen Transportlogistikanbieter in Europa entwickelt. Insofern sind Sie prädestiniert, die offenen Fragen rund um das Thema „Plattformen in Transport und Logistik" mit Ihren Antworten auf den Punkt zu bringen.

Ihre Vision ist es: „Zum führenden Logistikanbieter für Straßenfracht in Europa zu werden!" Damit legen Sie sich auf Straßenfracht fest. Das führt gleich zur ersten Frage.

Schließen sich digitale Speditionen und Multimodalität aus? (Kann eine digitale Spedition auch intermodale Transportketten anbieten?)

Intermodale Verkehre sind in der Tat komplexer als „Rampe zu Rampe" Lkw-Komplettladungen und erfordern die Koordination mehrerer Akteure. Doch hier unterstützt Technologie den digitalen Logistikdienstleister, zum Beispiel bei der Transportverfolgung oder der Kommunikation mit den einzelnen Parteien.

Zu Beginn haben wir uns bei InstaFreight auf Straßenfracht konzentriert; der Lkw als Transportmittel ist bei vielen Transporten nach wie vor unschlagbar. Doch wo es möglich und sinnvoll ist, verlagern wir heute schon international wie auch national Transportvolumen auf die Schiene. Das hat nicht nur einen ökonomischen Vorteil für den Kunden, sondern ist auch umweltfreundlich: Pro Transport werden bis zu 80 % weniger Emissionen ausgestoßen. Auch im Hinblick auf intermodale Transporte entwickeln wir unser Produkt immer weiter, um diese immer besser zu unterstützen und zunehmend zu automatisieren.

Wieviel Individualität kann eine digitale Spedition leisten (Beispiele)?

Tatsächlich sehe ich kaum Einschränkungen darin, was eine digitale Spedition abwickeln kann. Technologie ist für uns die Grundlage, um unseren Kunden einen erstklassigen Service zu bieten. Standard-Prozesse, die bei fast allen Transporten gleich sind, digitalisieren und automatisieren wir. Für unseren Kunden bedeutet das eine schnelle und einfache Transportbuchung, -verfolgung und -abrechnung. Für unsere internen Mitarbeiter bietet dies den Vorteil, dass ihnen repetitive und zeitintensive Aufgaben abgenommen werden und sie sich auf die Aufgaben konzentrieren können, die ihr Know-how erfordern. Basierend auf Daten werden ihnen zudem Analysen und Handlungsempfehlungen vorgelegt, sodass Entscheidungen effizient getroffen werden können.

Und auch bei einem vermeintlichen Standardtransport ist Individualität möglich, beispielsweise in Bezug auf Service-Level-Vereinbarungen oder Kennzahlen des Reportings. Zusätzlich erlaubt auch ein effizientes Datenmanagement mehr Individualität. Wir wissen beispielsweise, welcher Fuhrunternehmer über welches Equipment verfügt oder auf welchen Relationen er besonders leistungsstark ist und können Kundenwünsche dementsprechend realisieren.

Letztendlich hilft uns die digitale Infrastruktur dabei, sehr effizient zu arbeiten und manuelle Eingriffe zielgerichtet vorzunehmen. Dies schafft gleichzeitig mehr Zeit für den persönlichen Austausch mit dem Kunden.

Individualität und Value Added Services hängen durchaus zusammen. Welche Value Added Services wünschen sich die Kunden von einer digitalen Spedition?

In erster Linie ist es wichtig, dass die Ware zuverlässig von A nach B transportiert wird. Dafür braucht es die passende Transportkapazität. Über eine digitale Infrastruktur kann die Transportkapazität eines sehr großen Partnernetzwerks effizient gemanagt werden. Bei InstaFreight konsolidieren wir die Transportkapazität von über 25.000 Fuhrunternehmern in einer digitalen Plattform. Neben Daten zu Equipment, verfügbarer Kapazität und präferierten Relationen der Fuhrunternehmer greifen wir auf Daten zu Qualität wie der On-time Performance oder der Zuverlässigkeit zu.

Wir investieren in langfristige Partnerschaften mit unseren Fuhrunternehmern, um zuverlässig Transportkapazität bieten zu können. Wir unterstützen sie nicht nur durch die passende Ladung zur richtigen Zeit am richtigen Ort, sondern auch bei alltäglichen Themen mit unseren Value Added Services für Fuhrunternehmer. Dafür kooperieren wir mit führenden Anbietern von beispielweise Tankkarten oder Werkstattservices. Unsere Transportpartner können diese Services zu exklusiven InstaFreight-Konditionen nutzen.

Für Verlader spielen neben zuverlässiger Transportkapazität direkte wie indirekte Kosten eine Rolle. Unsere Kunden sehen beispielsweise im InstaFreight Control Tower all ihre laufenden Transporte inklusive relevanter Daten wie die voraussichtliche Ankunftszeit auf einen Blick.

Das Track&Trace und die übersichtliche Darstellung der laufenden Transporte erspart zeitraubende Telefonketten oder E-Mail-Ping-Pong auf der Suche nach dem Status des Transports. Weitere Leistungen, die wir unseren Kunden bieten sind beispielsweise die digitale Transportbuchung, die Preisberechnung in Echtzeit, KPI-Reportings (KPI- key performance indicator), eine Buchungsoberfläche für Lieferanten oder Schnittstellen zum IT-System des Kunden. Weiterhin zeigen wir Optimierungs- und Einsparpotenziale in der Transportlogistik des Kunden auf und unterstützen bei der Realisierung.

Welche Erfahrungen haben Sie gemacht bzw. was sind Ihre Erwartungen als digitale Spedition auf dem Gebiet von Kooperationen mit den Großen in der Speditionsbranche sowie mit anderen Startups (Beispiele)?

Wir legen großen Wert auf eine sehr enge Partnerschaft mit unseren Transportpartnern, welche über eigenes Equipment verfügen – schließlich sind Lkw für eine Transportdienstleistung essenziell. In unserem neutralen Service Transport Management steuern wir alle Transportunternehmer des Kunden über die InstaFreight-Plattform und bringen so das Beste aus beiden Welten zusammen: Die Zuverlässigkeit des eigenen Fuhrparks der Transportdienstleister und die digitale Kompetenz und Skalierungsmöglichkeit der InstaFreight-Plattform.

Wir kooperieren auf mehreren Gebieten mit traditionellen Logistikern und haben positive Erfahrungen gemacht: Die Stärken der einzelnen Unternehmen ergänzen sich, sodass die Partnerschaft zu einer Win-Win-Situation wird, in der wir gemeinsam für den Kunde die beste Lösung entwickeln. Was die Zusammenarbeit mit den „Großen" der Speditionsbranche angeht, wünsche ich mir weiterhin Offenheit für Kooperationen mit digitalen, innovativen Unternehmen.

Einen großen Mehrwert sehe ich auch im Schaffen eines Ökosystems, in dem mehrere Anbieter angebunden sind und damit als Paket für Verlader und Transportunternehmer einfach nutzbar sind. Somit werden Anbieter, die eine hervorragende Lösung für einen Teilbereich der Transportkette entwickelt haben, wie beispielsweise das Live-Tracking der Lkw, für eine große Anzahl an Kunden einfach zugänglich.

Mit InstaFreight haben wir eine Plattform gebaut, an die sich solche Lösungen leicht anknüpfen lassen, sodass unsere Nutzer alles an einem Ort haben. Bereits heute haben wir Kooperationen mit namhaften Unternehmen wie Shell oder SAP. Unsere neueste Partnerschaft ist mit einem Climate-Tech-Startup, mit welchem wir unsere nachhaltigen Transportlösungen weiter ausbauen werden.

Wie hoch ist die Reaktionsfähigkeit einer digitalen Spedition bei auftretenden Problemen im Prozessverlauf?

Alle Transporte werden bei uns im System live überwacht. Das Tracking geschieht über eine Anbindung an mehr als 500 Telematiksysteme direkt aus dem Lkw heraus, sodass wir jederzeit wissen, wo sich das Fahrzeug befindet. Bei sich abzeichnenden Abweichungen werden unsere Disponenten automatisch benachrichtigt. So können wir sofort reagieren, proaktiv eingreifen und mit dem Kunde in Kontakt treten.

Über eine Anbindung an Systeme des Kunden können wir diese Informationen auch direkt in die bestehende IT-Landschaft beim Kunde einspielen.

Unser großes Netzwerk an Fuhrunternehmern erhöht zudem die Ausfallsicherheit, sollten alternative Kapazitäten gestellt werden müssen. Wir wissen, welche Fuhrunternehmer auf welchen Routen besonders stark sind und über welches Equipment sie verfügen. So finden wir schnell den passenden Dienstleister für unsere Kunden.

„Eine digitale Spedition wird hybrid (digital&analog)" – vorstellbar oder absurd? Z.B.: Amazon, Alibaba waren nur digital, sind heute auch mit eigenen Filialen aufgestellt.

Wir nutzen unsere digitale Infrastruktur, um Transporte für uns und die Nutzer unserer Plattform effizient abzuwickeln. Doch die Logistik ist und bleibt ein „people's business". Deshalb setzen wir seit Tag eins auf die Kombination aus persönlichem Ansprechpartner und digitalem Produkt. Wir sind in engem Austausch mit unseren Kunden und unsere Mitarbeiter sind entsprechend in mehreren europäischen Ländern vor Ort. Was die Komponente Flotte angeht, planen wir jedoch nicht, einen eigenen Fuhrpark aufzubauen. Hier vertrauen wir auf die Kompetenz unserer Transportpartner und bauen starke Partnerschaften auf, um auf Transportkapazität zuzugreifen.

Was sind typische Leistungspotenziale einer digitalen Spedition?

Eine digitale Spedition umfasst den gesamten Transportprozess: angefangen bei der Quotierung, über die Transportbuchung, -allokation und -verfolgung bis hin zum Dokumentenmanagement und Reporting. Transporte werden digital im Web oder über eine Schnittstelle schnell und einfach gebucht. Anschließend wird der passende Transportunternehmer zugewiesen. Dieser ist entweder, wenn ein Fuhrunternehmer bereits mit dem Kunde erfolgreich zusammenarbeitet, vordefiniert, oder wird aus dem Partnernetzwerk ausgewählt. Letztere Variante wird durch einen Algorithmus unterstützt, der die Anforderungen des Transports mit den Eigenschaften der Fuhrunternehmer aus dem Partnernetzwerk vergleicht und die am besten passenden Unternehmer vorschlägt. Ist die Ware im Lkw, erfolgt auch die Transportverfolgung digital.

Bei InstaFreight kann der Kunde seinen Transport im Control Tower live nachverfolgen und erhält Informationen z. B. die voraussichtliche Ankunftszeit (ETA). Nach erfolgreicher Transportdurchführung erfolgt auch das Dokumentenmanagement inklusive Zustellnachweis (POD) und Rechnungsstellung digital. In einem personalisierbaren Reporting erhält der Kunde einen Überblick über die Performance und die Kosten seiner Transporte. InstaFreight unterstützt darüber hinaus bei der Optimierung des Dienstleisterportfolios, bei strategischen Ausschreibungen und der Prozessoptimierung.

Eine digitale Spedition stellt selbst eine Innovation dar, aber auf welche Art und Weise sichern Sie bzw. Instafreight auch die zukünftige Innovationsfähigkeit (Beispiele)?

Mit InstaFreight haben wir den Vorteil, eine Logistikfirma auf der grünen Wiese aufbauen zu können. Wir haben keine Altlasten, die uns ausbremsen, sondern können uns überlegen, wie der perfekte Partner für Verlader und Transportunternehmer unserer Meinung nach aussieht.

Seit Tag eins investieren wir in Technologie, um die Transportlogistik effizienter zu gestalten. Das hört nicht bei der Entwicklung einer digitalen Transportbuchungsplattform auf. Unsere Technologie wird nie den Status „Fertig" erreichen, sondern wird in wöchentlichen Sprints immer weiterentwickelt. Seit unserer Gründung haben wir fast 3.000 Features gebaut. Dabei sind wir in enger Abstimmung mit unseren Kunden, um deren Herausforderungen im Detail zu verstehen. Gemeinsam entwickeln wir Lösungen und machen diese dann auch für andere Kunden verfügbar. So haben wir beispielsweise für einen Kunde eine Oberfläche gebaut, auf der seine Lieferanten selbst Transporte einbuchen können. Um unsere Kunden noch ganzheitlicher mit der InstaFreight-Plattform zu unterstützen, haben wir unser zweites Servicestandbein „Transport Management" entwickelt. In diesem steuern wir die komplette Transportlogistik für unsere Kunden über unsere digitale Plattform.

Die größte Innovationsfähigkeit haben wir jedoch durch die Struktur unserer digitalen Plattform. Erstklassige Lösungen anderer Anbieter lassen sich an InstaFreight anbinden. Beispielweise sind eine Vielzahl an Stückgutnetzwerken oder Live-Tracking-Anbieter in der InstaFreight-Plattform integriert. Auf diese Weise bündeln wir zahlreiche Teillösungen zu einer einzigartigen Gesamtlösung, und machen diese für unsere Kunden einfach zugänglich. Selbstverständlich entwickeln wir unsere Plattform auch kontinuierlich weiter – neue Funktionalitäten und Services kommen ständig hinzu. Indem wir neben unseren eigenen Entwicklungen zusätzlich die Lösungen anderer Anbieter integrieren, sind und bleiben wir skalierbar innovationsfähig.

5.4 Ausblick

Plattformen in Transport und Logistik setzen sich mehr und mehr durch. Natürlich nicht im Alleingang, sondern mit sehr hohem Maß an logistischer Expertise, Kreativität und dem festen Willen, die Transport- und Logistik-Zukunft nachhaltiger zu gestalten. Mit Blick auf die Nutzungspotenziale von Plattformen bewegen wir uns weltweit erst in einer frühen Entwicklungsphase. Danach können wir ambitionierte Erwartungen an die Ausweitung der Leistungsbreite und -tiefe stellen. Denken wir nur zurück an die Zeit des Aufkommens der ersten Online-Plattformdienste im Handel. Damals dachten viele, über Bücher und Ähnliches wird das nicht hinausgehen. Dass diese anfänglichen Vorbehalte schon längst der Vergangenheit angehören, beweisen eindrucksvoll die aktuellen Entwicklungszahlen.

5.5 Wissens- und Fähigkeitentest

Aufgabe 5.1:

Worin sehen Sie die drei größten Vorteile einer digitalen Spedition?

Aufgabe 5.2:

Im Bereich des Transports haben sich eine ganze Reihe von Plattformen erfolgreich durchgesetzt. Bei welchen weiteren Logistikleistungen würde Angebot und Nachfrage via Plattform Vorteile gegenüber bisherigen Lösungen bringen?

Aufgabe 5.3:

Ihre Meinung ist gefragt: Werden die Großen in der Logistik ihre Umschlagterminals für digitale Speditionen öffnen? Bitte geben Sie je zwei Pro- und Contra-Argumente an.

6. Visionäres Logistikmanagement

Will man große und nachhaltige Erfolge erreichen, muss man über den Dingen stehen. Absolut falsch wäre es, sich im operativen Tagesgeschäft zu verlieren, und nicht weit über den Tellerrand zu schauen. Selbst wenn die kurzfristigen Aktivitäten der Umsetzung langfristiger Strategien folgt, reicht das in vielen Fällen nicht. Ein Erfolgsrezept wird es erst dann, wenn den langfristigen Strategien weit in die Zukunft hinaus reichende Zukunftsbilder vorausgehen. Nur wer in ganz neuartigen Dimensionen denkt, sich von dem Gewohnten bewusst ablöst, die Rolle des visionären Vorausdenkens übernimmt, kann Großes schaffen.

Lernziele

Das sechste Kapitel soll Sie befähigen:

- Zukunftsbilder über die Logistik zu entwickeln,
- Logistikpolitik und Logistikkultur im Unternehmen zu etablieren,
- Logistikvisionen zu bewerten.

6.1 Logistik im Rahmen der Unternehmenspolitik – Logistikpolitik

Die Unternehmenspolitik besitzt eine fundamentale Bedeutung, indem sie den „Entwicklungspfad in die Zukunft“ definiert (vgl. Bleicher 1999: 154). Im Ergebnis des Interessenausgleichs zwischen den unterschiedlichen Anspruchsgruppen – Kapitalgeber, Manager, Arbeitnehmer, Gebietskörperschaften, öffentliche Institutionen – gibt sie die Grundausrichtung und generelle Zielausrichtung des Unternehmens vor.

Diese generelle Zielausrichtung erfasst Bleicher mit vier Dimensionen:

- die Zielausrichtung auf Anspruchsgruppen
- die Entwicklungsorientierung des Unternehmens
- die ökonomische Zielausrichtung
- die gesellschaftliche Zielausrichtung

Das große Spektrum von möglichen Ausprägungen jeder einzelnen Dimension bildet Bleicher mittels polarer Spannungsreihen ab. Dadurch gelingt es, derartig komplexe Themen ganzheitlich in der gebotenen Kürze zu erfassen.

6.1.1 Zielausrichtung auf Anspruchsgruppen

Shareholder approach

Das Spektrum von Ausprägungen fängt Bleicher auf der einen Seite der polaren Spannungsreihe mit dem **Shareholder approach** und auf der anderen Seite mit dem **Stakeholder approach** ein.

„Eine monistische Zielausrichtung an ökonomischen Zielen verbunden mit einer Kurzfristorientierung, ... die gesellschaftliche Anliegen auf die Einhaltung gesetzlicher Vorschriften reduziert und dem ... Streben der Aktionäre nach einer kurzfristigen Realisierung von Erfolgen entgegenkommt, lässt sich als „shareholder approach" innerhalb einer generellen Zielausrichtung des Managements kennzeichnen" (Bleicher 1999: 164).

Stakeholder approach

„Eine Hinwendung zu einer pluralistischen gesellschaftsorientierten Zielausrichtung bedingt zugleich eine langfristige Zeitperspektive, die Entwicklungsaspekte betont. Sie ist gleichsam das Idealbild eines „stakeholder"-Ansatzes, bei dem an wirtschaftlichen Leistungen der Unternehmung Interessierte neben andere gesellschaftliche Bezugsgruppen treten, die von ihr eine Nutzenstiftung erwarten, die sich nur selten in kurzer Frist entwickeln lässt" (Bleicher 1999: 164).

6.1.2 Entwicklungsorientierung

Die Entwicklungsorientierung bringt die Grundeinstellung und das generelle Verhalten des Unternehmens in Bezug auf die Wahrnehmung von Chancen und das Eingehen von Risiken zum Ausdruck. Dabei bewegt sich die **Chancenorientierung** zwischen dem weitgehenden Festhalten am „State of the Art" auf der einen Seite und seiner Überwindung auf der anderen (vgl. Bleicher 1999: 165). Ersteres charakterisiert das „bodenständige Unternehmen", das an den Erfolgen der Vergangenheit anknüpft (das Unternehmen ist „... in der Nutzung der üblichen Möglichkeiten des „state of the art" ... gefangen), während bei letzterem das Bisherige in Frage gestellt wird, „... um fortschrittlich Neues jenseits des „state of the art" anzusteuern, zu konzipieren und zu realisieren" (Bleicher 1999: 165).

Die **Risikoorientierung** bewegt sich zwischen Störbarkeitsrisiken und Verletzbarkeitsrisiken (vgl. Bleicher 1999: 165). Verletzbarkeitsrisiken drücken eine hohe Risikobereitschaft des Unternehmens aus. Dagegen sind Störbarkeitsrisiken ein Zeichen für eine niedrige Risikobereitschaft. Das Unternehmen ist dann nur bereit, Risiken in Form von kleinen Störungen des Wertschöpfungssystems hinzunehmen, bei Sicherung des Fortbestandes des bestehenden Systems.

Die Zusammenfassung der extremen Profilierungen ergibt die folgenden **Muster**:

- „Eine auf das **Konventionelle** bezogene Chancenorientierung, die nach Gewissheit strebendes Sicherheitsverhalten präferiert und im Risikoverhalten lediglich auf das Abstellen von Störungen ausgerichtet ist" (Bleicher 1999: 169).
- „Eine **avantgardistische Politik**, die sich mit aus Ungewissheit resultierenden Verletzbarkeitsrisiken, welche die weitere Entwicklung konterkarieren können, auseinandersetzen muss" (Bleicher 1999: 167).

6.1.3 Ökonomische Zielausrichtung

Die ökonomische Zielausrichtung fängt Bleicher mit den sachlichen Leistungszielen und den finanziellen Wertzielen ein.

„Eine geringe Ausprägung beider verweist auf ein minimales Anspruchsniveau bei der Verfolgung ökonomischer Zielvorstellungen und zeigt in beiden Dimensionen einen geringen Stellenwert ... auf. ... **ökonomische „muddling-through"-Politik** ..." (Bleicher 1999: 169).

„Im Gegensatz dazu steht ein Muster unternehmungspolitischer Missionen, das die sach-inhaltliche Verpflichtung zu einer ganz bestimmten Marktversorgung als Leistungsauftrag mit der starken Betonung finanzieller Wertziele verbindet. Als Prinzip gilt hier die Nutzenstiftung im Sinne einer Bereitstellung von materiellen Gütern oder immateriellen Dienstleistungen für den Markt und der Erzielung eines monetären Nutzens für Investoren und Eigentümer" – **Politik hoher ökonomischer Verpflichtung** (Bleicher 1999: 170).

6.1.4 Gesellschaftliche Zielausrichtung

Sie beschreibt die Politik des Unternehmens in Bezug auf die sozialen und ökologischen Belange. Die polare Spannungsreihe bewegt sich zwischen einer „**gesellschaftlichen Vermeidungspolitik**" und einer „**Unternehmungspolitik gesellschaftlicher Verantwortung**" (vgl. Bleicher 1999: 173).

Das Unternehmen mit einer gesellschaftlichen Vermeidungspolitik ist weder in sozialer noch in ökologischer Hinsicht engagiert. Soziale und ökologische Belange sind im unternehmerischen Zielsystem unterrepräsentiert bis nicht berücksichtigt. Dieses Politikverhalten korreliert mit der unter erstens „Zielausrichtung auf Anspruchsgruppen" definierten monistischen Zielausrichtung. Dagegen zeichnet sich ein Unternehmen mit einer gesellschaftlichen Verantwortungspolitik durch sein starkes Engagement zur Befriedigung sozialer und ökologischer Bedürfnisse aus. Soziale und ökologische Ziele sind im unternehmerischen Zielsystem fest verankert. Im Falle des Auftretens konfliktärer Beziehungen zu den ökonomischen und finanziellen Zielen setzt die Konfliktlösung auf dem Prinzip der Gleichrangigkeit zwischen diesen Zielen an.

6.1.5 Formulierung der Logistikpolitik

Die skizzierte Vorgehensweise zur Definition der Unternehmenspolitik überzeugt durch die klare Strukturierung und die leichte Handhabung. Deshalb ist deren Anwendung für die Formulierung der Logistikpolitik als Teilpolitik innerhalb der Gesamtpolitik des Unternehmens zu empfehlen.

Beziehungen zwischen Unternehmens- und Logistikpolitik

Unternehmens- und Logistikpolitik stehen in einem wechselseitigen Verhältnis zueinander. In diesem Verhältnis kann die Logistikpolitik eine passive, von der Unternehmenspolitik abhängige, oder eine aktive, die Politik machende Rolle einnehmen. Zum Beispiel kann der Einfluss der Logistik so stark sein, dass eine eher konventionelle Unternehmenspolitik durch eine avantgardistische abgelöst wird. Auslöser kann eine Situation sein, in der das Logistiksystem nicht länger in der Lage ist, die erwarteten Serviceleistungen wie Lieferzeit und Lieferzuverlässigkeit zu erbringen, so dass das gesamte Wertschöpfungssystem zusammenzubrechen droht. Dann liegt es nahe, dass die Logistik den Auslöser für ein grundsätzliches Überdenken und Verändern der Unternehmenspolitik bildet. Insofern sind krisenhafte Situationen für eine avantgardistische Politik förderlich.

Für die Annahme, dass die Logistik in krisenhaften Situationen zu einem Politikwandel führt, sprechen die Größe und die Intensität der Beziehungen der Logistik zu den anderen betrieblichen Funktionen. So öffnet die Logistik neue Horizonte für die Marketingpolitik. Die Logistik zeigt ganz neue Perspektiven in Bezug auf Absatzmärkte auf. Im Ergebnis kann das zu einer von Grund auf neuen Produktpolitik führen.

Ob die Logistik eine aktive oder passive Rolle spielt, hängt letztlich von ihrem politischen Gewicht im Unternehmen ab. Hierauf nehmen u.a. der Markt, die Anspruchsgruppen und das Unternehmensgeschäft Einfluss. Bei Existenz eines Angebotsmarktes wird das politische Gewicht der Logistik vermutlich kleiner gegenüber der Situation eines Käufermarktes sein. Denn ein Angebotsmarkt lässt Logistikschwächen in Maßen zu, während ein Käufermarkt ein Setzen auf die Logistikstärken voraussetzt. Und eine starke Logistik ist in der Regel eine innovative Logistik, die auch einmal unbekannte Wege geht. Das aktive oder passive Rollenspiel der Logistik im politischen Prozess mündet in die Formulierung der Unternehmenspolitik und Logistikpolitik.

Beispielhaft wenden wir die Methode für die Definition der Entwicklungsorientierung der Logistik an. Das Spektrum möglicher Ausprägungen fangen wir mit den Gegenpolen einer konventionellen Logistikpolitik und einer avantgardistischen Logistikpolitik ein (siehe Abbildung 6.1).

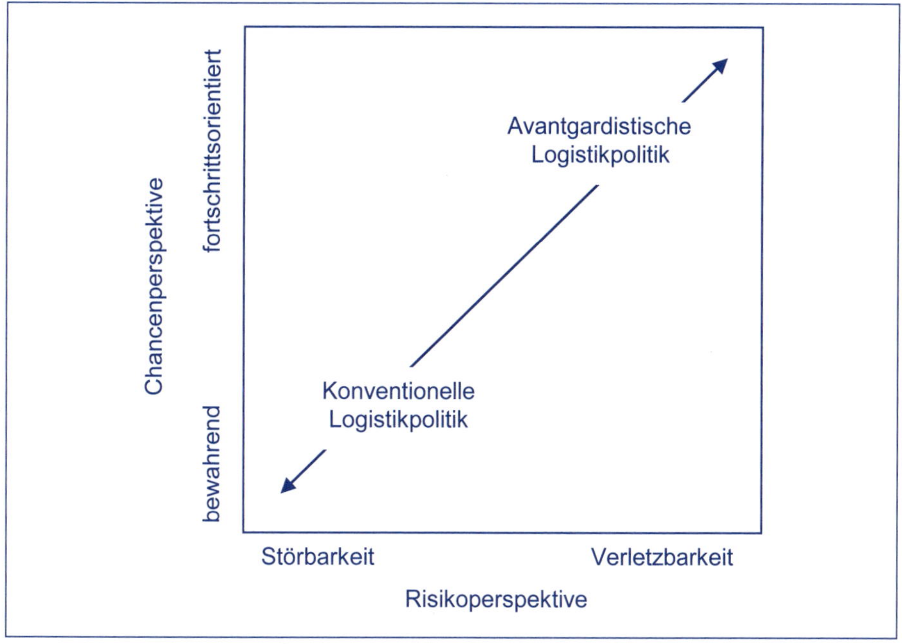

Abbildung 6.1: Entwicklungsorientierung der Logistikpolitik (angelehnt an Bleicher 1999: 168)

Konventionelle Logistikpolitik

Die konventionelle Logistikpolitik erkennen wir an folgenden Merkmalen:

- Die **Bewahrung des Status Quo** bildet das Grundanliegen. An der Struktur und den Abläufen des Material- und Warenfluss-Systems soll bei allen anzustellenden Überlegungen und Erwägungen festgehalten werden. Man glaubt, das Unternehmen so auf der sicheren Seite zu haben. Neue Entwicklungspfade der Logistik (z. B. die Fremdvergabe des eigenen Fuhrparks an eine Spedition) werden völlig ignoriert. Neue Entwicklungen im Logistikumfeld werden nicht als Herausforderungen für neue Lösungen begriffen, sondern als Störungen des „zu bewahrenden" Systems.
- Die Zukunft des Logistiksystems glaubt man allein durch ein **Beheben von Systemstörungen** sichern zu können. Die Störquote, so nimmt man an, bewegt sich in einem akzeptablen Rahmen. Das Logistikmanagement nimmt die Züge eines Störfallmanagements an. Es ist ein Laborieren am bestehenden Wertschöpfungssystem.
- Ein **innovationsfeindliches Klima** prägt die Logistikpolitik.

Je nach der Dynamik des Umfeldes birgt die konventionelle Logistikpolitik mehr oder weniger große Gefahren für das Überleben des Logistiksystems und des Unternehmens.

Interessanterweise treffen wir auch in Unternehmen mit einem sehr dynamischen Umfeld dieses konventionelle Politikmuster an. Ein typisches Beispiel dafür lieferte ein regional operierendes mittelständisches Elektro-Großhandelsunternehmen.

Fallbeispiel

Dieses Unternehmen, das sich im Familienbesitz befindet und durch den Eigentümer selbst geführt wird, schreibt in der jüngsten Vergangenheit rote Zahlen. Die Umsatzrentabilität hat in den zurückliegenden fünf Jahren einen fortschreitenden negativen Verlauf angenommen. Dachte man anfangs, dass es sich nur um eine vorübergehende Entwicklung handelt, so macht man sich nun doch ernsthaft Sorgen um das Überleben.

Der Firmeninhaber und seine engsten Mitarbeiter haben inzwischen begriffen, dass hier ein akuter Handlungsbedarf besteht. Im Ergebnis einer kurzfristig einberufenen Krisensitzung beschließen sie, externe Hilfe von einem Unternehmensberater einzuholen. Ein leitender Angestellter erinnert sich, dass seinem engsten Bekanntenkreis ein Unternehmensberater angehört, dem jüngst für seine Beratungsqualität ein Preis verliehen wurde. Man schenkt so diesem Berater Vertrauen und vereinbart mit ihm einen ersten gemeinsamen Sitzungstermin, an dem alle vier Mitglieder des inzwischen gebildeten Krisenteams teilnehmen. Die langjährige Freundschaft zwischen Prokurist und Berater ermuntert den Firmenchef, die Situation ganz offen für eine erste Bestandsaufnahme zu präsentieren.

Die Unternehmenssituation ist für den Berater nicht fremd und er kann das Problem in kurzer Zeit auf den Punkt bringen. In knappen Worten schildert er sein Bild. Das Logistikkonzept blieb seit Gründung des Unternehmens vor 20 Jahren unverändert. Die Expansionen (z.B. die Einrichtung eines neuen Lagerhauses) bauten auf den alten Strukturen und Abläufen auf. Das vorhandene Logistiksystem hat sich so teilweise überlebt. Um die angesichts der fallenden Marktpreise notwendige, drastische Reduzierung der Logistikkosten zu erreichen, sind neue Wege zu gehen.

Bevor der Berater seinen Bericht beendet, deutet er die neuen Wege schlaglichtartig an. Doch bereits beim ersten Stichwort „Outsourcing des Fuhrparks" unterbricht ihn der Geschäftsführer abrupt und nennt die unternehmenspolitischen Restriktionen. Diese sind: keine Fremdvergabe des Transports, Beibehalten der von einem extremen Sicherheitsdenken verursachten relativ hohen Lagerbestände usw. Der Geschäftsführer begründet ausführlich seinen Standpunkt und stimmt damit eine Lobeshymne auf das langjährig praktizierte Logistikkonzept an, in die die Führungsteam-Mitglieder mit zahlreichen Beispielen aus der Vergangenheit mit einstimmen. Da die alternativen Logistiklösungen des Beraters völlig inakzeptabel für Geschäftsführer und Prokurist sind und andererseits die vielen positiven Beispiele aus längst vergangenen Zeiten die Hoffnung hegen, dass es ja vielleicht im nächsten Jahr doch wieder nach oben geht, wird kein Beratungsprojekt definiert.

Zwei Jahre später erfährt der Berater von dem befreundeten Techniker, dass nach dem großen Einbruch im Folgejahr nun doch mit einer Radikalkur zur Sanierung begonnen wurde.

Das Fallbeispiel verdeutlich den starken Einfluss der Unternehmenspolitik auf die Logistikpolitik. Die konventionelle Politik des Unternehmens lies die notwendigen, revolutionären Veränderungen des Logistiksystems nicht rechtzeitig zu. Des Weiteren lehrt uns der geschilderte Fall, dass ein grundlegender Politikwandel das Eintreten nahezu aussichtsloser Situationen voraussetzt.

Als Gegenpol zu der konventionellen Politik nimmt die avantgardistische Logistikpolitik genau konträre Züge an. Sie repräsentiert die (typische) Logistikpolitik in einem sehr dynamischen Umfeld.

Die avantgardistische Logistikpolitik zeichnet sich durch folgende Merkmale aus:

Avantgardistische Logistikpolitik

- Neue Absatz- und Beschaffungsmärkte, neue Kundenbedürfnisse, selbst drastische Umweltschutzauflagen u. a. m. werden als (positive) Herausforderungen interpretiert. Um diese latenten Chancen wahrzunehmen, ist man bereit, auch Risiken (Verletzbarkeitsrisiken) einzugehen. Das gegebene **Logistiksystem** wird stets auf seine Strukturen und Prozessabläufe hin **in Frage gestellt**. Man ist bereit, ganz neue Wege zu gehen.
- Die Logistik wird durch ein **offensives Chancen- und Risikomanagement** geprägt. „Das Nichteingehen gewisser Risiken bedeutet für das Unternehmen eine Gefahr, da hierdurch ihre Innovations- und Anpassungsfähigkeit behindert wird" (Bleicher 1999: 167).
- Logistikvisionen kanalisieren als „Leitstern" die zahlreichen **Logistikinnovationen**.

Getragen wird die Logistikpolitik von den Werten und Normen der Unternehmens- bzw. Logistikkultur. Sie steht im Mittelpunkt des nächsten Gliederungspunktes.

6.2 Logistik im Rahmen der Unternehmenskultur – Logistikkultur

Die Unternehmenskultur „verleiht ... einer Unternehmung ihre eigene, unverwechselbare **Systemidentität** – nach innen wie nach außen" (Bleicher 1999: 229).

„Unter der Bezeichnung „Unternehmenskultur" werden allgemein das kognitiv entwickelte Wissen und die Fähigkeiten einer Unternehmung sowie die affektiv geprägten Einstellungen ihrer Mitarbeiter zur Aufgabe, zum Produkt, zu den Kollegen, zur Führung und zur Unternehmung in ihrer Formung von Perzeptionen (Wahrnehmungen) und Präferenzen (Vorlieben) gegenüber Ereignissen und Entwicklungen verstanden" (Bleicher 1999: 228).

Die Unternehmenskultur bildet mit den Werten, Normen, Fähigkeiten und Einstellungen die „tragende Säule" für die Unternehmenspolitik. Die Unternehmenspolitik sollte im Einklang mit der Unternehmenskultur stehen. „Das unternehmungspolitische Wollen wird bei seiner Verwirklichung immer dann auf Schwierigkeiten stoßen, wenn es nicht im Gleichklang mit dem durch die Werte und Normen der Unternehmungskultur induzierten Verhalten steht" (Bleicher 1999: 235). Die Schwierigkeiten drücken sich in Akzeptanzproblemen und Widerständen der Mitarbeiter aus. Die Beziehungen zwischen Kultur und Politik stellt jedoch keine Einbahnstraße dar. Die Unternehmenspolitik wirkt ihrerseits auf die Entwicklung der Unternehmenskultur.

Die Unternehmenskultur beeinflusst die spezifische Ausprägung der Führung. Sie nimmt Einfluss darauf, ob ein eher technokratisch-instrumentelles Führungsverständnis im Vergleich zu einer visionären, evolutorischen Führungsphilosophie gelebt wird. Im Falle von gemeinsam getragenen Werten erleichtert die Unternehmenskultur die Koordination der Mitarbeiter, was die Inanspruchnahme der Managementkapazitäten vermindert (vgl. Bleicher 1999: 244).

Mit der Koordinationswirkung geht die Motivationswirkung der Unternehmenskultur einher. In dem viel zitierten Satz von Antoine des Saint-Exupéry wird das besonders eindringlich: „Wenn Du ein Schiff bauen willst, dann trommle nicht Männer zusammen, um Holz zu beschaffen, Aufgaben zu vergeben und die Arbeit einzuteilen, sondern lehre sie die Sehnsucht nach dem weiten, endlosen Meer" (Saint-Exupéry, zitiert in Kieser/Kubicek 1992: 119). Das Zitat unterstreicht zugleich den engen Zusammenhang zwischen Kultur und Vision.

Logistikkultur Definition

Die Logistikkultur bildet Teil der Unternehmenskultur. In Anlehnung an die Definition der Unternehmenskultur ergibt sich für die Logistik:

Inhalt der Logistikkultur bilden das Wissen und die Fähigkeiten der Manager und Mitarbeiter auf dem Gebiet der Logistik sowie ihre affektiven Einstellungen in Bezug auf die Funktion, die Ziele, die Aufgaben und die Logistikleistungen als auch das Verhalten gegenüber den Kooperationspartnern, den Zulieferern und den Kunden.

Logistikwerte

Die Logistikkultur beinhaltet die für das Handeln der Mitarbeiter und Führungskräfte grundlegenden Logistikwerte. Beispiele für grundlegende Logistikwerte sind:

- Wissens- und Innovationsvorsprung
- Vorreiter bei ökologischen Logistiklösungen
- persönliches Involvement bei der Wahrnehmung von Logistikaufgaben
- Fairness im Umgang mit Kollegen
- Ausübung offener und konstruktiver Kritik

Die politischen und kulturellen Vorstellungen und Ziele fußen auf visionären Zukunftsbildern. Die Vision als Leitstern des normativen, strategischen und operativen Logistikmanagements.

6.3 Logistik im Rahmen der Unternehmensvision – Logistikvision

6.3.1 Erfolgsbeitrag von Visionen

Allgemein ist eine Vision ein für die Zukunft entworfenes und erstrebenswertes Bild. Wir alle lassen uns in unserem Handeln mehr oder weniger stark von Visionen leiten. Sie kanalisieren unser Tun und geben uns die Kraft, auch schwierige Situationen zu überstehen. In ihren Wesensmerkmalen unterscheidet sich die Vision des Individuums nicht von der Vision sozialer Gruppen bzw. Gemeinschaften (z. B. der Unternehmensvision).

Logistikvision Definition

Die **Logistikvision** bildet das wünschenswerte und realistische Zukunftsbild über die logistischen Strukturen und Prozesse des unternehmensweiten und unternehmensübergreifenden Wertschöpfungssystems einschließlich der Wege zu deren Erreichung.

Empirische Studien über den Beitrag von Unternehmensvisionen zum langfristigen Unternehmenserfolg sind noch Mangelware. Aber die wenigen, die es gibt, weisen einen großen Erfolgsbeitrag nach (vgl. u. a. Göpfert 2013: 155f.).

Hamel und Prahalad gehen in ihrer Untersuchung der Frage nach, wieviel Zeit Führungskräfte für Zukunftsthemen des Unternehmens verwenden. Die typische Antwort haben sie in der „40/30/20-Regel“ gefunden: „… about 40 % of senior executive time is spent looking outward, and of this time, about 30 % is spent peering three, four, five or more years into the future. And of the time spent looking forward, no more than 20 % is spent attempting to build a collective view of the future (the other 80 % is spent looking at the future of the manager's particular business). Thus, on average, senior management is devoting less than 3 % (40 %x30 %x20 % = 2,4 %) of its energy to build a *corporate* perspective on the future“ (Hamel/Prahalad 1994b: 4).

Die praktische Relevanz ergibt sich im Besonderen aus dem zu beobachtenden Phänomen. Nicht wenige Unternehmen schließen sich den logistischen Modewellen und Entwicklungen der Konkurrenten unreflektiert an. Sie verhalten sich so wie die anderen auch und laufen damit Gefahr, dass ihre Individualität, d. h. ihr individuelles Erfolgspotenzial mehr und mehr verlorengeht. Damit bewegen sich die Unternehmen in ihrer Entwicklung auf eine, ihre Fortentwicklung gefährdende Standardisierungsfalle zu. Denn je mehr sich die Unternehmen in ihrem Wertschöpfungssystem gleichen, desto kleiner wird der Raum für unternehmensindividuelle und dauerhafte Erfolgspotentiale. Porter spricht in diesem Zusammenhang von einer „Wachstumsfalle“. Er unterstreicht ebenso die Gefahr aus dem immer ähnlicher werdenden Unternehmensverhalten. „In einer Art Herdentrieb ahmen sich die Unternehmen lieber gegenseitig nach, jedes in der Annahme, die Rivalen beherrschen etwas, das die eigene Firma nicht kann. … (Es) … fehlt oft eine Vision vom Ganzen und der Blick für Alternativen“ (Porter 1997:16). Die Unternehmen „… geraten … in die Strudel eines zerstörerischen Wettbewerbs. Zum Erfolg gehört mehr“ (Porter 1997: 2).

Die **Qualität** einer Vision wird an der Erfüllung ihrer Funktionen gemessen. Als solche sind die folgenden Funktionen hervorzuheben. Sie treffen sowohl auf die Logistik, auf das Unternehmen als auch auf ein strategisches Netzwerk zu.

Funktionen von Visionen

- **Identitätsfunktion – die persönliche Identität des Unternehmens bzw. Netzwerks**
  Visionen sollen die „Einmaligkeit und Spezifität der […] Unternehmungen" zum Ausdruck bringen (vgl. Hammer et al. 1993: 13).
- **Sinngebungs- und Motivationsfunktion**
  Visionen sind „sinnstiftende Zukunftsentwürfe" (Sollmann, Heinze 1993: 7). Die Divergenz zwischen der Ist-Situation und der angestrebten Wirklichkeit wirkt stimulierend (vgl. Müller-Stewens, Lechner 2016: 222).
- **Richtungsweisende Funktion**
  Die Vision ist „ein Abbild einer zukünftigen Wirklichkeit, die durch ein Unternehmen angestrebt wird" (Müller-Stewens, Lechner 2016: 221).
- **Fokussierungsfunktion**
  Die Vision ermöglicht und erleichtert die Fokussierung auf die Kernaktivitäten im Unternehmen, Netzwerk bzw. in der Logistik und damit auch das Festlegen von Prioritäten (vgl. Rüegg-Stürm, Gomez 1994: 376–377; Schoemaker 1992: 76 ff.).
- **Integrationsfunktion**
  Die Vision fördert das ganzheitliche, systemische Denken und Handeln der Führungskräfte und Mitarbeiter im Unternehmen.
- **Kreativitäts- und Innovationsfunktion**
  Danach kommt der Vision die Rolle als Motor für Innovationen zu.

Die Rolle der Logistikvision als Leitstern zeigt sich in der Beziehung zum strategischen Logistikmanagement. Kerninhalt des **strategischen Logistikmanagements** bildet die Formulierung der auf die Logistikvision ausgerichteten Logistikstrategien. Über die Formulierung von Logistikstrategien und die anschließende operative Umsetzung findet die Logistikvision ihre Verwirklichung. Das heißt, dass die in der Logistikvision vorgezeichneten logistischen Erfolgspotenziale auf der strategischen Managementebene inhaltlich präzisiert werden.

Lassen Sie sich inspirieren von den nachfolgenden Beispielen für Logistikvisionen.

6.3.2 Gründungsvision Federal Express[3]

Die Vision von Fred Smith, die später zur Gründung des heute weltweit sehr erfolgreichen Kurier- und Logistikkonzerns Federal Express (FedEx) führte, nahm ihren Anfang während seiner Studienzeit (Volkswirtschaft und Politische Wissenschaft) an der Yale-Universität (Ostküste der USA). Inspiriert von den Problemen des amerikanischen Luftfrachtmarkts Mitte der sechziger Jahre entwickelte Fred Smith in seiner Seminararbeit eine wegweisende Idee für die USA-weite, flächendeckende Beförderung und Verteilung eiliger Luftfracht. Die bis dahin praktizierte

[3] Die Ausführungen stützen sich auf den Beitrag von Klaus „‚Drei-minus' für ein Seminarpapier – Milliarden für das ‚Nabe-Speiche-Konzept'" (vgl. Klaus 2006).

Mitnahme zeitkritischer Luftfracht im Rumpf von Passagiermaschinen unter Nutzung der Liniennetze für Luftpassagiere hatte viel zu lange Laufzeiten zur Folge. Zugleich wurde für die zukünftige Entwicklung ein starker Nachfragezuwachs für zeitkritische Luftfracht prognostiziert.

Herausfordernde Problemstellung

Wie kann ein flächendeckender Luftfrachtservice, der die zahlreichen Bevölkerungs- und Wirtschaftsstandorte auf dem großen Territorium der USA verbindet, service- und kostenoptimal organisiert werden?

In einer ersten Ausbaustufe waren mindestens alle Hauptstädte der 48 kontinentalen Staaten und darüber hinaus wichtige Bevölkerungs- und Wirtschaftszentren zu bedienen. Würden diese Standorte (Netzknoten) direkt miteinander vernetzt, müssten insgesamt (50 × 49 = 2450) 2450 Relationen täglich geflogen werden. Der Bedarf an maschinellen Kapazitäten (Frachtflieger, Anlagen zur Sortierung der Frachtsendungen an jedem der 50 Standorte) und infrastrukturellen Kapazitäten (Flächenbedarf, Investitionen in Gebäude) sowie auch die laufenden Kosten für Personal zur Bedienung der Fluggeräte, für das Be- und Entladen und die Sortierung des Sendungsaufkommens nach Zielorten bzw. Empfängern sowie für Flugbenzin würde den Rahmen für eine wirtschaftliche Leistungserstellung sprengen. Also war eine innovative Lösung gefragt.

Die zündende Lösungsidee

Fred Smith hatte die Idee, die ca. 50 Bevölkerungs- und Wirtschaftsstandorte nicht via Direktflüge zu vernetzen, sondern indirekt über ein zentrales Umschlagszentrum (Zentral-Hub). Dazu richtete er in der Anfangsphase 50 regionale Depots an den wichtigsten Standorten gut verteilt über das gesamte Territorium der USA ein sowie ein Zentral-Hub an einem relativ zentral gelegenen und wirtschaftlich günstigen Standort (vergleichsweise niedrige Flächenkosten, keine Beschränkung hinsichtlich Nachtflugverbot, akzeptable Arbeitskosten), in diesem Fall am Flughafen Memphis.

Die Abläufe haben folgende Struktur: Die Frachtverkehre zwischen den geografisch verteilten regionalen Depots laufen alle über das zentrale Umschlags- und Sortierzentrum in Memphis. In den frühen Abendstunden werden an jedem regionalen Depot die Frachtsendungen aus dem nahen Einzugsbereich eingesammelt und zum regionalen Depot per Lastkraftwagen transportiert („vorgeholt"). Die Bedienung der regionalen Einzugsbereiche hat dabei flächendeckenden Charakter. Angekommen am Depot erfolgen die Bündelung der Güter, die Beladung und das Fertigmachen der Frachtflugzeuge für ein pünktliches Abheben zum Zentral-Hub nach Memphis. Gegen Mitternacht treffen die Frachtsendungen aus allen regionalen Depots in Memphis ein. Hier erfolgt dann erstmals die Sortierung (zentrale Sortierung) der Sendungen nach Zielorten bzw. Empfängern. Anfangs waren es vor allem Studierende der Universität Memphis, die in großer Zahl für die Sortierung zu relativ niedrigen Lohnkosten eingesetzt wurden; heute steht hier eine hochautomatisierte Sortieranlage, die sich infolge des hohen Frachtaufkommens rentiert.

Diese Lösung, die Sendungssortierung nur im Zentral-Hub durchzuführen, bringt positive Kosteneffekte für die 50 regionalen Depots, da dort Kosten für spezielles Personal und Sortieranlagen nicht anfallen. Nachdem die Sendungen nach Empfangsdestinationen sortiert sind, werden diese in Memphis in die Frachter verladen und nach Mitternacht – ab 2.30 Uhr – starten die Frachter den Rückflug zu den Depots mit den für die jeweilige Region bestimmten Sendungen, wo sie in den frühen Morgenstunden an die Empfänger per Lkw im regionalen Nahbereich ausgeliefert werden. In weniger als 24 Stunden kann so ein flächendeckender Luftfrachtdienst service- und kostenoptimal funktionieren. Diese Netzstruktur wird als Nabe-Speichen-System bzw. Hub-&-Spoke-System bezeichnet. Die regionalen Depots bilden die Speichen und das zentrale Umschlags- und Sortierzentrum die Nabe bzw. das Hub (siehe Abbildung 6.2). Das Ausliefern der Sendungen per Lkw in den Nahbereichen der Depots kann zweckmäßigerweise mit dem Einholen der Sendungen verknüpft werden.

Abbildung 6.2: Das Nabe-Speiche-Netzwerk von Federal Express (angelehnt an Göpfert 2021a: 18)

Nach Gründung des Unternehmens im Februar 1973 bedurfte es noch einer gewissen Einführungsphase, bis das Sendungsvolumen die Höhe erreichte, um die Wirtschaftlichkeit des Systems zu sichern. Der Break-Even-Point (Kostendeckungspunkt) wurde Ende 1975 überschritten und es folgte eine Zeit, in der sich diese innovative Netzstruktur für den Transport und die Verteilung zeitkritischer Luftfracht als ein hocheffizientes System erwies. 1983 wurde die Umsatzmarke von einer Milliarde US-Dollar erstmals überschritten.

Auf Basis des großen wirtschaftlichen Erfolgs folgten Jahre der internationalen Expansion sowie der Diversifikation der Unternehmensaktivitäten. Das USA-weite Luftfrachtnetz wurde sukzessive weiterentwickelt und erweitert. Memphis besitzt nach wie vor die Rolle als Zentral-Hub in diesem System, zusätzlich wurden aufgrund des „explodierenden" Sendungsaufkommens mit Anchorage, Dallas, Indianapolis, Miami, New York und Oakland fünf weitere Hubs eingerichtet, die als regionale Umschlags- und Sortierzentren fungieren. Zum Beispiel bildet Oakland das Zentrum für Versand- und Empfangsgüter im geografischen Raum der Westküste der USA. Alle Depots sowie regionalen Hubs sind mit dem Zentral-Hub in Memphis vernetzt. Das Hub-&-Spoke-System wird immer dann, wenn das Sendungsaufkommen eine volle Auslastung der Frachtflugzeuge ergibt, durch Direktflüge ergänzt, sodass wir heute eine Kombination zwischen Hub-&-Spoke-System und Direktverkehren – ein sogenanntes Hybridsystem – vorfinden. Darüber hinaus ist dieses System im Zuge der internationalen Expansion heute in das weltweite Luftfrachtnetz von FedEx eingebunden. Die Verkehre zwischen den Weltregionen laufen über die zentralen Hubs in Asien (Guangzhou, Subic Bay), Europa (Frankfurt a. M., Köln/Bonn, London, Paris) und Nordamerika (Memphis, Toronto).

Seit der Gründungsvision hat sich FedEx zu einem breit aufgestellten, internationalen Logistikkonzern entwickelt. Der Diversifikationsprozess setzte insbesondere in den neunziger Jahren ein. Neben das ursprüngliche Luftfrachtgeschäft, anfangs auf Kurier-, Express- und Paketsendungen konzentriert (KEP-Dienste), sind eine Reihe weiterer Geschäftsfelder getreten. Dazu gehört die Kontraktlogistik. FedEx beschäftigt weltweit ca. 450.000 Mitarbeiter und erwirtschaftet einen Umsatz von über 83 Milliarden US-Dollar (Daten 2021; Statista 2022).

Memphis hat sich zu dem weltweit größten Verkehrsflughafen entwickelt. Fred Smith hat auf seine Seminararbeit nur die Note „Drei-minus" erhalten, aber mit seiner Vision Milliarden verdient. Die Grundidee des Hub-&-Spoke-Systems inspirierte auch zu weiteren Innovationen in ganz neuen Anwendungsfeldern wie z. B. zu dem logistischen Lösungskonzept Cross Docking für die Konsumgüterdistribution.

6.3.3 Vision vom Physical Internet

Physical Internet ist die Vision von einem offenen, weltweiten Logistiksystem in Analogie zum digitalen Internet. Die **Basis** ist das **Internet der Dinge**. Mit künstlicher Intelligenz ausgestattete Transportmittel, Transporthilfsmittel und Infrastrukturanlagen sind in der Lage, optimale Transportflüsse auf der Straße, dem Wasser, der Schiene und in der Luft zu organisieren und zu steuern.

Physical Internet und Internet der Dinge

Die flächendeckende Verwirklichung des Physical Internets wird nach Experteneinschätzung für das Jahr 2050 prognostiziert. Mit dem Physical Internet geht die Entwicklung neuartiger Transportmittel, Lagermittel und Technologien einher. Mittels einer KI-gestützten Analyse und Steuerung steigt die Qualität der Vernetzung der Transportobjekte, Transport- und Lagermittel und Verkehrsinfrastruktur auf ein bisher unerreichtes Niveau (vgl. Kersting 2019: 219–224).

Beispiele für neuartige Transportmittel, Lagermittel und Technologien sind:

- Das **Lagerhaus-Luftschiff** ist eine Vision von Amazon. Amazon hat bereits Patente für ein solches Airborne Fulfillment Center erworben; Lieferdrohnen transportieren Pakete auf und ab. Die schwebenden Fulfillment Center als Hub für Drohnen sind eine flexible, bedarfsorientiert einsetzbare Alternative zu kostenintensiven urbanen Standorten.
- **Lagerhäuser** können zukünftig auch **auf dem Wasser** platziert werden und autonom fahrende Schiffe können in urbanen Küstenregionen als Lagerhaus und Drohnenplattform zum Einsatz kommen.
- Neue Transporttechnologien sind z. B. **Platooning und autonom verkehrende Fahrzeuge.**
- Unterirdische **Rohrleitungssysteme** wie die „Vision Cargo Cap" oder der Hyperloop-Hochgeschwindigkeitszug, mit Geschwindigkeiten von bis zu 1200 km/h, sind Transportsysteme, die neue Verkehrsinfrastrukturen entwickeln und nutzen.

Das Animationsbeispiel in Abbildung 6.3 soll die Vorstellungskraft über die Komplexität des Physical Internets stärken.

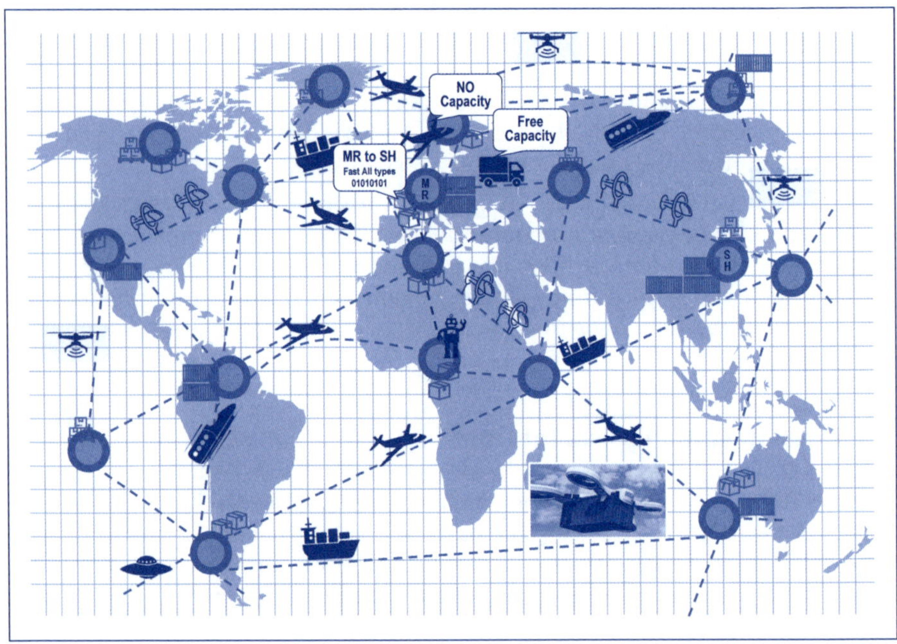

Abbildung 6.3: Animationsbeispiel Physical Internet

Das Animationsbeispiel zeigt den Transport eines Pakets (könnte auch ein Container sein) von Marburg nach Shanghai. Dabei kann zwischen mehreren Optionen gewählt werden, zum Beispiel der schnellste Weg. Der schnellste Weg ist nicht unbedingt der kostengünstigste Weg. Deshalb könnte auch explizit der kostengünstigste Weg anvisiert werden. Unter Klimaschutzaspekt wäre eine CO_2-freie Transportlösung zu bevorzugen. Weitere alternative Wahlmöglichkeiten sind denkbar. Im Animationsbeispiel wird der schnellste Weg vorgesehen.

Wahlmöglichkeiten beziehen sich auch auf die Art der Transportmittel. So kann konkret vorgegeben werden, ob z. B. nur das Flugzeug oder nur der Lkw oder nur eine kombinierte Transportlösung gewünscht wird. Im Beispiel wird keine Einschränkung auf bestimmte Transportmittel vorgenommen; deshalb „all types" – jedes Verkehrsmittel darf für den Transport von Marburg nach Shanghai eingesetzt werden. Zusätzlich können beliebig weitere Daten bzw. Attribute eingegeben werden; hier angedeutet mit „01010101".

In einem **ersten Fall** steht für die Luftfracht keine passende Kapazität zur Verfügung, aber ein Lkw meldet noch freie Kapazität für die Mitnahme des Pakets und transportiert es zu einem Hub in Russland. Von hier aus erfolgt der Transport nach Shanghai mit dem Hyperloop.

Alternativ wird in einem **zweiten Fall** das Paket zu einem Hub in Ägypten gebracht, dann weiter mit dem Hyperloop zum Hafen an der Ostküste Afrikas, von dort zu einem Hub auf offener See, vor der Ostküste Chinas verschifft und vom schwimmenden Lagerhaus aus geht es per Drohne nach Shanghai.

In beiden Fällen kommuniziert das mit „Intelligenz" ausgestattete Paket selbstständig mit den potenziellen Infrastruktureinrichtungen und Verkehrsmitteln und findet so den besten Weg.

Im Physical Internet können deutlich höhere Auslastungsgrade bei Transportmitteln und fließende Verkehre erreicht werden. Zukünftig werden **intelligente Transportobjekte** wie z. B. Paletten und Container selbst ihren Weg suchen und sich über **Smart Contracts** auch dafür bezahlen lassen.

6.3.4 Vision „Intelligente Supply Chain"

Eine Zukunftsvision ist, dass Supply Chains intelligent werden. Hier kommt der sogenannte digitale Zwilling ins Spiel.

digitaler Zwilling

„Die Einführung eines digitalen Zwillings (Digital Twin) hat sich als Schlüsseltechnologie im Zuge der Digitalisierung der Supply Chain entwickelt. Der digitale Zwilling erweitert das Spektrum statischer Planungstools oder dynamischer Simulationen um die Verknüpfung realer, Sensor-gestützter Daten mit dem physischen Asset" (Jung/Klibi 2022: 178).

„Der digitale Zwilling kann als virtuelles Abbild, z. B. eines Prozesses, eines Produkts oder einer Dienstleistung beschrieben werden, welches die reale mit der virtuellen Welt verbindet" ((Jung/Klibi 2022: 179).

Zukünftig – so die Vision – wird der gesamte Wertschöpfungsprozess beginnend bei der Entwicklung der Produkte, über die Beschaffung, die Fertigung, den Vertrieb bis hin zur Nutzung beim Kunden von einem **digitalen Zwilling** begleitet und die Objekte (z. B. Maschinen, Anlagen, Transportmittel) treffen lenkende und steuernde Entscheidungen und lösen Aktivitäten/Prozesse aus.

Beispielsweise werden Maschinen selbst erkennen, wann sie reparaturbedürftig sind und den Auftrag zum Druck des Ersatzteils an den 3D-Drucker erteilen. Basiert das auf einer Programmierung fester Regeln, dann gehört das in den Bereich „Automated Intelligence". Sind die Maschinen in der Lage aus den ausgelösten Reparaturaufträgen zu lernen (z. B. die Maschine lernt aus früheren Abläufen und verändert zur Zeitoptimierung des Prozesses selbständig den Auslösezeitpunkt des Reparatur- und Druckauftrages), dann gehört die KI-Lösung (KI-künstliche Intelligenz) in den Bereich der lernfähigen Systeme (Autonomous Intelligence). Generalisierend: Maschinen steuern zu weiten Teilen die logistischen Abläufe bzw. die Supply Chain.

6.4 Das Fließsystemmodell

Logistiksysteme zielen auf optimale Verläufe der Material-, Güter- und Informationsflüsse. Dieses Fließen von Objekten führt zur synonymen Bezeichnung „Fließsystem". Das Modell zur Beschreibung, Erklärung und Prognose von Logistiksystemen – kurz: Fließsystem – bildet reale Logistiksysteme vereinfacht ab. Es gibt eine fundierte **Basis für die aktive Zukunftsgestaltung** der Logistik. An dieser Stelle erfolgt eine kurze Vorstellung des Modells. Ins Detail gehende Ausführungen finden Sie bei Göpfert (2013: Kapitel 3).

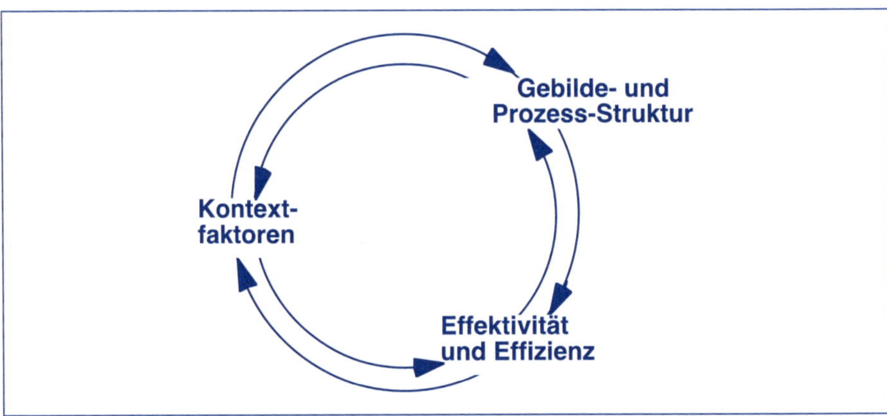

Abbildung 6.4: Fließsystemmodell (vgl. Göpfert 2013)

Dem Modell liegen wechselseitige Beziehungen zwischen Kontextfaktoren (= situative Einflussgrößen), Gebilde- und Prozessstruktur und Systemeffektivität und -effizienz zugrunde. In der Regel nimmt die aktive Zukunftsgestaltung der Logistik ihren Ausgang bei der Systemeffektivität und -effizienz. Von den Effektivitäts- und Effizienzzielen leiten sich dann die Anforderungen an die Entwicklung der Kontextfaktoren und an die Gebilde- und Prozessstruktur ab.

Effektivität und Effizienz

Die Fließsystemeffizienz bildet ein Maß für die Wirtschaftlichkeit des Systems. Über die Effizienz hinausgehend misst die Effektivität das Niveau der Fließsystemziele und den Zielerreichungsgrad.

Gebilde- und Prozess-Struktur

Aus der Vielzahl der Eigenschaften von Wertschöpfungssystemen sind die für den Objektfluss charakteristischen Eigenschaften auszuwählen. Wir bezeichnen diese Struktureigenschaften synonym als Strukturdimensionen. Mit der Struktur von Fließsystemen erfassen wir sowohl die Gebilde-Struktur (die Anordnung der Systemelemente, z. B. die Verteilung der Produktions- und Lagerstandorte) als auch die Prozess-Struktur (die Abläufe innerhalb der Gebildestruktur, z. B. die JIT-Anlieferung). Die Auswahl der Strukturdimensionen muss beide Strukturaspekte berücksichtigen. Bewährt haben sich die Dimensionen:

- **Arbeitsteilung** bzw. **Spezialisierung**
  Sie erstreckt sich auf die intraorganisationale Arbeitsteilung (innerhalb des Unternehmens) und die interorganisationale Arbeitsteilung (zwischen Unternehmen).
- **Kooperation** und **Koordination**
  Mit der Strukturdimension Kooperation wird die Art der Zusammenarbeit zwischen den arbeitsteilig agierenden Teams und Unternehmen erfasst. Innerhalb der Zusammenarbeit kommen unterschiedliche Koordinationsinstrumente zum Einsatz.
- **Konfiguration** der Aktivitäten
  Mit der Konfigurationsdimension erfassen wir die räumliche und zugleich internationale Standortverteilung der Aktivitäten sowie die Leistungsbeziehungen zwischen den Wertaktivitäten.
- **Entscheidungsdelegation** und **-dezentralisation**
  Diese Dimension beinhaltet die Verteilung von Führungskompetenzen im Fließsystem, sowohl innerhalb als auch zwischen den Unternehmen.

Die jeweiligen Ausprägungen der Strukturdimensionen erfassen wir mit Variablen (siehe Abbildung 6.5).

Strukturdimension	Strukturvariablen
Arbeitsteilung/ Spezialisierung	Haupt-Absatzprodukte und -leistungen Art der Arbeitsteilung (funktional, prozessual) Grad der vertikalen Spezialisierung (Wertschöpfungstiefe) Grad der horizontalen Arbeitsteilung (Single Sourcing, Multiple Sourcing, Modular Sourcing)
Kooperation/ Koordination	Kooperationsform (Markt, vertikale Integration, Wertesystem) Koordinationsinstrumente (z.B. persönliche Weisung, Pläne, Programme, Selbstabstimmung)
Konfiguration	räumliche Ausdehnung (lokal, national, regional, weltweit; Anzahl und Lage der Standorte) Intensität der Leistungsbeziehungen (hoch, niedrig) Netztopologie (Rastersystem, Hub and Spoke) Art der Leistungsbeziehung (einseitig, wechselseitig)
Entscheidungs-delegation und -dezentralisation	vertikale Autonomie (hoch, niedrig) horizontale Autonomie (hoch, niedrig)

Abbildung 6.5: Dimensionen und Variablen der Fließsystemstruktur

Die Ausprägung der Strukturvariablen wird maßgeblich durch die Effektivitäts- und Effizienzziele des Fließsystems und die Kontextfaktoren bestimmt.

Kontextfaktoren

Es sind externe und interne Faktoren zu berücksichtigen. Zu den externen Einflussfaktoren (= Umweltbedingungen) gehören z. B. die Entwicklung der Absatzmärkte und Wettbewerber. Beides sind relevante Determinanten der Aufgabenumwelt eines Unternehmens. Beispiele aus der globalen Umwelt sind die technologische Entwicklung und die politisch-rechtliche Entwicklung. Aus der Gruppe der internen Kontextfaktoren sind alle die Logistik stark beeinflussenden Faktoren heranzuziehen.

Das Fließsystemmodell bildet die Basis für das zu entwickelnde Vorgehenskonzept zur Entwicklung von Zukunftsbildern und für das Logistik-Strategien-Modell.

6.5 Moderation der Logistikvisionsfindung

Im Fallbeispiel „Gründungsvision Federal Express" haben wir eine Unternehmerpersönlichkeit kennengelernt, die mit ihrer genialen Zukunftsvision sowie durch ihr Charisma die Mitarbeiter des Unternehmens in ihren Bann zieht. Fehlt diese, dann ist eine kollektive Visionsfindung zu empfehlen. Logistikcontroller moderieren den Prozess zur Entwicklung einer Logistikvision.

Schritte zur Logistikvision

Ein formalisierter Modellpfad auf dem Weg zur Vision kann effektivitäts- und effizienzfördernd sein. Die Abbildung 6.4 zeigt das Vorgehenskonzept für die Entwicklung einer Logistikvision.

Die sieben Schritte des Vorgehenskonzeptes gliedern sich in drei Phasen:

- Phase 1: Szenariobildung (Schritte 1 bis 3)
- Phase 2: Logistikvisionsfindung i.e.S. (Schritte 4 bis 6)
- Phase 3: Visionsumsetzung und -kontrolle (Schritt 7)

Phase 1

Phase 1 (Schritte 1–3): Szenariobildung

Phase 1 wird durch ein systematisch-analytisches Vorgehen geprägt und schafft die Voraussetzung für das sich anschließende intuitive Vorgehen in Phase 2.

- **Schritt 1: Teambildung sowie Projektdefinition und -planung**
  Es ist eine heterogene Zusammensetzung des Teams zu wählen, bei der weder eine prinzipielle Eingrenzung auf das Topmanagement noch auf die Logistik- und Unternehmensgrenzen erfolgt. In dem konkreten Fall des strategischen Netzwerks sollen im Team alle Partnerunternehmen vertreten sein. Eine erste Aufgabe des eingerichteten Teams bildet die Definition und die (inhaltliche und zeitliche) Grobplanung des Projekts. Dem Team sollten erfahrungsgemäß bis maximal zwölf Mitglieder angehören.

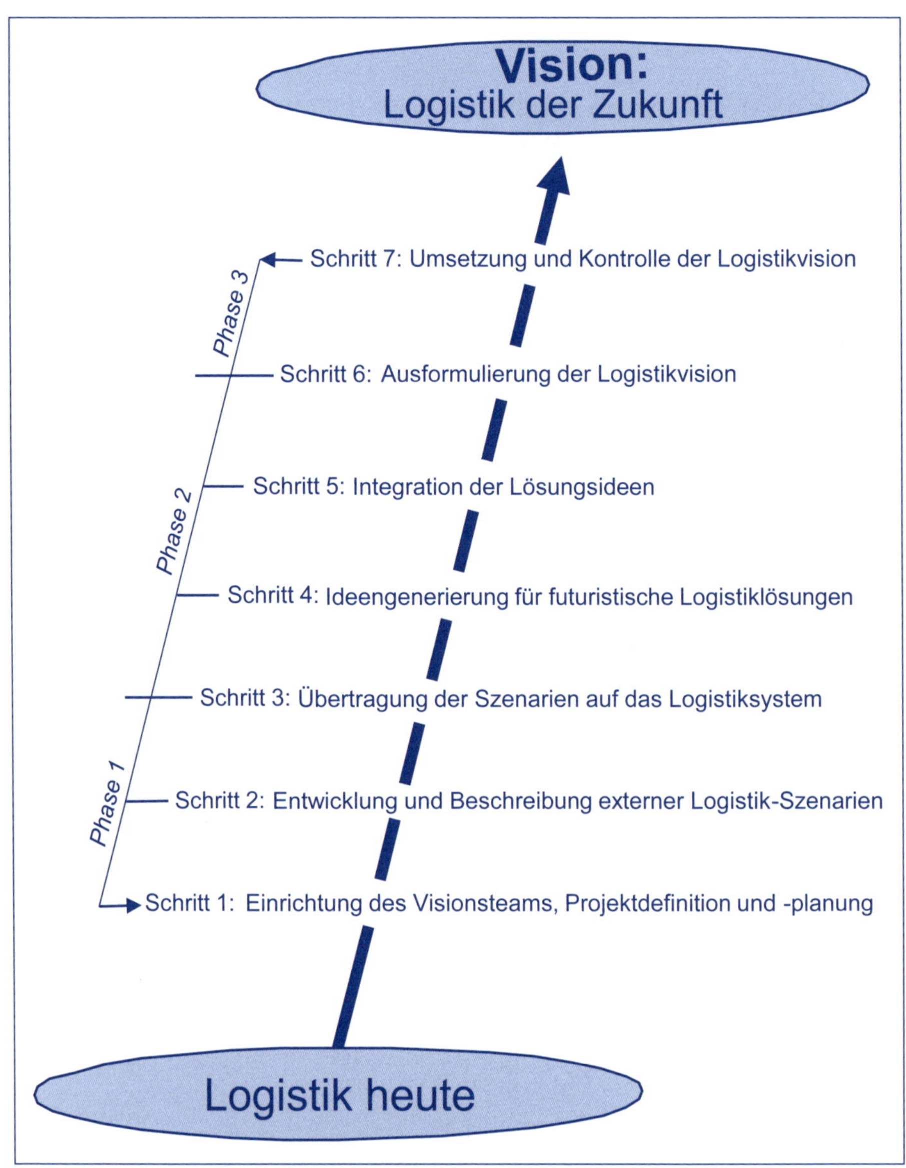

Abbildung 6.6: Sieben Schritte zur Logistikvision

- **Schritt 2: Entwicklung und Beschreibung externer Szenarien**
  Aus der Sicht des Logistiksystems sind die **externen Einflussbereiche und -faktoren** zu ermitteln. Dabei fließen die Beobachtungen und Erfahrungen, aber auch die Ergebnisse aus einer systematischen Analyse der Beziehungen zwischen Logistiksystem und den externen Einflussfaktoren im Umfeld des Unternehmens bzw. Netzwerks ein. Die Einflussfaktoren in der Abbildung 6.5 „Logistik-Szenarien" sind Beispiele für Umweltfaktoren mit starkem Einfluss auf die Logistik.

Die Prognose der zukünftigen Entwicklung der relevanten (aktiven) Einflussbereiche und -faktoren setzt voraus, dass wertneutrale und eindeutige **Deskriptoren** für jeden Einflussbereich bzw. -faktor formuliert werden. Im Beispiel wird der technologische Einflussbereich mit den Deskriptoren Informations- und Kommunikationstechnik, Verkehrstechnik und Fertigungstechnologien erfasst.

Informationen über die zukünftige Entwicklung der Kontextfaktoren können aus externen Quellen und eigenen Studien gewonnen werden. Schließlich werden die Ergebnisse der Zukunftsprojektion zu konsistenten, alternativen Annahmebündeln über das zukünftige Logistikumfeld – den **Logistik-Szenarien** – zusammengefasst.

In der Regel werden zwei extreme zukünftige Zustandssituationen (Best Case, Worst Case) neben dem Trendszenario (Fortschreibung des Status quo) generiert. Bezogen auf die Wahrscheinlichkeit des Eintritts ist die des Trendszenarios gegenüber den Extremszenarien prinzipiell nicht höher.

Deskriptoren des Logistikumfelds		Szenario Best Case	Szenario Trend	Szenario Worst Case
gesamtwirtschaftliche Deskriptoren	Weltwirtschaftsordnung	Freihandel	bilaterale Abkommen	Regionalismus, Protektionismus
	Europäische Union	Einheit Europas	Status quo	Zerfall EU
	Südamerika	prosperierende Entwicklung	Entwicklung	Instabilitäten
	Asien	prosperierende Entwicklung	Entwicklung	Instabilitäten
wettbewerbliche Deskriptoren	Zeit, Qualität, Kosten	Zeitfaktor dominiert	Substituierbarkeit	Kosten dominieren
	Kundenbedürfnisse	Dominanz von Ökologie- und Serviceorientierung	relative Bedeutung von Ökologie- und Serviceorientierung	keine Bedeutung von Ökologie- und Serviceorientierung
	Globalisierung	völlige Globalisierung	Teilglobalisierung	Hypersegmentierung
technische Deskriptoren	IK-Technik und Infrastruktur	revolutionäre Innovationen	langsame Entwicklung	Stillstand
	Verkehrstechnik und Infrastruktur	optimaler Verkehrsfluss	Status quo	Verkehr als Engpassfaktor
	Fertigungstechnologien	interorganisationale Computer-Integrated-Manufacturing-Systeme	Computer-Integrated-Manufacturing-Systeme	inflexible, autonome Anlagen

Deskriptoren des Logistikumfelds		Szenario Best Case	Szenario Trend	Szenario Worst Case
politisch-rechtliche Deskriptoren	Standortfaktoren	globale Anpassung	Beibehaltung von Unterschieden	Auseinanderdriften der Standortfaktoren
	Ordnungs-, Preis- und Investitionspolitik bzgl. Verkehr	intermodale weltweite Verkehrsnetze	Dominanz des Straßenverkehrs	autarke Systeme Dominanz des Straßenverkehrs
	Ordnungs-, Preis- und Investitionspolitik bzgl. Telekommunikation	völlige Deregulierung	Teilderegulierung	Anwendung der Regularien des Fernsehrechts
	Umweltschutzgesetzgebung	starker Anstieg der Regelungen	Beibehaltung des Status quo	Verzicht auf Regelungen

Abbildung 6.7: Logistik-Szenarien

- **Schritt 3: Übertragung der externen Szenarien auf das Logistik- bzw. Fließsystem**

  Die **externen Zukunftsbilder** sind zu **internalisieren,** d. h., es sind die Konsequenzen der projizierten Umwelt für das Logistiksystem sichtbar zu machen. Das bildet eine notwendige Voraussetzung für die Generierung von Zukunftslösungen des Unternehmens als individuelle Antwort auf die veränderte (neue) Umwelt.

  Dafür wird eine spezielle Übertragungsmethode gebraucht. Die Übertragung externer Szenarien auf die Strukturen und Prozesse des Logistiksystems setzt Kenntnisse über die Beziehungen zwischen den Umweltbedingungen und Strukturdimensionen und -variablen des Logistiksystems (z. B. Logistikstandorte) voraus. Als **Strukturdimensionen** (synonym Gestaltungsdimensionen) werden die Eigenschaften von Wertschöpfungssystemen gewählt, die die Logistik determinieren.

  Direkte Beziehungen bestehen z. B. zwischen der Weltwirtschaftsordnung und der räumlichen Ausdehnung des Logistiksystems. Ein weltweiter Freihandel fördert das weltweite Engagement der Unternehmen (z. B. in Form des Global Sourcings), wohingegen von regionalen Handelsschranken hemmende Wirkungen ausgehen.

  Das Wissen über die Beziehungen zwischen dem Umfeld und der Logistiksystemstruktur ermöglicht es, plausible Annahmen über die Ausprägung der einzelnen Strukturvariablen für die drei Szenarien treffen zu können. Abbildung 6.6 zeigt die von den externen Szenarien begründeten Unterschiede in den Logistiksystemstrukturen. Die Pfeile zeigen die Ausprägung der Logistiksystemstrukturen von innen nach außen (bezogen auf die dargestellten drei Szenarien).

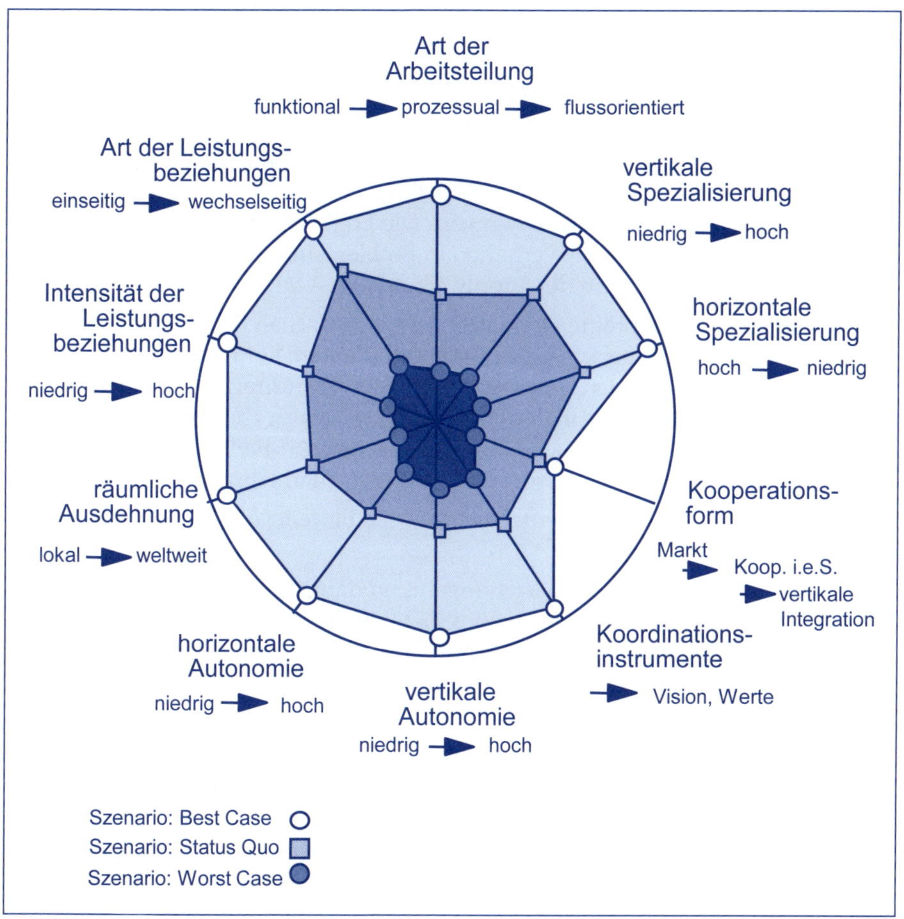

Abbildung 6.8: Zukunftsbilder der Logistiksysteme für die drei Szenarien

Danach legt das Best-Case-Szenario ein Zukunftsbild für die Logistik mit den folgenden Inhalten nahe:

- Es erfolgt eine auf Objektflüsse fokussierte Arbeitsteilung in der Supply Chain, indem interdependente Prozesse zu Prozessketten verknüpft werden. Für das Beispiel Automobilhersteller betrifft das die Zusammenfassung der Leistungsprozesse in die zwei Prozessketten „Fahrzeugmontage" und „Teilefertigung und -bereitstellung". Damit können störende Schnittstellen im Material- und Warenfluss reduziert werden.
- Eine hohe Arbeitsteilung zwischen den Akteuren in der Supply Chain wird vorgenommen mit der Folge einer starken Zunahme der zwischenbetrieblichen Material- und Warenflüsse (hohe vertikale Spezialisierung = Arbeitsteilung zwischen unterschiedlichen Wertschöpfungsstufen = vertikale Perspektive der Supply Chain von den Rohstoffproduzenten über Zulieferer, Hersteller, Handel bis hin zu den Endkonsumenten). Das wird begleitet von einem zunehmenden

Logistik-Outsourcing an Logistikdienstleister, was bei Industrie und Handel zu einer weiteren Reduzierung der Logistiktiefe führt.

- Die Bedeutung strategischer Netzwerke ist hoch. Kontraktlogistikdienstleister sind als strategische Kooperationspartner in die Supply Chain fest integriert.
- Eine gemeinsam gelebte Logistikvision und gemeinsame Logistikwerte erhalten als effiziente Instrumente zur Koordination der Akteure und Mitarbeiter in der Logistik einen hohen Stellenwert. Die Logistikvision ersetzt z. B. eine zu detaillierte Vorgabe für das Verhalten in Problemsituationen. Sie reduziert den Koordinationsaufwand in der Supply Chain.
- Es erfolgt eine ausgeprägte Delegation von logistischen Entscheidungskompetenzen von der Top-Ebene auf die mittlere und untere Führungsebene im Unternehmen bzw. vom fokalen Unternehmen (Netzwerkführer) an die Partnerunternehmen (= Ausdruck vertikaler Führungsautonomie). Gleichzeitig geht damit eine Vergrößerung des Entscheidungsraums der für die Logistik zuständigen Führungskräfte einher (= Ausdruck horizontaler Führungsautonomie).
- Das Logistiksystem erlangt eine geografische Erweiterung bis hin zu weltweiten, globalen Logistiknetzen.
- Die Intensität der Leistungsbeziehungen und damit der Objektflüsse zwischen den Netzwerkpartnern nimmt zu, u. a. sichtbar an der Erhöhung der Transportfrequenz bei dem Übergang von einer Vorratshaltung zu einer JIT-Belieferung.
- Es ergibt sich eine Erhöhung der wechselseitigen Leistungsbeziehungen, besonders sichtbar an den Informationsflüssen zwischen den Netzwerkpartnern. Zum Beispiel nehmen die wechselseitigen Informationsflüsse bei der Umsetzung logistischer Lösungskonzepte wie Available-to-Promise, Capable-to-Promise, Efficient Consumer Response zu.

Ausgefüllt wird die Struktur der Logistiksysteme durch die Logistikprozesse, die sich zwischen den alternativen Szenarien unterscheiden. Abbildung 6.7 veranschaulicht für die Strukturvariable „räumliche Ausdehnung" den Einfluss auf die Prozessabläufe (bezogen auf das Best-Case-Szenario). Zum Beispiel gehen mit einer weltweiten Ausdehnung des Wertschöpfungsnetzes die Herausbildung eines interkulturellen Logistikbewusstseins, eine Vergrößerung der Beschaffungs- und Distributionsentfernungen, der Einsatz weltweit standardisierter Transport-, Umschlags- und Lagertechniken, der Einsatz kombinierter Verkehre und eine Globalisierung der Logistiknachfrage einher.

Abbildung 6.9: Einfluss der räumlichen Ausdehnung des Logistiksystems auf die Logistikprozesse (nach außen = hohe Ausprägung)

Ein Unternehmen kann sich aufgrund begrenzter Ressourcen nicht für alle Alternativen wappnen. Das Einstellen auf alle möglichen Umfeldsituationen würde eine Entwicklungsflexibilität der Strukturen und Prozesse des Logistiksystems voraussetzen, die kaum realistisch und noch weniger effizient sein wird.

Szenarien sind Hilfsmittel für die Visionsbildung. Diese Zukunftsbilder über die logistischen Rahmenbedingungen (externe Logistik-Szenarien) als auch die daraus abgeleiteten Zukunftsbilder über die Logistiksysteme fließen als Input in die stärker intuitive Phase des Vorgehenskonzepts (Phase 2) ein. Dabei bilden die alternativen Logistikbilder einen wichtigen Input für den kreativen Suchprozess.

Phase 2 (Schritte 4–6): Logistikvisionsfindung i. e. S.

Phase 2

Die Meisterung dieser Phase hängt davon ab, ob und wie es gelingt, sich von dem Gewöhnlichen in der Logistik loszulösen und sich in Richtung des Ungewöhnlichen, des Neuartigen zu bewegen. Die Anforderungen an die Kreativitätsfähigkeit sind in Phase 2 am höchsten.

- **Schritt 4: Ideengenerierung für futuristische Logistiklösungen**

  Die alternativen Zukunftsbilder über die logistische Struktur und die Prozessabläufe setzen einen kreativen Suchprozess nach futuristischen Logistiklösungen, genialen Ideen und damit der Logistikvision in Gang. Die Mitglieder des Logistikvisionsteams werden für ihre Entscheidungsräume, die sich z. B. auf phasenspezifische Subsysteme der Logistik (Beschaffungs-, Produktions-, Distributions-, Entsorgungs- und Ersatzteillogistik) oder auf Prozessketten (wie Teilebereitstellung oder Vormontage bei der JIT-Anlieferung) erstrecken, zukünftig wünschenswerte und realisierbare Ideen generieren.

- **Schritt 5: Integration der Lösungsideen**

  Die futuristischen Logistiklösungen werden zu einem ganzheitlichen Bild über das zukünftige Logistiksystem zusammengefügt. Zugleich ist die Logistikvision mit der Unternehmensvision abzustimmen.

- **Schritt 6: Ausformulierung der Logistikvision**

  Die inhaltliche Ausformulierung der Logistikvision vollendet den Prozess der Visionsbildung. Die Logistikvision sollte sehr verständlich für alle Mitarbeiter in der Logistik und als eine faszinierende, ergreifende Zukunftsbotschaft formuliert sein.

Phase 3

Phase 3: Umsetzung der Vision und Visionskontrolle

- **Schritt 7: Umsetzung und Kontrolle**

  Ihre Umsetzung findet die Logistikvision über das strategische und operative Logistikmanagement und -controlling.

6.6 Experteninterview

Dr. Klaus-Peter Jung ist Partner bei der Miebach Consulting GmbH.

Sehr geehrter Herr Dr. Jung, Sie haben auf dem Gebiet der Zukunftsforschung in der Logistik promoviert, sind also bestens mit der Thematik Zukunftsbilder und Logistikvision vertraut. Zugleich haben Sie als Partner bei der Miebach Consulting GmbH den Einblick in Industrie, Handel und Logistikdienstleistung. Bitte geben Sie eine eigene Einschätzung: Wieviel Prozent der in Deutschland ansässigen Industrieunternehmen haben ganz bewusst eine Logistikvision für sich formuliert? Zum Vergleich: Wie sieht es unter den Logistikdienstleistern aus? Bei erfolgreichen Logistik-Startups dürfte es sich bei nahe 100 Prozent bewegen, oder?

Zu Beginn meiner Tätigkeit bei Miebach Consulting vor mehr als 23 Jahren war das Thema „Logistikvision" nahezu unbekannt. Logistik wurde bei den meisten Unternehmen als Kostenstelle verstanden, bestenfalls als Markt- und / oder Produktionsversorgungsfunktion – eine ziemlich ernüchternde Erfahrung, wenn man sich in der Promotion sehr intensiv mit diesem Thema auseinander gesetzt hat. Wenn wir heute unter „Logistikvision" das wünschenswerte und realistische Zukunftsbild über die logistischen Strukturen und Prozesse des unternehmensweiten und -übergreifenden Wertschöpfungssystems einschließlich der Wege zu dessen

Erreichung verstehen, da kann man feststellen, dass – branchenunabhängig – sich einiges getan hat. Dies ist in mehrerer Hinsicht festzustellen.

Einerseits ist der Professionalisierungsgrad der Logistikverantwortlichen in den Unternehmen in den beiden letzten Jahrzehnten deutlich gestiegen. Kunden argumentieren und diskutieren heute auf „Augenhöhe" mit uns Beratern, während Sie in der Vergangenheit eher uns als Problemlöser nutzten für Aufgabenstellungen, die man selbst nur bedingt beantworten konnte. Und dieses verbesserte Know-how drückt sich in vielen Unternehmen auch in einem stärkeren Selbstbewusstsein der Logistikverantwortlichen aus – auch und gerade gegenüber anderen Abteilungen und Bereichen innerhalb des Unternehmens.

Andererseits sind sich aber auch viele Logistikverantwortlichen Ihres Wertbeitrags heute viel mehr bewusst als in der Vergangenheit und gestalten Ihre Rolle aktiv in den Unternehmen – und damit naturgemäß auch das wünschenswerte und realistische Zukunftsbild und agieren nicht mehr nur reaktiv auf neue Anforderungen. Die wenigsten Unternehmen würden dies vermutlich als „Logistikvision" bezeichnen, doch ist es letztlich genau das: Wie sehe ich die Rolle der Logistik in der Zukunft, wie kann die Logistik die Unternehmenszielsetzung optimal unterstützen, wie muss ich mich darauf vorbereiten, welche Anpassungen sind notwendig, wie gehe ich diese an?

Unter Logistikunternehmen ist dies naturgemäß ausgeprägter, da die Logistikvision hier letztlich das Geschäftsmodell selbst darstellt – also die Frage, mit welchen Services in welchem Set up, in welchen Regionen und Branchen wie zukünftige Umsätze erzielt werden sollen beantwortet. Ohne diese Definition und regelmäßige Überprüfung des Geschäftsmodells oder der Logistikvision läuft das Logistikunternehmen schnell Gefahr, Marktanteile und letztlich seine wirtschaftliche Tragfähigkeit zu verlieren.

Bei Logistik-Startups hingegen wäre ich mir da nicht so sicher... Eigentlich sollte dies zwar so sein, die Realität zeigt aber vielfach gerade in dieser Gruppe deutliche Defizite. Hier steht vielfach das „technisch Machbare" und nicht der Kundenbedarf im Vordergrund – was darauf schließen lässt, dass vielfach die Frage nach dem Wertbeitrag unbeantwortet ist.

Was ist Ihre persönliche Meinung: Wie bedeutsam ist die Logistikvision für den Logistikerfolg?

Die Frage ist ja erst mal, was unter „Logistikerfolg" verstanden wird. Geht es um die Sicherstellung der Markt- oder Produktionsversorgung, um die Reduktion von Working Capital, Optimierung von Logistikkosten, etc.?

Die letzten 2 – 3 Jahre haben sehr eindrucksvoll gezeigt, dass viele Unternehmen, die eine vermeintlich sehr gute Logistik hatten, in große Probleme gerieten, da diese für einen einzelnen „Betriebspunkt" optimiert wurde, ihr aber jegliche Adaptivität oder neudeutsch Resilienz fehlte. Dies war um so ausgeprägter, je „optimierter" die Logistik und je reaktiver die Logistik ausgerichtet war.

Hier waren Unternehmen mit einer Logistikvision besser aufgestellt, da diese nicht nur das Hier und Jetzt versuchen zu optimieren, sondern die Zukunft aktiv zu gestalten und in diesem Zuge in der Regel immer auch in Alternativen, in Szenarien denken müssen. Zwar waren auch solche Unternehmen nicht auf eine

Suez-Kanal-Blockade, Container-Mangel, Covid oder den Ukraine-Krieg wirklich vorbereitet, ihre grundsätzliche Denkhaltung ermöglichte es ihnen aber vielfach, sich schneller an neue Rahmenbedingungen anzupassen.

In „Nicht-Krisenzeiten" würde ich einschätzen, dass die Bedeutung der Logistikvision für den Logistikerfolg sehr stark davon abhängt, welches Geschäftsmodell ein Unternehmen verfolgt und welche Rolle die Logistik hierbei spielt. Hat die Logistik einen relevanten Wertbeitrag für das Unternehmen, ist eine Logistikvision umso wichtiger. Ist die Logistik nur ein zu optimierender Kostenfaktor, spielt auch die Logistikvision eine untergeordnete Rolle.

Ein Beispiel für eine Logistikvision und -innovation ist die virtuelle Abbildung real ablaufender physischer Prozesse, Standorte, Lagerhäuser etc. in Echtzeit in Form des digitalen Zwillings. Ist „der digitale Zwilling in der Supply Chain" – mehr noch Vision oder eher bereits Realität?

Absolut Realität! Wir sind heute technisch in der Lage, ganze Supply Chains, komplexe Produktionsstandorte oder einzelne Distributionszentren in der digitalen Welt mittelt eines digitalen Zwillings abzubilden. Der digitale Zwilling erweitert das Spektrum statischer Planungstools oder dynamischer Simulationen um die Verknüpfung realer, Sensor-gestützter Daten mit dem physischen Asset. Die daraus generierten Daten unterstützen Prozessverantwortliche nicht nur in der Planungs- und Realisierungsphase, sondern ermöglichen zudem dynamische Anpassungen und Optimierungen im operativen Betrieb.

In der Praxis wird der digitale Zwilling häufig eingesetzt, um Auswirkungen von Veränderungen am physischen Objekt im Sinne von What – If- Analysen zu simulieren sowie Optimierung durch Parametervariation durchzuführen. Dies geschieht zum einen, um eine erhöhte Planungssicherheit zu gewährleisten, aber auch, um geplante Investitionen abzusichern. Zudem haben Supply-Chain-Verantwortliche die Möglichkeit, mit Hilfe des digitalen Zwillings ihre Systeme nachhaltig zu überwachen und durch permanente Optimierung von Ist- und Soll-Situationen eine kontinuierliche Performance-Steigerung zu generieren.

Wie hängen digitaler Zwilling und künstliche Intelligenz in der Logistik zusammen? Oder anders formuliert: Ist der digitale Zwilling auch intelligent und kann er vergleichbar zu mit künstlicher Intelligenz ausgestattete Lagerroboter immer intelligenter werden?

Der digitale Zwilling in der Supply Chain wird ja gerade dafür genutzt, um Prescriptive Analytics (was sollten wir tun?) zu ermöglichen. Hier werden Handlungsempfehlungen generiert, wie z. B. ein bestimmter Trend in eine gewünschte Richtung beeinflusst, ein prognostiziertes Ereignis verhindert oder auf ein zukünftiges Ereignis reagiert werden kann. Ziel ist es, unübersichtliche, komplexe und vernetzte Beziehungen zu verstehen bzw. vorhersagen und daraus Entscheidungsoptionen erarbeiten und bewerten zu können. Künstliche Intelligenz als Oberbegriff verschiedenster Methoden zur Strukturierung, Analyse und Prognose von Massendaten und -ereignissen hilft hier technisch, diese unübersichtlichen, komplexen und vernetzten Beziehungen zu verstehen bzw. vorherzusagen und dient damit als Grundlage prescriptiver Digitaler Zwillinge.

Vielen Dank für das Interview.

6.7 Zusammenfassung

Das visionäre Logistikmanagement legt den Grundstein für strategische und operative Erfolge. Empirische Studien belegen, dass visionäre Unternehmen erfolgreicher sind als Unternehmen ohne Vision. Das gilt auch für die Logistik. Förderlich auf die Entwicklung einer Logistikvision wirken sich eine avantgardistische Logistikpolitik und eine offene, kreativitätsfördernde Unternehmenskultur aus. Für die Entwicklung visionärer Zukunftsbilder im Team hat sich das Vorgehenskonzept „Sieben Schritte zur Logistikvision" bewährt.

6.8 Wissens- und Fähigkeitentest

Aufgabe 6.1:

Was sind die Kernaufgaben der Logistikcontroller bei der Entwicklung einer Logistikvision?

Aufgabe 6.2:

Angenommen, Fred Smith hätte für seine Gründungsvision das Vorgehenskonzept „Sieben Schritte zur Logistikvision" angewandt: Beschreiben Sie stichpunktartig ein externes Logistik-Szenario, auf das sich die Gründungsvision stützt. Ziehen Sie dazu die Abbildung 6.5 „Logistik-Szenarien" als Hilfsmittel heran.

Aufgabe 6.3:

Sehen Sie sich auf der Internetplattform YouTube das Video über das aktuelle Luftfrachtnetz von FedEx an (http://bit.ly/17u2zlO). Skizzieren Sie anschließend auch unter Rückgriff auf die Ausführungen über die Gründungsvision die Struktur des Netzes für zeitkritische Luftfracht für a) die Ausgangssituation und b) die aktuelle Situation. Zeichnen Sie die Versand- und Empfangspunkte und die Standorte für Depots, regionale Hubs und Zentral-Hubs ein und vernetzen Sie diese auf effiziente Art und Weise.

Begründen Sie Ihren Vorschlag unter direktem Bezug auf die Strukturdimensionen:

- Arbeitsteilung
- Kooperationsform
- Art der Leistungsbeziehungen
- Intensität der Leistungsbeziehungen
- vertikale und horizontale Führungsautonomie
- Koordination

7. Logistik-Future-Stories

Für den Weg zu Zukunftsbildern gibt es kein Dogma. Jeder vorgezeichnete Modellpfad – so auch die „Sieben Schritte zur Logistikvision" – können immer nur Anhaltpunkte geben, um nicht ganz vom Weg abzukommen und um das individuelle Vorgehen kritisch zu hinterfragen und bestenfalls zu profilieren. Das „Navi" auf dem Weg in die Zukunft der Logistik ist noch nicht erfunden und wird es erwartungsgemäß auch nie geben. Um so wichtiger ist es, best practices bekannt zu machen, auszutauschen und von ihnen dazu zu lernen. In diesem Kapitel lernen Sie ein Beispiel für best practices bei der Entwicklung von Zukunftsbildern über die Logistik kennen.

Lernziele

Das siebte Kapitel soll Sie befähigen:

- Formalisierte Modellpfade auf dem Weg in die Zukunft der Logistik individuell an die jeweilige Situation anzupassen,
- zu mehr Kreativität bei der Abwandlung von Vorgehenskonzepten und dem Finden des individuellen Zuschnitts auf ihre Zukunftsprojekte,
- Zukunftsprojekte zu moderieren.

7.1 Zukunftsbilder über die Logistik entwickeln

Das im Folgenden aufzuzeigende Vorgehen zur Entwicklung von Zukunftsbildern bzw. Visionen hat sich in der Praxis bewährt. Es zeigt eine modifizierte Anwendung des modellhaften Vorgehenskonzepts „Sieben Schritte zur Logistikvision". Daraus ist zu erkennen, dass es nicht den einen einzigen Weg gibt, sondern je nach Situation zweckmäßige Abwandlungen.

Die folgenden Inhalte sind das Ergebnis der Experten des Logistik-Visionsteams, eine auf Zukunftsfragen und Innovationen fokussierte Institution. Die Mitglieder kommen aus Industrie, Handel, Logistikdienstleistung und Wissenschaft.

Runde 1

Für langfristige Zukunftsbetrachtungen sind qualitative Methoden heranzuziehen. Unser Ziel: Eine gemeinsame Logistik-Future-Story für das Jahr 2030 und für das Jahr 2040 zu entwickeln. Mit 2030 und 2040 sind Entwicklungszeiträume gewählt, die weit genug in der Zukunft liegen, um die Begeisterung, Faszination für das Neuartige zu wecken; aber auch nah genug für die Motivation zur Umsetzung. Als geeignete Zukunftsforschungsmethode findet die Delphi-Technik Anwendung. Diese haben wir um kreative Elemente erweitert und leicht modifiziert. Die Zukunftsstudie führten wir in 2019 durch. Zu empfehlen ist ein methodisches Vorgehen in fünf Runden.

Bewährt hat sich die Bildung eines Expertenteams. Im Team werden in Runde 1 absehbare und visionäre Zukunftsfelder in der Logistik zusammengetragen, diskutiert und gemeinsam neues Wissen produziert. Damit wird bezweckt, die Potenziale und Fähigkeiten zu Kreativität, visionären Ideen, einem Denken in bisher unbekannten Dimensionen und Terrain zu wecken und voll zur Wirkung zu bringen. Auf diese Weise gelingt es, dem operativen Geschäftsalltag zu entfliehen und sich in noch unbekannte Zukunftswelten hinein zu bewegen. Die Abbildung 7.1 zeigt ausschnitthaft Zukunftsfelder in einer vernetzten Logistikwelt.

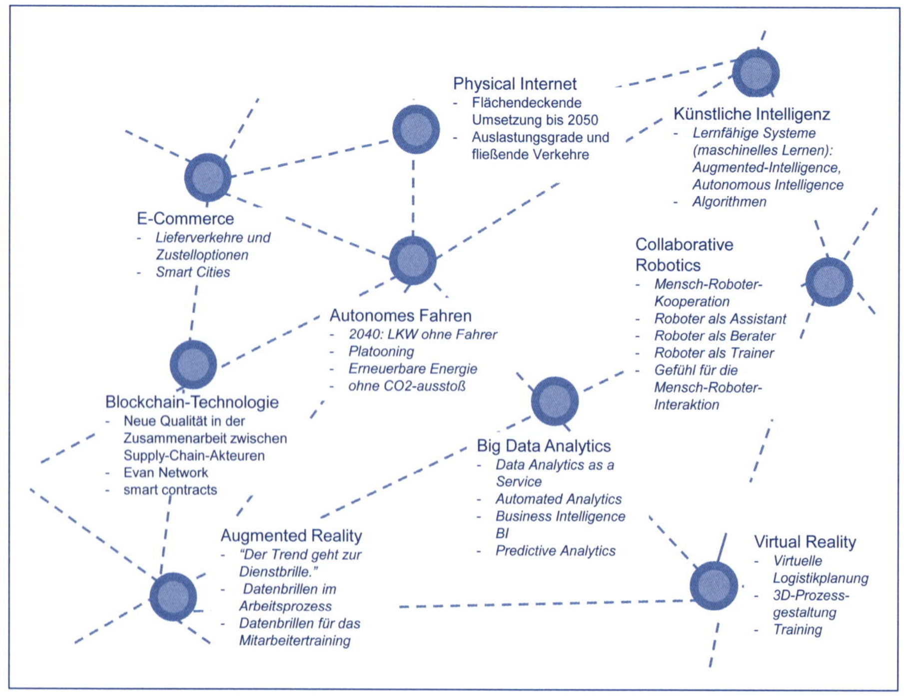

Abbildung 7.1: Zukunftsfelder in einer vernetzten Logistikwelt

Runde 2

In Verarbeitung der Ergebnisse des Wissensaustauschs sowie des gemeinsamen Erkenntniszugewinns wird im Anschluss in **Runde 2** jeder Experte per Email aufgefordert, sein Bild über die Logistik der Zukunft – z. B. Logistik im Jahre 2030 – zu formulieren (siehe Abbildung 7.2).

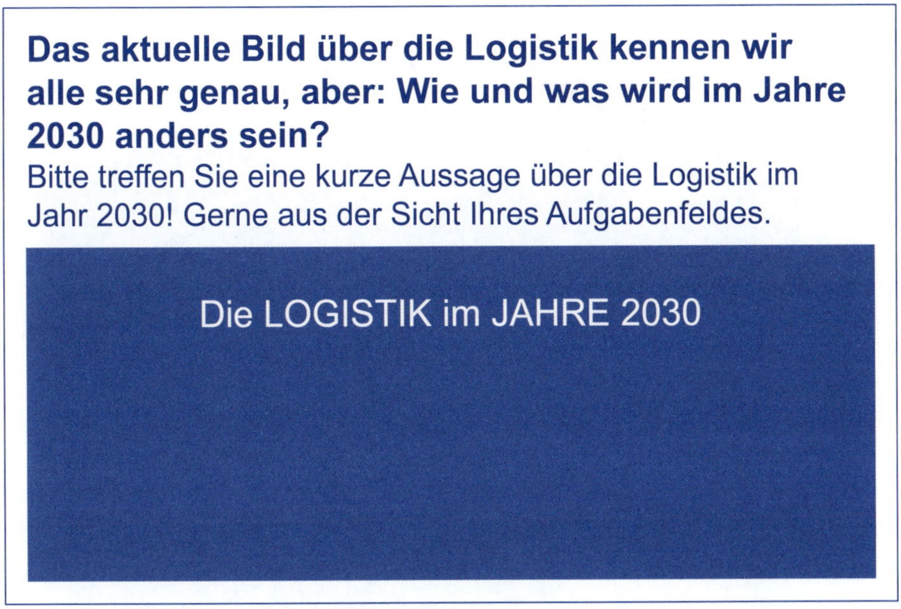

Das aktuelle Bild über die Logistik kennen wir alle sehr genau, aber: Wie und was wird im Jahre 2030 anders sein?

Bitte treffen Sie eine kurze Aussage über die Logistik im Jahr 2030! Gerne aus der Sicht Ihres Aufgabenfeldes.

Die LOGISTIK im JAHRE 2030

Abbildung 7.2: An jeden Experten adressierte Hausaufgabe

Das erfolgt nicht im Team, sondern jeder Experte gestaltet sein Zukunftsbild nach seinen persönlichen Überlegungen und prognostischen Annahmen.

Versetzen Sie sich an dieser Stelle selbst in die Rolle dessen, der aufgefordert ist, seine Vorstellung zum Logistikbild 2030 aufzuzeigen. Formulieren Sie eine kurze Aussage über die Logistik im Jahr 2030 und beziehen Sie sich dabei gerne auf die Sicht Ihres Aufgabenfeldes und beruflichen Umfelds.

Sie können dann im weiteren Fortgang dieses Lehrbuches für sich selbst der Frage nachgehen, welche der später zu diskutierenden Logistikstrategien die Verwirklichung Ihres Zukunftsbildes 2030 unterstützen.

Im konkreten Fall wurde die Herausforderung an die Experten noch erhöht und die Aufgabe an jeden Einzelnen gestellt, den Betrachtungshorizont über 2030 hinaus auf das Jahr 2040 zu erweitern. Kreativität und visionäre Vorstellungskraft sind hierzu gefragt.

Runde 3

Nach Eingang der einzelnen Entwürfe wird in **Runde 3** jedes einzelne Experten-Zukunftsbild durch den Moderator zu einer prägnanten Kernbotschaft „Logistik im Jahre 2030“ bzw. „Logistik im Jahre 2040“ zusammengefasst und dem Expertenteam präsentiert und zur Diskussion gestellt (siehe Abbildung 7.3 und 7.4).

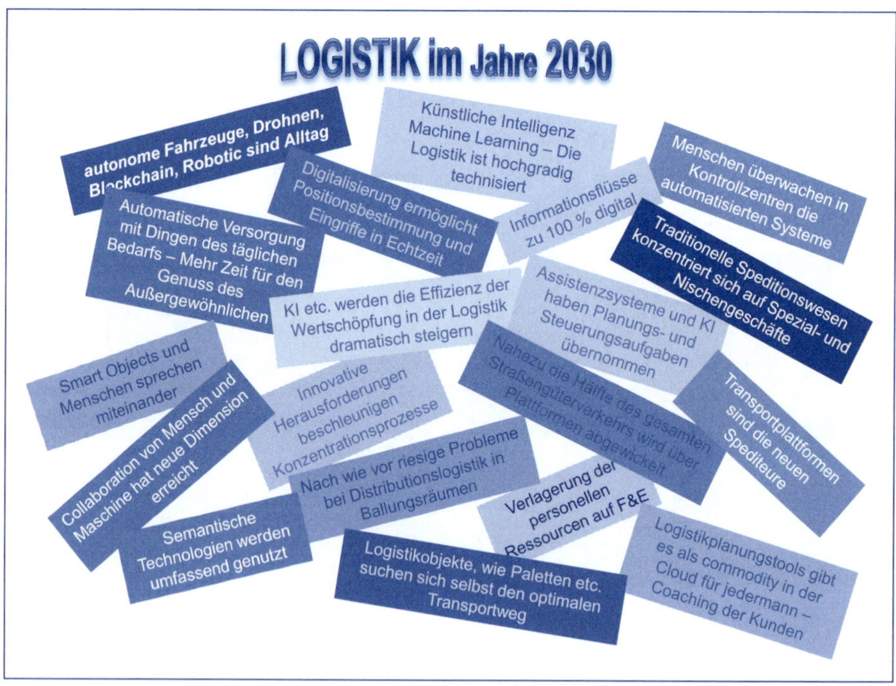

Abbildung 7.3: Kernbotschaften über die Logistik im Jahre 2030

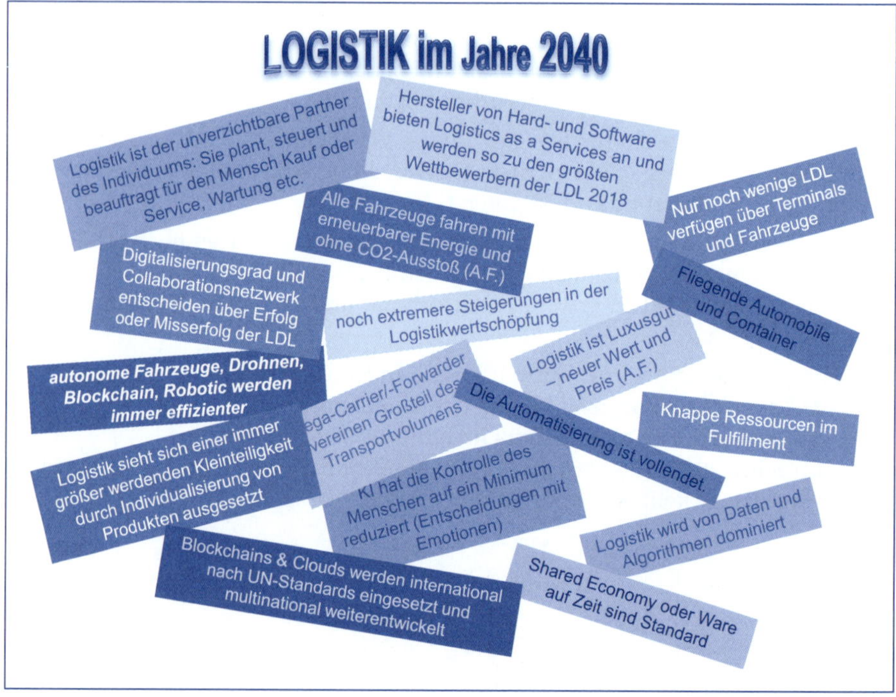

Abbildung 7.4: Kernbotschaften über die Logistik im Jahre 2040

Beim Vergleich der Abbildungen wird deutlich, dass es sich in 2040 nicht einfach um eine Verstärkung der für 2030 absehbaren Entwicklungen handelt, sondern mit 2040 auch ganz andere, neue qualitative Aspekte ins Spiel kommen.

Runde 4

Zugegeben, die Kernbotschaften verlangen nach inhaltlich tieferer Erklärung. Das ist die Voraussetzung für ein besseres Verstehen, um damit auch den relativ großen Interpretationsspielraum zu füllen. Deshalb folgt in **Runde 4** per Email die Aufgabe an die Experten, die Kernbotschaften mit vertiefenden eigenen Statements zu ergänzen. Dabei kommt es nicht auf Vollständigkeit an, stattdessen soll jeder Experte für sich jeweils zu den Kernbotschaften, die ihn besonders ansprechen, sein Statement abgeben. Die Abbildung 7.5 zeigt das ausschnitthaft.

Jeder einzelne Experte wird aufgefordert:

Bitte schreiben Sie zu den Kernbotschaften, die Sie ganz besonders ansprechen (müssen also nicht alle sein), Ihre kreativen (inhaltlich vertiefenden) Gedanken in die rechte Spalte. Natürlich können Sie auch neue Statements hinzufügen. Bitte im Anschluss zurück mailen. Auf diese Art und Weise produzieren wir alle gemeinsam eine Logistik-Future-Story 2030 und 2040.

LOGISTIK im JAHRE 2030	
Kernbotschaften	**Interpretationen**
Die Logistik ist hochgradig technisiert.	Insbesondere der Automatisierungsgrad in Lagerstandorten wird deutlich zunehmen, um dem Arbeitskräftemangel zu begegnen. Des Weiteren wird ein Großteil der Transportprozesse – Inhouse wie auf öffentlichen Straßen – autonom erfolgen, da dies sicherer und kostengünstiger ist.
Informationsflüsse sind 100 % digital.	Informationen liegen bereits heute zu 99 % in digitaler Form vor, das Problem ist eher an den Schnittstellen zwischen den Systemen zu sehen. Dort entsteht heute aus digitalen Informationen analoger Austausch. Dies wird so lange sich nicht ändern, so lange Unternehmen sich nicht gegenseitig vertrauen und Informationen gemeinsam teilen. Der Eindruck aus der Realität ist, dass aufgrund IT-Sicherheit, Datenschutz, vielfältige Systeme etc. die Hürden zum Datenaustausch eher ansteigen denn abgebaut werden.
Assistenzsysteme und Künstliche Intelligenz haben Planungs- und Steuerungsaufgaben übernommen.	**Strategie und Planung macht der Mensch;** **Menschen fokussieren sich auf Projekte und Adaption von neuen Tools, Methoden …;** **Die Automatisierung wird autonom arbeiten;** Ja! Auf jeden Fall für Routineaufgaben, so dass Spezialisten sich auf Exceptional Handling – unterstützt von Systemen – fokussieren können.

Abbildung 7.5: Aufforderung zur Interpretation der Kernbotschaften (Ausschnitt)

Die Bandbreite der Kommentare kann sich zwischen völliger Ablehnung und starker Zustimmung bewegen. Argumentationen dagegen oder dafür sind gefragt. Nach Eingang aller Interpretationen und Kommentare stellt der Moderator die Ergebnisse für die Präsentation und finale Diskussion im Team zusammen (Abbildung 7.6).

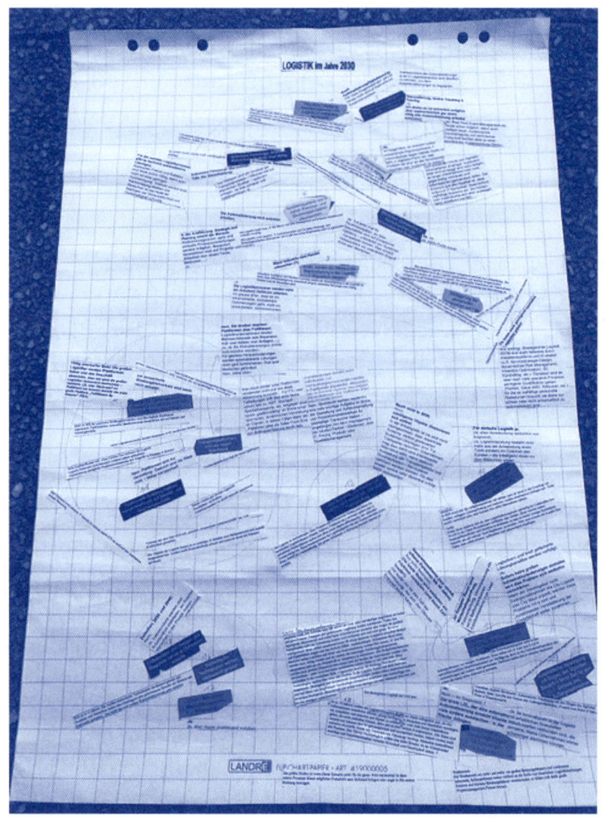

Abbildung 7.6: Kernbotschaften mit Kommentaren der Experten

Runde 5

Die Auswertung der vertiefenden Expertenaussagen zu den Kernbotschaften führt schließlich final in **Runde 5** zur „Logistik-Future-Story 2030" und „Logistik-Future-Story 2040". Das finale Ergebnis lesen Sie in den nachfolgenden Abschnitten 7.2 und 7.3. Lassen Sie sich inspirieren und tauchen Sie ein in die Welt der Logistik im Jahre 2030 und 2040.

7.2 Logistik-Future-Story 2030

Die Logistik 2030 ist hochgradig technisiert. Künstliche Intelligenz (KI) und Robotik gehören zum Alltag der Logistikdienstleister sowie in Industrie und Handel. Lernfähige KI-Systeme (= maschinelles Lernen) werden auf breiter Front genutzt. Neben Augmented Intelligence Systemen (= in Logistikassets installierte KI-Systeme lernen aus der Interaktion mit dem Menschen), sind primär Autonomous Intelligence Systeme zahlreich im Einsatz. Diese agieren autonom und lernen ohne menschliche Hilfe dazu. Das neue Wissen wird real time an ihre KI- bzw. Roboterkollegen übertragen.

Erste Pilotprojekte gab es zwar beginnend schon 2016, wie die selbstlernenden Roboter für die Kommissionierung von Sendungen im E-Commerce, aber in 2030 gehören diese KI-Anwendungen zum Alltag in vielen unterschiedlichsten Anwendungsbereichen. Sie führen physische Prozesse aus und entlasten die operativ tätigen Mitarbeiter. Roboter machen die körperlich anstrengenden Arbeiten.

Die KI-Systeme (z. B. intelligente Roboter) führen selbstständig Planungs- und Steuerungsaufgaben der operativen Logistik aus. Algorithmen steuern die operative Logistik. Es gibt fast keine Disponenten mehr in logistischen Prozessen. Agile und schnelle Prozessumstellungen werden möglich.

Im E-Commerce werden durch intelligente Konzepte und neuartige Devices nahezu dreißig Prozent aller Sendungen direkt automatisch ausgeliefert. In Lagerstandorten ist der Automatisierungsgrad besonders stark gestiegen; eine Antwort auf dem Arbeitskräftemangel. Überhaupt hat der Arbeitskräftemangel in der Logistik, der seit 2019 immer weiter zugenommen hat, die Intralogistik zu einem massiven Automatisierungsschub geführt.

Die Menschen überwachen in Kontrollzentren die automatisierten Ausführungssysteme. Sie kontrollieren die Prozesse. Sie treffen strategische Entscheidungen und operative Entscheidungen mit strategischer Relevanz. Dabei wird das strategische Logistikmanagement/SCM teilweise durch Assistenzsysteme und KI unterstützt (z. B. Servicestrategie-Design, dynamisches Risk Management, Inventory Optimization, SC-Controlling).

Indem die Technik physische und dispositive Routineaufgaben übernimmt, können sich die Mitarbeiter in der Logistik auf Exceptional Handling, Projekte, Forschung und Entwicklung, Innovationen und die Adaption von neuen Tools und Methoden fokussieren.

Immer noch sind es aber auch Menschen, die komplexe logistische Prozesse an hoch automatisierten Arbeitsplätzen ausführen. Insofern muss es auch im Jahre 2030 genügend operative Logistiker geben. Denn in 2030 sind noch viele operative Prozesse geringerer Qualifikation vorhanden (Packen, Retouren, etc.), für die es vielfältige personelle Ressourcen braucht, da diese Prozesse nur schwer oder nicht wirtschaftlich zu automatisieren sind.

Bewegte sich das autonome Fahren im Jahre 2019 noch im Experimentierstadium, hat es in 2030 einen deutlichen Fortschritt erreicht. Die Stufe vier des autonomen Fahrens, bei dem der LKW selbstständig fährt, ein Fahrer noch im LKW sitzt, um im Notfall einzugreifen, ist verwirklicht. Vollumfänglich Alltag sind autonom verkehrende Fahrzeuge aber noch nicht.

Aber immerhin, ein Großteil der Transportprozesse – Inhouse wie auf öffentlichen Straßen – erfolgen autonom, da dies sicherer und kostengünstiger ist. Autonome Fahrzeuge übernehmen Teile der Dienstleistung. Pilotprojekte wie Lieferroboter, autonome Auslieferfahrzeuge sind teilweise Standard. Autonom verkehrende Containerschiffe sind Wirklichkeit.

Drohnen sind im Warehouse (z. B. für Inventuren) umfassend im Einsatz. Aber im E-Commerce sind und bleiben Drohnen auch im Jahre 2030 eine Nischenlösung.

Die Blockchain-Technologie hat ihre Bewährungsprobe bestanden und ihre Skeptiker in punkto Wirtschaftlichkeit und Vorteilhaftigkeit überzeugt. Dabei behalten die Unternehmen die Hoheit über ihre Daten.

Die Informationsflüsse sind zu hundert Prozent digital. Auch in 2019 lagen die Informationen zu über neunzig Prozent in digitaler Form vor. Das Problem im Jahr 2019 lag eher an den Schnittstellen zwischen den Systemen. Dort entstand aus digitalen Informationen analoger Austausch. Schon damals war klar, dass sich das so lange nicht ändern wird, so lange sich Unternehmen nicht gegenseitig vertrauen und Informationen gemeinsam teilen. Der Eindruck aus der Realität in 2019 war, dass aufgrund IT-Sicherheit, Datenschutz und vielfältigen Systemen die Hürden zum Datenaustausch eher ansteigen denn abgebaut werden. Spürbare Fortschritte hat die seit 2019 forcierte breite Nutzung der Blockchain-Technologie gebracht. Alle Daten sind verschlüsselt vernetzt und können über KI und Algorithmen gut ausgewertet und extrapoliert werden.

Die Digitalisierung ermöglicht Positionsbestimmung und Eingriffe in Echtzeit. Geocodierung, Online Tracking & Tracing (T&T) haben sich durchgesetzt. Real Time Event Management war in 2019 schon möglich. Zunehmende Durchdringung und technischer Fortschritt haben aber zu einer signifikanten Kostensenkung geführt.

Künstliche Intelligenz, automatisierte Systeme haben die Wertschöpfung in der Logistik signifikant gesteigert. Die Befürchtungen von Logistikdienstleistern, wonach Industrie und Handel nicht mitmachen könnten, sind nicht eingetreten. Die Logistikprozesse arbeiten nahe am (lokalen) Optimum. Insgesamt erreicht die operative Logistik einen rasanten Optimierungsschub.

Die Plattformlogistik hat bereits 2019 eine neue Entwicklungsphase im Lebenszyklus der Logistik eingeläutet und nun in 2030 einen Höhepunkt erreicht. Nahezu 60 Prozent des Logistik-Umsatzes wird im Jahre 2030 über Plattformen abgewickelt. Die Experteneinschätzung in 2019, wonach wir (Privat- und Geschäftskunden; Industrie, Handel und Logistikdienstleister) in Zukunft als Plattform-Akteure unterwegs sind (egal ob auf Anbieter- oder Kundenseite) hat sich voll bewahrheitet.

Die Vorteile von Plattformen – höhere Effizienz, Transparenz, Geschwindigkeit/Schnelligkeit und größeres Anbieter-/Kundenvolumen – haben die Nutzer voll überzeugt. Bei komplexen und individuellen Leistungen stoßen Plattformen aber an ihre Grenzen. Eine Lösung für die kritisierte Datenhoheit der Plattformbetreiber brachte die direkte Verbindung zwischen Plattform- und Blockchain-Technologie; beide Technologien ergänzen sich.

Neben den Startups und Betreibern von Plattformen unterhalten die Großen der klassischen Speditionen eigene Online-Plattformen, besitzen physische Assets und bieten das komplette Fulfillment an. Sie leisten Mehrwertdienste, wie Reparatur sowie Auf- und Abbau von Anlagen. Diese Spediteure werden weiterhin eine sehr wichtige Aufgabe im Sinne der Gestaltung und Aufrechterhaltung von Produktionsnetzwerken für kleinteilige Prozesse haben, angefangen von dem Management der lokalen Partner/Stationen, über Informationstechnik, Pricing, Produkt- und Qualitätsmanagement. Sie sind die Partner in der kundenindividuellen Kontraktlogistik.

Auch weiterhin werden physische Assets wie Terminals und Fahrzeuge benötigt. Am Markt erfolgreich sind die Logistikdienstleister, die alle Informationen verarbeiten können und genug Intelligenz in Menschen und Maschinen vereinigen, um die Ansprüche von Industrie und Handel zu erfüllen und ihre Kunden begeistern.

Der erste Logistiker, der eine autonome Automatisierung erreicht, könnte viele andere ausstechen bzw. in die Nische drängen. Es gibt viele kleine Unternehmen, die nicht mithalten konnten und können, daher gibt es eine weitere Konzentration. Einzelne, kleine Unternehmen können die finanziellen Mittelbedarfe für Logistikinnovationen immer schwieriger stemmen.

Hoffnungen, wonach der Straßengüterverkehr in 2030 kaum noch genutzt wird, stattdessen Frachtgüter via Schiene transportiert werden, haben sich bisher nicht in die Wirklichkeit umgesetzt. Der weltweite Güteraustausch hat trotz kurzfristiger Globalisierungsrückschläge in 2019 weiter zugenommen, und das mit nachhaltigeren Technologien.

Die Logistik ist hochvernetzt. Über Prozesse und Prozessnetze hinaus haben die zu handelnden Logistikobjekte (Pakete, Paletten, Container etc.) sprechen gelernt und in zahlreichen Pilotprojekten disponieren sich die intelligenten Objekte (smart objects) selbst und suchen sich selbstständig den optimalen Transportweg aus. Dazu kommunizieren die Logistikobjekte mit den Transportmitteln (Lkw, Bahn, Schiff etc.) selbstständig. Ein großer Meilenstein in Richtung Physical Internet (dessen flächendeckende Umsetzung für das Jahr 2050 anvisiert wird) ist erreicht.

Stellt sich die Frage: Welche Rolle werden Transportplattformen im zukünftigen Zeitalter des Physical Internets spielen? Auch ist bis jetzt nicht nachgewiesen, dass dezentrale Systeme zentral gesteuerten Systemen überlegen sind. Für Transporte zwischen Unternehmen mag das dann eine interessante Alternative sein, wenn dadurch die Auslastung der Transportgefäße, Durchlaufzeiten und Servicelevels optimiert werden können. Ob dies besser zentral oder dezentral erfolgt bleibt abzuwarten.

Die Idee von Shared Services wird in 2030 viel häufiger angewandt als in 2019. Gemeinsame Transporte und gemeinsame Lagerung haben stark zugenommen. Vieles was ökologisch, ökonomisch und sozial 2019 wünschenswert erschien, aber wegen der großen Komplexität nicht zur Umsetzung kam, wurde einfacher und wird getan. Revenue Management Ideen sorgen zunehmend für einen besseren Ausgleich zwischen Bedarf und Kapazitäten und drängen den Bullwhip-Effekt zurück.

Die Feinverteilung, Umverpackung etc. ist in Ballungsräumen Kernkompetenz von Lead Logistikern und breit gefächerte Lösungsansätze werden verfolgt (Mikrodepots, Lieferroboter, Lastenräder, multifuktionale E-Vans etc.). Dennoch steht die Distributionslogistik in den Ballungsräumen immer noch vor riesigen Problemen. Zwar sind mit E-Auto und E-Lkw umweltfreundliche Distributionsmittel vorhanden, doch ist die Verkehrsinfrastruktur den Anforderungen bei weitem nicht gewachsen. Drohnen haben sich in urbanen Strukturen zudem als keine echte Alternative erwiesen. Sofern keine großen Infrastrukturveränderungen eintreten, wird sich dieses Problem auch nach 2030 weiterhin verschärfen. Wenn der Gesetzgeber nicht Zwangsmaßnahmen wie City-Logistik oder City-Maut ergreift, werden diese Probleme mit E-Commerce und zunehmender Verstädterung der Gesellschaft weiter zunehmen.

Die Logistik ist auch in den privaten Haushalten angekommen. Vernetzte digitale Strukturen machen eine automatische Versorgung mit Dingen des täglichen Bedarfs möglich. Das gibt mehr Zeit für den Genuss des Außergewöhnlichen. Der Point of Sale wandelt sich zum Point of Entertainment. Zugleich ist das ein Generationsthema. Vor allem reiche urbane Personen bis 40 Jahre genießen diese neue Lebensart. Es gilt leider nur für den Teil der Bevölkerung, der sich den Genuss finanziell leisten kann.

Semantische Technologien werden für die Collaboration von Mensch, Maschine und Objekten umfassend genutzt. Smart Objects und Menschen sprechen miteinander. Computer und Menschen haben über Ontologien eine gemeinsame Sprache mit Wörtern und Grammatik gefunden.

Das Thema Nachhaltigkeit erfährt eine sehr hohe Brisanz, da der Klimawandel zuschlägt und Naturkatastrophen vermehrt Wirtschaft und Gesellschaft zerstören.

7.3 Logistik-Future-Story 2040

Die Logistik wird zum unverzichtbaren Partner des Individuums. Für Industrie und Handel ist das von jeher so. Die Unternehmen sind ohne Logistik nicht lebensfähig. Waren würden nie die Kunden erreichen und ohne Materialbereitstellung Produkte gar nicht erst entstehen. So untrennbar Logistik und Unternehmen sind, so überträgt sich das auf das Leben der Menschen.

Die Logistik wächst in die neue Rolle eines nicht mehr weg zu denkenden persönlichen Dienstleistungsbegleiters des einzelnen Menschen hinein. Sie plant, steuert und beauftragt für den Mensch Kauf oder Service, Wartung, Austausch von Gütern aller Art. Umfang und Mannigfaltigkeit logistischer Dienstleistungen sind dabei nahezu unbegrenzt. Über den Gebrauch von Logistik als persönlicher Dienstleistungsbegleiter entstehen neue Nachfrage und neues Angebot.

Die Logistik als unverzichtbarer Partner des Individuums ist das Ergebnis von Digitalisierung und künstlicher Intelligenz. Erst diese haben das möglich gemacht. Auftraggeber für die individuellen, persönlichen Logistikdienste kann der Mensch sein oder Systeme der künstlichen Intelligenz, z. B. der sprechende Roboter, Kühlschrank oder Terminkalender.

Die Frage, die sich bereits in 2019 stellte ist, welches Unternehmen das realisiert – Monopolgefahr! Der Dienstleistungsaspekt der Logistik als Lebenspartner ist – so schätzten die Experten bereits 2019 ein – eine sinnvolle Fokussierung. Dass es solche Systeme sicher geben wird, stand außer Zweifel. Ob diese dann aber als „Logistik" bezeichnet werden, da war man sich nicht sicher.

Einerseits Luxusgut, andererseits Commodity – die Logistik 2040 deckt beide Seiten ab. Die Bandbreite zwischen Luxusgut mit anderem Wert und Preis sowie Commodity spiegelt das individuelle logistische Konsumverhalten der Menschen wider. Als Commodity ist Logistik verfügbar wie Strom, Wasser aus dem Hahn oder das Internet. Es wird als Grundversorgung des Bürgers vom Staat erwartet. Gerade aufgrund der Automatisierung wird die Logistik noch mehr zur Commodity.

Alle Fahrzeuge (die berühmten 99 Prozent) fahren mit erneuerbarer Energie und ohne CO_2-Ausstoß. Die Wünsche der Experten aus 2019 sind Wirklichkeit. Die Logistik ist vollständig autonom und CO_2 neutral. Technologien machen es möglich: Die siliziumbasierte Batterie, die schlagartig der Elektromobilität eine tragfähige Roadmap gibt. Die Wasserstofftechnologie, die Umwandlung von CO_2 in Methan und Wasser mit Wasserstoff in großen Mengen und weitere Techniken, die uns die CO_2-Erwärmung auf die Ziele von Paris bringt.

Das autonome Fahren im Level vier setzt sich gegenüber 2030 nun flächendeckend durch. Autonomes Fahren und autonomes Fliegen sind selbstverständlich. Die Fahrzeuge fahren autonom und viele Prozesse sind automatisiert. Längst haben humanoide Roboter viele Aufgaben in der Lagerlogistik und in der Distribution übernommen. Autonome Transportmittel auf Lang- und auf Kurzstrecke, die durch ein übergeordnetes Verkehrs-Leitsystem geführt und synchronisiert werden, sind das Rückgrat in der Distribution geworden. Autonome Fahrzeuge werden immer effizienter, Drohnen und die Blockchain auch. In der Konsumgüterlogistik sind Drohnen im Einsatz, die gesellschaftlich aber weiter umstritten sind.

Fliegende Automobile und fliegende Container gehören im Jahr 2040 zum Alltag. Der Einsatz fliegender Container begrenzt sich aber aus Energiegründen auf die Ent-/Beladungen und Umlagerungen in den Hafenterminals und -anlagen. Die Entfernungen der globalen Containerverkehre sind extrem groß, so dass ein sehr hoher Energiebedarf entstehen würde, zudem hohe Investitionen in Millionen Container im Vergleich zu „günstigen" Schiffen. Containerschiffe und Tanker verkehren wie Automobile selbstständig, autonom; sind damit sicherer und kostengünstiger unterwegs. Hyperloops (unterirdische Logistikstraßen), autonomes Fahren oder drive as a service sind Normalität.

Die Pilotprojekte aus 2019 und 2030 sind alltagstaugliche, für jedermann anwendbare Lösungen geworden. Logistiklösungen an die noch niemand in 2019 dachte, werden in Pilotprojekten getestet. Das Projekt „What three words" (jeder qm auf der Welt ist mit drei Wörtern beschreibbar) beflügelt die Lösungen „Internet of Things/Physical Internet".

Künstliche Intelligenz und Retail Management verschmelzen zunehmend, um die richtige Ware, zum richtigen Zeitpunkt, am richtigen Ort fast ganz ohne Lager zu haben. Megastädte insbesondere in Asien sind Kaufkraft-Schwerpunkte. Das

Customizing von Produkten erfolgt weitgehend durch Software-Anpassung over the air: Hardware besteht aus Standardmodulen (Lego).

In den letzten Jahren haben sich im Zuge der Konzentrationsprozesse einige wenige Mega-Carrier/-Forwarder herausgebildet, die einen Großteil des Transportvolumens unter sich vereinen. Über diese Oligopolbildung hinaus hat sich die Vermutung der Experten aus 2019 bestätigt, dass ein Logistiker ein Monopol erreicht haben wird.

Hersteller von Hard- und Software bieten mehr und mehr Logistik as a Service an und werden so zu den größten Wettbewerbern der Logistikdienstleister. Der Trend in diese Richtung war schon 2019 an einigen Beispielen bzw. Umsetzungen erkennbar, so bei innovativen Technik-Startups. Logistik ist aber mehr. Logistik ist Software plus Fulfillment. Die Logistikdienstleister aus 2019 haben den neuen Wettbewerbern Paroli geboten und sich nicht zu TUL-Logistikern für Hard- und Softwareanbieter degradieren lassen.

Die operative Logistik einschließlich Planung wird gegenüber 2030 noch mehr von Daten und Algorithmen dominiert. Es überwachen keine Menschen mehr die Prozesse. Sensorik und Aktuatoren überwachen fast alle Logistikprozesse und machen Probleme sehr transparent. Die künstliche Intelligenz hat die Kontrolle des Menschen auf ein Minimum (Entscheidungen mit Emotionen) reduziert.

Mit dem ersten alltagstauglichen Quantencomputer konnte durch Künstliche Intelligenz/Machine Learning die Effizienz in der logistischen Wertschöpfung weiter extrem gesteigert werden. Quantencomputing und Quantenkryptografie machen die Logistik zwar komplexer aber auch beherrschbarer und für das Individuum sicherer.

Neben den bis 2030 bereits eingetretenen innovativen Veränderungen wird die Logistik im Jahre 2040 noch stärker durch digitale Prozesse dominiert. Hier entscheiden nun eindeutig der Digitalisierungsgrad und das Collaborationsnetzwerk über Erfolg oder Misserfolg der Logistikdienstleister; natürlich nicht allein, es kommen weitere Erfolgsfaktoren dazu.

Shared Economy oder Ware auf Zeit sind Standard. Logistik ist dafür der Prime Contractor. Beides sind vermutlich der einzige wirtschaftliche und ressourcenschonende Weg, eine wachsende Weltbevölkerung zu versorgen.

Die Kontraktlogistikkapazitäten im Fulfillment sind zwar mit der Nachfrage gewachsen, dennoch sind die Kapazitäten knapp, da es nur noch wenige Logistikdienstleister gibt, die tatsächlich über viele Terminals und Fahrzeuge verfügen. Hinzukommt, dass die Konsolidierungswelle im Transportbereich, insbesondere im Stückgutbereich weiter anhält. Der große Engpass bleibt auch im Jahre 2040 die innerstädtische Zustellung. Es werden regulatorische Eingriffe der Gesetzgeber erwartet.

Blockchains und Clouds werden international nach UN-Standards eingesetzt und multinational weiterentwickelt. Zugleich wird die Blockchain immer effizienter. Cybercrime ist das Thema, nicht nur in der Kriegsführung. Datensicherheit und Datenverfügbarkeit zu jeder Zeit, an jedem Ort, für das richtige Gut/die richtige Person ist ein USP (Unique Selling Proposition = einzigartiges Verkaufsversprechen) der Toplogistiker.

Die Logistik sieht sich einer immer größer werdenden Kleinteiligkeit durch Individualisierung von Produkten ausgesetzt. Dem kommt zu Gute, dass die automatisierten Prozesse daran gewöhnt bzw. darauf optimiert sind. Losgröße eins wird Realität für viele Industrien.

Auch die Beratungsbranche wandelt sich grundlegend. In 2040 findet unabhängige Beratung nicht mehr statt – „Beratung" reduziert sich auf PreSales von Lösungsanbietern aus Logistikdienstleistung, Hard- und Software. Tools, die man für das operative Management und Controlling problemlos aus der Cloud herunterladen kann, sind soweit weiterentwickelt und in die Systeme der Kunden integriert, dass eine automatische Datengenerierung für die Nutzung aller relevanten Tools erfolgt. Selbst die Ergebnisse werden von Tools interpretiert und umgesetzt, ohne Zutun eines Beraters oder Mitarbeiters. 2040 gibt es keine unabhängigen Logistikberatungen mehr. Die in 2019 noch existierenden Beratungen sind allesamt aufgekauft, entweder von großen Technik- und IT-Anbietern oder von integrierten Beratungshäusern.

Das größte Risiko ist, wenn diese Logistik-Future-Story nicht für die ganze Welt realisierbar ist, dass andere Prozesse diesen möglichen Fortschritt zum Stillstand bringen oder sich sogar in die andere Richtung bewegen.

7.4 Experteninterview

Sehr geehrter Herr Professor Ruile, Sie sind Vorsitzender der Geschäftsführung vom Logistikum Schweiz, dem Innovationszentrum für Einkauf, Logistik und SCM. Das Gewinnen von Wissen über zukünftige Entwicklungsverläufe in der Logistik bildet dabei eine Kernkompetenz. Was sind Ihre Erfahrungen bei der Entwicklung von Zukunftsbildern über die Logistik? Wie gehen Sie methodisch vor?

Als Innovationszentrum ist es uns wichtig, dass wir umsetzbare Lösungen für die Logistik der Zukunft identifizieren und eine möglichst rasche Umsetzung anstreben. Wir benutzen unterschiedliche Ansätze und Formate, um in einem offenen, interdisziplinären Austausch aktuelle und künftige Problemstellungen zu verstehen und Lösungsansätze dafür zu suchen. In den letzten 15 Jahren haben wir mit verschiedenen Formaten Erfahrungen gesammelt:

1. Referentendinner am Logistikforum Bodensee

Seit 2008 werden im Rahmen des Logistikforum Bodensee jährlich am sogenannten Referentendinner Zukunftsbilder der Logistik entworfen. Ca 20-30 Personen aus der Logistikbranche diskutieren aktuelle Fragestellungen, wichtige Entwicklungen in Technologie, Gesellschaft, Politik und werden mit der Frage konfrontiert: Was bedeutet dies für die Logistik der Zukunft? Es entsteht innerhalb weniger Stunden (während des Dinners) ein erstes Grafik Design Bild, das diese Diskussion repräsentiert. In der jährlichen Wiederholung werden stabile und temporäre Entwicklungen sichtbar. Aber auch inwieweit sich die Logistik bereits verändert hat. Für viele Teilnehmer ist diese Visualisierung Hilfestellung bei ihren Investitionsentscheiden.

Bildquelle: deJonge.at

2. Swiss Logistik Innovation Day

Der Swiss Innovation Day wurde 2013 zum ersten Mal durchgeführt und stellt ein weiteres offenes Format dar: Im Tagesverlauf wechseln sich Impulsvorträge aus Wirtschaft und Wissenschaft zum Tagungsthema ab (z. B. Energiewandel in der Logistik). Die Teilnehmer gruppieren sich anschließend in Break Out Sessions zu spezifischeren Themen. Die Break Out Session werden von erfahrenen Moderatoren durch einen Design Thinking Prozess geführt, der aus den beiden Schritten Verstehen und Lösung besteht. Die Moderatoren sind angewiesen vor allem auf Alternativen zu achten und Lösungsschwerpunkte zu identifizieren.

Bildquelle: Verein Netzwerk Logistik

3. Rethink – Angebote

ReThink ist eine geschlossene Arbeitsgruppe, die sich zu einer spezifischen Fragestellung über mehrere Workshop Tage trifft und den Design Thinking Prozess in einer vertieften Form durchläuft. Die Teilnehmer der ReThink Arbeitsgruppe sind interdisziplinär und industrieübergreifend zusammengesetzt. Die Vielzahl an Perspektiven, Wissen und Erfahrungen löst einen kreativen Impuls aus, der die Gruppe zu Lösungen inspiriert, die auch außerhalb ihres persönlichen Erfahrungshorizontes liegt. Die Zusammensetzung der Gruppe aus unterschiedlichen Disziplinen erhöht zusätzlich das Vertrauen in die Realisierung von außergewöhnlichen Lösungen. Das Ziel der Arbeitsgruppe ist für das jeweilige Thema Lösungskonzepte zu erarbeiten, das in einem Proof of Concept mündet. Das jeweilige Thema sollte vordergründig hohes Innovationspotential haben. So entstanden Arbeitsgruppen zum Thema Dark Warehouse, Baulogistik, Einkauf als Service orientiertes Geschäftsmodell oder digitales Transportmanagement.

4. Logistics Innovation Space

Der Logistics Innovation Space ist das technische Labor des Logistikum, in dem neue Technologien in Anwendung gebracht und einem interessierten Publikum gezeigt werden. Es ist gleichzeitig auch eine offene Innovationsplattform, auf der sich Technologiepartner, Wissenschaft, Ausbildung und Anwendung treffen, um gemeinsam Lösungen zu erarbeiten. U.a. sind dort Technologien wie autonome Roboter und Fahrzeuge, Internet der Dinge oder Blockchain zu erleben. Mit der unmittelbaren Konfrontation mit realisierten Lösungsbeispielen werden Besucher angeregt ihre eigenen Lösungen zu entwickeln und auszuprobieren. Das Logistikum leistet hierzu Unterstützung mit dem Technologie-Partnernetzwerk sowie mit einem Innovationscoaching für die Ausarbeitung eines tragfähigen Geschäftsmodells.

Wie weit in die Zukunft spannen Sie den Betrachtungshorizont – 5, 10 ,20, 50 Jahre?

Der Betrachtungshorizont liegt auf Grund einer beabsichtigten Umsetzbarkeit sowie unter Berücksichtigung der organisatorisch, gesellschaftlichen und politischen Trägheit zwischen 5 und 10 Jahren. Projekte über diesen Zeitraum sind mehrheitlich in der Grundlagenforschung und nicht mehr im Innovationsmanagement. Eine Ausnahme dazu bilden Projekte wie Cargo Sous Terrain, das die unterirdische Güterversorgung verfolgt, oder autonome Gütertransporte in der Feinverteilung, deren Umsetzung durch den Gesetzgeber ermöglicht werden muss.

Im Innovationszentrum Einkauf, Logistik und SCM kommen die Unternehmen aus Industrie, Handel und Logistikdienstleistung zusammen, tauschen Erfahrungen aus, produzieren Ideen zu Innovationen und führen gemeinsam Projekte durch. Bitte illustrieren Sie das kurz an einem Beispielprojekt.

Zu Anfang des Projektes Intelligent Dark Warehouse stand die Frage eines Logistikleiters eines internationalen Konzerns: „Warum funktioniert das [Lager] nicht von allein? In der Produktion können wir einen autonomen 24 h Betrieb realisieren, im Lager tun wir uns und unsere Logistikpartner schwer damit".

Damit war der Stein des Anstoßes gelegt und wir prüften in einer kleinen Expertengruppe, ob diese Aussage gerechtfertigt, ob die Lösung „Es geht auch von alleine" eine attraktive Vision und ob sie grundsätzlich umsetzbar ist. Das Zusammenkommen einer Innovationsgruppe ist nicht selbstverständlich, da es grundsätzlich unterschiedliche Auffassungen und Einstellungen zu einer gemeinsamen Lösungsfindung gibt: zum Beispiel: a) das kann ich schneller alleine, b) das ist nicht notwendig oder ist bereits verfügbar oder c) das könnte ein interessanter neuer Ansatz sein. Vor allem Unternehmen unter c) sind daher gesucht, die offen für eine neue, eine alternative, eine innovative Lösungsfindung sind.

In unserem Fall des „Intelligent Dark Warehouse" fanden sich zehn Unternehmen aus Handel, Produktion, Logistikdienstleister, Logistik- und Systemplaner, Robotik- und Softwarehersteller, sowie Hochschulen ein, die das Thema gemeinsam angehen und entwickeln wollten. In einer ersten Phase ging es um die hermeneutische Klärung des Begriffs, d.h. eine gemeinsame Sprache zu finden. In der zweiten Phase wurden die wichtigsten Herausforderungen identifiziert und bestehende industrielle Lösungen evaluiert. Dies erlaubt den Wirtschaftspartnern eine schnellere Umsetzung. In der dritten Phase wurde untersucht, welche Konzepte bereits einen Proof of Concept erreicht haben und welche Fragestellungen noch offenbleiben, die in einem Minimim Viable Product (MVP) geprüft werden sollten. Der Aufbau des MVP erfolgt bei den Wirtschaftspartnern oder im Labor der Forschungspartner.

Bitte lassen Sie uns noch kurz einen inhaltlichen Blick werfen auf zwei bis drei markante Zukunftstrends in der Logistik. Wohin geht die Reise?

Die nationale und internationale Logistik der Zukunft wird meines Erachtens von den Nachhaltigkeitszielen, den politischen Rahmenbedingungen und der Verfügbarkeit von personellen, finanziellen und infrastrukturellen Ressourcen abhängig sein. Bei der Lösungssuche werden die technologischen Entwicklungen sowie die regulatorischen Rahmenbedingen eine maßgebende Rolle spielen.

U.a. wurde in der Schweiz das Straßenverkehrsgesetz geändert, das die Einführung des autonomen Fahrens auf dem öffentlichen Straßen erleichtert. Gleichzeitig ist der Zu- und Ausbau der Straßen- und Schieneninfrastruktur stark eingeschränkt. Der gesellschaftliche und politische Druck auf Nachhaltigkeit in der Lieferkette durch Energiegesetze, Impact Investments, die Konzerninitiative bzw. durch das Lieferkettensorgfaltspflichtengesetz wird grösser.

In der Konsequenz werden sich Methoden und Verfahren durchsetzen, die eine deutlich höhere und decabonisierte Nutzung der zur Verfügung stehenden Ressourcen erlauben. Die freie Personen- und Gütermobilität auf beschränkten Ressourcen wird stärker regulatorisch geführt. Das erfordert eine stärkere Nutzung von digitalen und physischen Plattformen, die eine höhere Vernetzung zulassen.

Herzlichen Dank für das Interview.

7.5 Zusammenfassung

Das Wissen über die zukünftige Entwicklung bildet die wichtigste Voraussetzung, damit unsere tagtäglichen Entscheidungen nicht nur auf die Gegenwart passen, sondern auch auf die Zukunft. Aber kennen wir die Zukunft? – in der Regel nicht konkret, denn dazu bräuchte man hellseherische Fähigkeiten. Was wir aber tun können, ist, uns die Zukunftsforschungsmethoden zunutze zu machen. Damit gelingt es, Wissen über die Zukunft zu produzieren. Die Delphi-Methode anwendend, werden im Ergebnis zwei Zukunftsbilder über die Logistik im Jahre 2030 und im Jahre 2040 zur Diskussion gestellt. Die Ausführungen möchten zu intensiverer Beschäftigung und Auseinandersetzung mit zukünftigen Entwicklungsverläufen motivieren.

7.6 Wissens- und Fähigkeitentest

Aufgabe 7.1:

Vergleichen Sie zwischen dem formalisierten Vorgehenspfad „Sieben Schritte zur Logistik" (siehe Kapitel sechs) und dem hier vorgestellten Vorgehen zur Entwicklung von Zukunftsbildern über die Logistik. Was sind die Gemeinsamkeiten und was sind die Unterschiede?

Aufgabe 7.2:

Was geben Ihnen die Logistik-Future-Stories 2030 und 2040? Teilen Sie die Kernbotschaften?

Welche Anregungen nehmen Sie aus den Logistik-Future-Stories für sich persönlich und für ihr Unternehmen mit?

8. Strategisches Logistikmanagement

Zukunftsbilder und Logistikvisionen verwirklichen sich nicht im Selbstlauf, sondern dazu bedarf es der passenden Strategien. Dabei erstrecken sich die Zukunftsbilder und Visionen auf den visionären Zeithorizont, der um Weiten den strategischen Zeithorizont überragt. Beispiel: Die Vision hat einen Zeithorizont von 20 Jahren, dann kann das vier strategische Etappenziele beinhalten. Im Fünfjahreshorizont gilt es dann auf die richtigen Strategien zu setzen. Mittels Strategien werden Erfolgspotenziale aufgebaut, weiterentwickelt und zielgerichtet eingesetzt. Im Zeitverlauf ändern sich die Bedingungen im Umfeld von Unternehmen und natürlich auch innerhalb des Unternehmens. Kontinuierlich verlaufende Entwicklungen sind vergleichsweise einfach zu meistern, aber die immer stärker und häufiger werdenden Diskontinuitäten, Verletzbarkeitsstörungen und unvorhersehbaren Ereignisse ob in Politik, Umwelt und Natur etc. rufen die strategische Früherkennung in neuer Qualität auf die Tagesordnung. Strategische Früherkennung als „Must have" im 21. Jahrhundert.

Lernziele

Das achte Kapitel soll Sie befähigen:

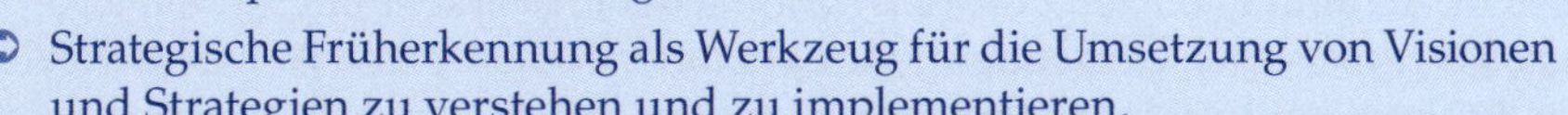

- Strategische Früherkennung als Werkzeug für die Umsetzung von Visionen und Strategien zu verstehen und zu implementieren,
- Logistische Erfolgspotenziale zu analysieren,
- Logistikstrategien zu entwickeln.

8.1 Strategische Früherkennung in der Logistik

8.1.1 Inhalt und Funktionsweise

Definition

Strategische Früherkennung bezeichnet die Wahrnehmung latent bereits vorhandener Chancen und Risiken in einem so frühzeitigen Stadium, dass noch ausreichend Zeit für ein bestmögliches Reagieren verbleibt.

In der Praxis sind es in der Regel die Logistikcontroller, die ein strategisches Früherkennungssystem in der Logistik implementieren und kontinuierlich weiterentwickeln.

Ein großer Vorteil der strategischen Früherkennung besteht darin, dass damit die Annahmen über die weitere Entwicklung der Einflussfaktoren auf die Logistik, die den Logistik-Szenarien zugrunde liegen, stetig auf ihre Adäquanz überprüft werden können. Bei etwaigen Abweichungen von den prognostizierten Entwicklungsverläufen können Logistikcontroller die Logistikmanager rechtzeitig auf notwendige Strategieanpassungen oder Strategieänderungen hinweisen.

Beispiel Früherkennungssignale

Die 3-D-Druck-Technologien könnten zukünftig gravierende Veränderungen in den globalen Transportströmen auslösen. Denkbar sind:

- Rückgang des Transportaufkommens in transnationalen Produktionsnetzen, da Zulieferteile direkt mit 3-D-Drucker vor Ort produziert werden
- deutliche Zunahme des Massengutaufkommens zulasten des Stückgutaufkommens, da anstelle von Stückgütern (Teile, Module) Rohstoffe für den 3-D-Druck vor Ort transportiert werden
- Rückgang des Transportaufkommens in der Ersatzteillogistik, weil kritische Ersatzteile in unmittelbarer Nähe gedruckt werden

Mit dem 3-D-Druck verbundene Chancen und Risiken sollten für Logistikdienstleister schon längst ein Thema sein. Risiken entstehen aus zu spätem Reagieren, weit nach den Konkurrenten; Chancen bieten sich möglicherweise durch eine Investition in 3-D-Druck-Geräte und deren Nutzung in den Distributionszentren.

Strategische Früherkennungssysteme

Strategische Früherkennungssysteme haben ihren Ursprung in den operativen Früherkennungssystemen (z. B. während des Jahres vorgenommene Planungshochrechnungen: etwa in Bezug auf das Logistikbudget oder die Entwicklungsprojektkosten). Abbildung 8.1 zeigt die Entwicklung der Früherkennungssysteme von der ersten bis zur vierten Generation. Jede Generation steht für eine Weiterentwicklung der Früherkennung. In Unternehmen implementierte Früherkennungssysteme sollten sich immer aus allen diesen vier Ebenen bzw. Typen der Früherkennung zusammensetzen. Damit unterstützen Früherkennungssysteme das visionäre, strategische und operative Management.

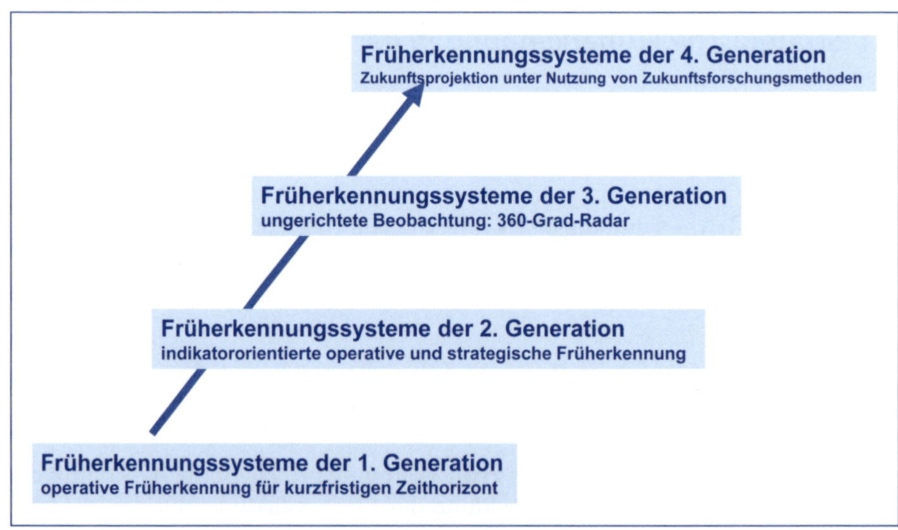

Abbildung 8.1: Entwicklung der Früherkennungssysteme

Indikatororientierte Früherkennungssysteme finden im operativen als auch strategischen Logistikcontrolling breite Anwendung, zumeist in Gestalt von Logistikkennzahlensystemen. Kennzahlen oder Einflussfaktoren fungieren als Indikatoren. Beobachtet wird die Kennzahlenentwicklung und die Entwicklung der vorher festgelegten Indikatoren der externen und internen Beobachtungsfelder. Insofern handelt es sich um eine gerichtete Beobachtung, d.h., die Beobachtung und Früherkennung ist gezielt ausgerichtet auf definierte Indikatoren.

Die Abbildungen 8.2 und 8.3 veranschaulichen die **indikatororientierte strategische Früherkennung in der Logistik** an zwei Beispielen:

- Beobachtung ausgewählter externer Einflussfaktoren (Abbildung 8.2) z.B. Kontrolle der Annahmen über die Logistikumwelt
- Beobachtung strategischer Logistikkennzahlen (Abbildung 8.3)

Strategische Logistikkennzahlen sollten zweckmäßigerweise aus den verfolgten Logistikstrategien abgeleitet werden. Das Logistikstrategiemodell bildet im Beispiel die Basis für ein Kennzahlensystem.

Indikatoren Logistikumfeld

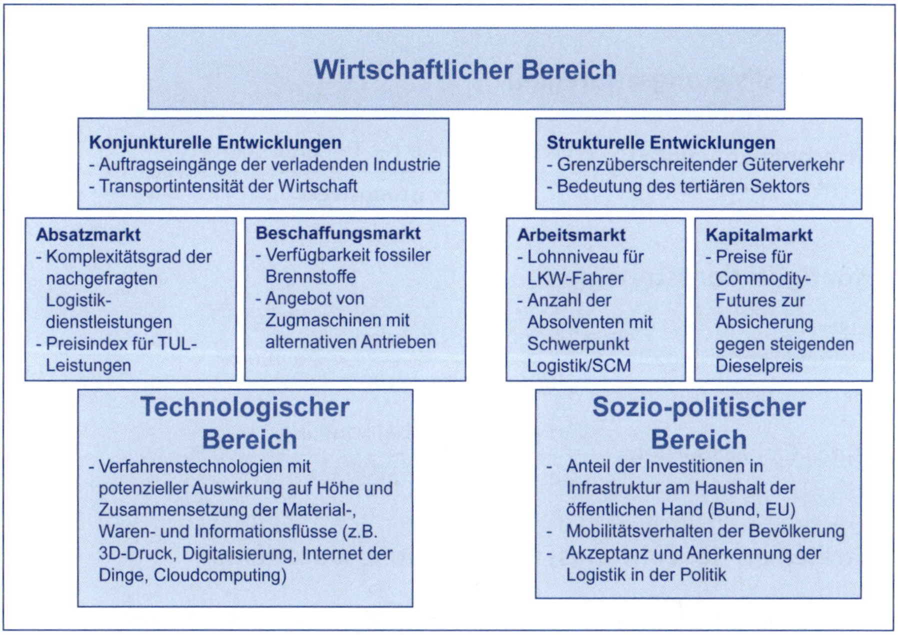

Abbildung 8.2: Indikatoren für externe Beobachtungsfelder mit logistischen Beispielen

Spezialisierungsstrategien

$$\text{Logistiktiefe} = \frac{\text{interne Logistik-Wertschöpfung}}{\text{gesamte (interne plus externe) Logistik-Wertschöpfung}} \times 100\,\%$$

$$\text{Anteil Single Sourcing} = \frac{\text{Wertvolumen Single Sourcing}}{\text{Gesamtbeschaffungswert}} \times 100\,\%$$

$$\text{Anteil JIT} = \frac{\text{JIT-Beschaffungswert}}{\text{Gesamtbeschaffungswert}} \times 100\,\%$$

Kooperationsstrategien

$$\text{Vertragsquote} = \frac{\text{Vertragswert mit Lieferanten (bzw. Kunden)}}{\text{Gesamtwert Einkaufsvolumen (bzw. Absatzvolumen)}} \times 100\,\%$$

Standardisierungsstrategien

$$\text{Standardisierungsgrad Logistiksystemleistung} = \frac{\text{Wert standardisierter Teilleistungen}}{\text{Systemleistungswert}} \times 100\,\%$$

Konfigurationsstrategien

$$\text{Zielmarktkongruenz} = \frac{\text{Produktionswert Zielmarkt A}}{\text{Umsatz Zielmarkt A}} \times 100\,\%$$

$$\text{Anteil Global Sourcing} = \frac{\text{Wertvolumen Global Sourcing}}{\text{Gesamtbeschaffungswert}} \times 100\,\%$$

Strategien der Führungs- und Handlungsautonomie

Durchschnittliche Zeitdauer für die Entscheidungsfindung in der Supply Chain (für ausgewählte Entscheidungstypen)

Abbildung 8.3: Logistik-Strategien-Modell als Basis für ein strategisches Kennzahlensystem

Im Unterschied zu den strategischen Früherkennungssystemen der zweiten Generation zeichnen sich die Früherkennungssysteme der dritten Generation durch eine ungerichtete Beobachtung der Logistikumwelt aus. In Form eines 360-Grad-Radars werden die Umweltbereiche stetig auf Auffälligkeiten durchleuchtet. Werden schwache Signale, die auf Diskontinuitäten hindeuten könnten, wahrgenommen, schließt sich eine Tiefenanalyse an.

Schwache Signale

Die theoretische Basis der strategischen Früherkennung bildet das Theorem der schwachen Signale (Weak Signals) von Ansoff (vgl. Ansoff 1976). Diesem Theorem liegt die Überlegung zugrunde, dass Diskontinuitäten im ökonomischen, sozialen, technologischen, politischen, rechtlichen und sonstigen Bereich nicht zufällig und blind ablaufen, sondern sich stattdessen durch sogenannte schwache Signale ankündigen.

8.1.2 Beispiel Plattform-Logistik als Gegenstand der Früherkennung

Plattformen für Transport und Logistik werden im Zuge der Digitalisierung entwickelt. Dabei wird das Spektrum von Logistik-Plattform-Typen immer breiter. Diese Entwicklungen werfen brisante Zukunftsfragen auf:

- Wohin geht die Reise in 2030, 2040?
- Steht die Plattform-Logistik für eine neue Entwicklungsphase im Lebenszyklus der Logistik?
- Wird es so kommen, dass nahezu 90 Prozent des Umsatzes in der Logistik via Plattformen abgewickelt werden?
- Sind wir in Zukunft als Plattform-Akteure unterwegs, egal ob auf Anbieter- oder Kundenseite?

Die Plattform-Logistik bildet ein Thema auf allen vier Ebenen der strategischen Früherkennung. An diesem Beispiel soll gezeigt werden: Der Nutzen strategischer Früherkennung in Unternehmen hängt davon ab, wie es gelingt, ein alle vier Ebenen integrierendes System anzuwenden.

Für obige Fragen sind die Antworten auf der vierten Ebene, damit unter Anwendung von Zukunftsforschungsmethoden (z. B. Szenario-Technik oder Delphi-Methode) zu finden. Zugleich besteht eine direkte Verbindung zur dritten Ebene: zum einen, um weitere schwache Signale einzufangen, die für das Unternehmen relevant werden könnten. Für eine gerichtete Beobachtung werden auf der zweiten Ebene Indikatoren definiert, z. B. prozentualer Umsatzanteil der Geschäftsbeziehungen in der Logistik via Plattformen (z. B. Wieviel Transportvolumen wickeln Verlader über Online-Plattformen ab, und wieviel direkt mit ihren langjährig bewährten Speditionen?). Kommt es bei einem klassischen Logistikdienstleister (z. B. Dachser oder Kühne + Nagel) zur Entscheidung, selbst eine eigene Transport-Plattform aufzubauen oder auch kooperativ mit Partnern, dann greift die operative Früherkennung z. B. in Form einer Projektfortschrittskontrolle.

8.2 Erfolgspotenziale in Supply Chains

8.2.1 Merkmale

Potenziale im Allgemeinen bezeichnen Leistungsfähigkeiten bzw. Kompetenzen. Der Begriff „Erfolgspotenzial" betont die wettbewerbsstrategische Bedeutung dieser Fähigkeiten/Kompetenzen. Erfolgspotenziale sind langfristige Vorteilsquellen.

Logistische Erfolgspotenziale

Logistische Erfolgspotenziale sind die langfristigen Leistungsfähigkeiten von Logistik- bzw. Fließsystemen, die die Wettbewerbsposition des Unternehmens oder strategischen Netzwerks dauerhaft stabilisieren und stärken.

Logistische Erfolgspotenziale sind beispielsweise in dem europäischen Transportnetz eines kooperativen Zusammenschlusses von Logistikunternehmen oder in den langjährigen Versandhandelserfahrungen eines Logistikdienstleisters zu sehen. Erfahrungen im Versandhandel bilden eine erfolgsrelevante Einflussgröße für das Eindringen von Logistikunternehmen in den Markt „Onlineshopping".

Merkmale

- **Logistische Erfolgspotenziale sind langfristiger Natur:** Das Merkmal „langfristig" erstreckt sich auf den Prozess des Aufbaus von Erfolgspotenzialen und auf ihre Nachhaltigkeit in der Nutzung.
- **Logistische Erfolgspotenziale besitzen dynamischen Charakter:** Erfolgspotenziale im Allgemeinen und logistische im Besonderen bilden dynamische Größen, indem sie im Leben eines Unternehmens und strategischen Netzwerks eine Entwicklung durchlaufen.
- **Qualitätsmaßstab der begrenzten Imitierbarkeit:** Es zeichnet die Qualität des logistischen Erfolgspotenzials aus, dass es nicht bzw. nur sehr begrenzt imitierbar ist. Dies steht im Zusammenhang mit der Eigenschaft von Erfolgspotenzialen als differenzierende, individuelle Vorteilsquellen.
- **Erfolgspotenziale sind integrierte Potenziale:** Logistische Ressourcen (z. B. ein fahrerloses Transportsystem in der Produktion) sind nicht von vornherein als Erfolgspotenziale zu interpretieren. Sie werden erst dann zu Erfolgspotenzialen, wenn im Beispiel die Investition in ein fahrerloses Transportsystem zu kürzeren Produktionsdurchlaufzeiten und niedrigeren Produktionslogistikkosten führt und sich in einem höheren Markterfolg des Unternehmens niederschlägt.

8.2.2 Supply Chain Operations Reference (SCOR-Modell)

Wie aus der Bezeichnung „Supply Chain Operations Reference" bereits hervorgeht, handelt es sich hierbei um ein Referenzmodell für die in einer Supply Chain ablaufenden Prozesse. In seiner Eigenschaft als Referenzmodell bildet es eine Standardmethode für die Analyse der Prozesse und die Identifikation von Optimierungsmöglichkeiten. Die Abbildung 8.4 zeigt den Ausschnitt einer Supply Chain von der Wertschöpfungsstufe –2 bis zur Wertschöpfungsstufe +2 und symbolisiert die Vernetzung der Prozesse zwischen den Kooperationspartnern.

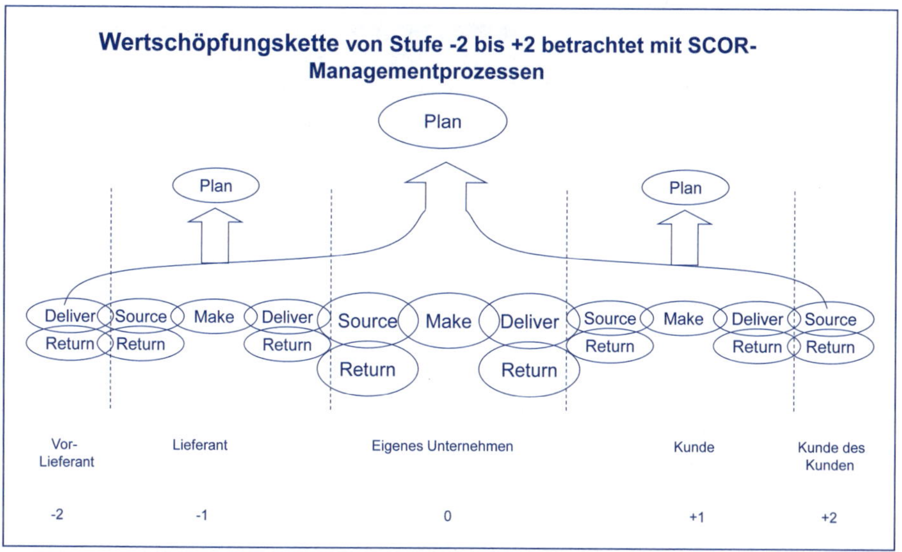

Abbildung 8.4: Prozesskette im SCOR-Modell (Groll 2004: 180)

SCM-Prozesse

Die dargestellten fünf **SCM-Prozesse** Planung (Plan), Beschaffung (Source), Herstellung (Make), Lieferung (Deliver) und Rückgabe/Entsorgung (Return) bilden die Hauptprozesse, die im Modell dann weiter untergliedert und inhaltlich konkretisiert werden. Im Fokus der **Supply-Chain-Planung** steht die Synchronisation von Nachfrage und Angebot über alle Wertschöpfungsstufen hinweg. Die Nachfrage der Endkunden (individuelle Konsumenten oder Geschäftskunden) gibt dafür den ausschlaggebenden Impuls. Damit kann eine Aufschaukelung der Nachfrage (Bullwhip-Effekt) beginnend vom Einzelhandel über Großhandel, Hersteller, Zulieferer, Vorlieferanten mit den negativen Folgen zu hoher Bestände, unausgelasteter Fertigungskapazitäten und zu langen Lieferzeiten vermindert bzw. vermieden werden.

Ebenen des SCOR-Modells

Den Aufbau des SCOR-Modells mit den **Ebenen** 1) Top-Ebene, 2) Konfiguration, 3) Gestaltung und 4) Implementierung zeigt die Abbildung 8.5. Auf der **Top-Ebene** werden Umfang und Inhalt der Supply Chain abgesteckt. Die kooperierenden Unternehmen und die Vernetzung der fünf SCM-Prozesse werden abgebildet.

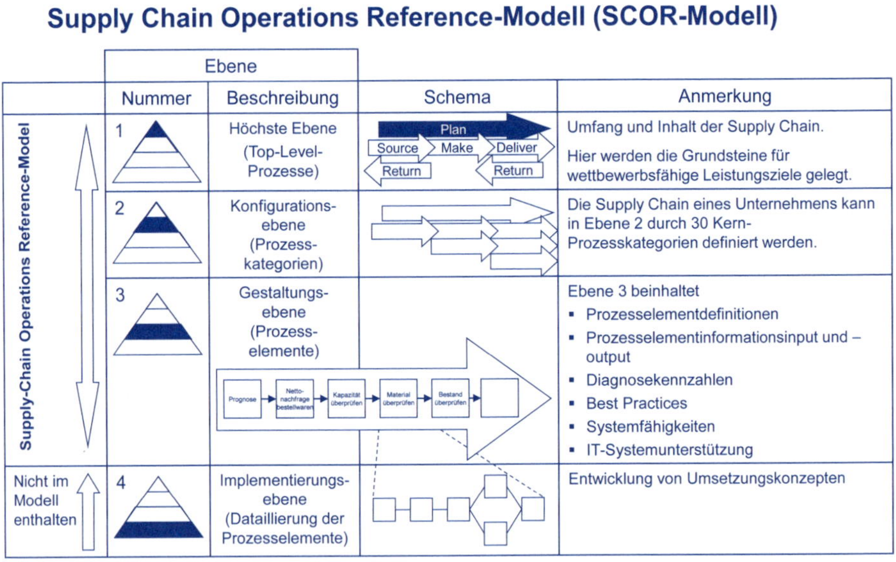

Supply Chain Operations Reference-Modell (SCOR-Modell)

	Ebene – Nummer	Ebene – Beschreibung	Schema	Anmerkung
Supply-Chain Operations Reference-Model	1	Höchste Ebene (Top-Level-Prozesse)	Plan; Source, Make, Deliver; Return, Return	Umfang und Inhalt der Supply Chain. Hier werden die Grundsteine für wettbewerbsfähige Leistungsziele gelegt.
	2	Konfigurationsebene (Prozesskategorien)		Die Supply Chain eines Unternehmens kann in Ebene 2 durch 30 Kern-Prozesskategorien definiert werden.
	3	Gestaltungsebene (Prozesselemente)	Prognose → Netto-nachfrage bestellwaren → Kapazität überprüfen → Material überprüfen → Bestand überprüfen →	Ebene 3 beinhaltet ▪ Prozesselementdefinitionen ▪ Prozesselementinformationsinput und –output ▪ Diagnosekennzahlen ▪ Best Practices ▪ Systemfähigkeiten ▪ IT-Systemunterstützung
Nicht im Modell enthalten	4	Implementierungsebene (Dataillierung der Prozesselemente)		Entwicklung von Umsetzungskonzepten

Abbildung 8.5: Ebenen des SCOR-Modells (Groll 2004: 178)

Anschließend werden auf der darunterliegenden **Konfigurationsebene** die Supply-Chain-Prozesse konkretisiert. Dazu stehen ca. 30 standardisierte Prozesskategorien zur Verfügung. Sie sind Ausdruck typischer inhaltlicher Ausprägungen der fünf Hauptprozesse. Zum Beispiel macht es einen Unterschied, ob Rohmaterial oder auftragsspezifisch konstruierte Produkte zu beschaffen sind. Was die Herstellung betrifft, so setzt eine reine Lagerfertigung (das Unternehmen fertigt auf Lager bzw. für den anonymen Markt – Make-to-Stock) andere Managementanforderungen gegenüber einer Auftragsfertigung (das Unternehmen produziert auf Basis erhaltener Kundenaufträge – Build-to-Order).

Die Abbildung 8.6 stellt die beiden Produktionsweisen **Make-to-Stock** und **Build-to-Order** am Beispiel der Abnehmer-Zulieferer-Logistikdienstleister-Beziehungen in der Prozessperspektive gegenüber. Beide Produktionsweisen unterscheiden sich nicht nur bezüglich der unter Build-to-Order wegfallenden Prozesse der Lagerung von Fertigwaren bei Zulieferer und Abnehmer, sondern auch durch eine auf Build-to-Order basierende neue Qualität in der Vernetzung der Prozesse zwischen Abnehmer und Zulieferer. Die für Make-to-Stock zutreffenden Bestellprozesse werden bei Build-to-Order durch eine direkte beschaffungs-, produktions- und distributionsseitige Vernetzung zwischen Abnehmer und Zulieferer abgelöst.

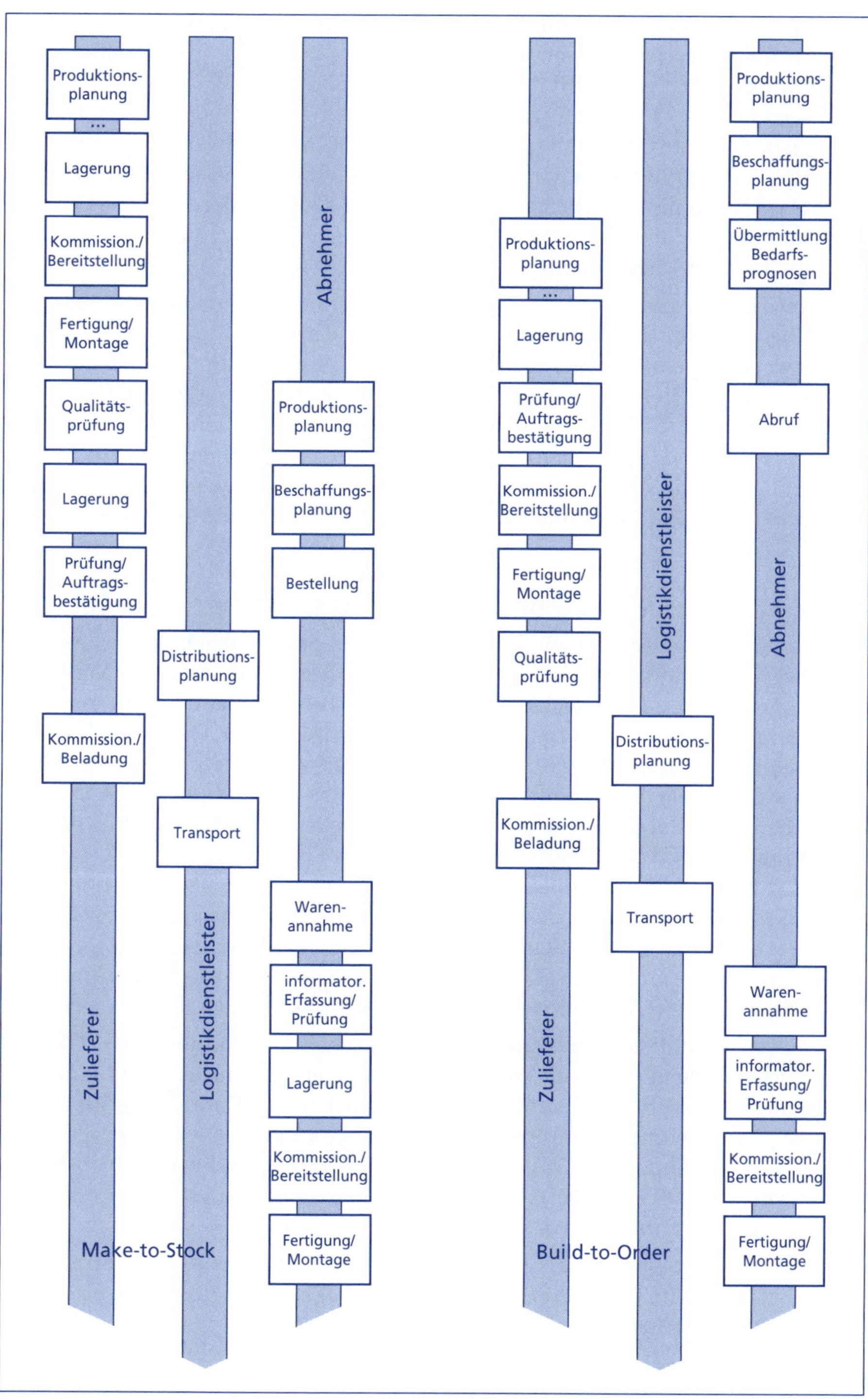

Abbildung 8.6: Make-to-Stock und Build-to-Order (Braun 2012: 51)

Eine weitere Detailierung erfolgt auf der **Gestaltungsebene.** Hier werden die zu den Prozesskategorien /-typen gehörenden Prozesselemente (bzw. Teilprozesse) zusammengestellt. Das betrifft das Aneinanderreihen der Prozesselemente mit den jeweiligen Input-/ Outputinformationen in Form von Flussdiagrammen. Die der Logistik immanente Objektflussperspektive kommt so zur Anwendung als Voraussetzung für eine Optimierung der Material-, Waren- und Informationsflüsse. Zum Beispiel setzt sich die Prozesskategorie „Rohmaterial beschaffen" aus den Prozesselementen „Materialanlieferung planen", „Materialannahme und -prüfung" und „Materialtransfer" zusammen.

Auf der Gestaltungsebene findet auch ein unternehmens- und branchenübergreifendes Benchmarking einschließlich der Vergleiche mit Best Practices statt. Durch die Verwendung einheitlicher, gemeinsamer Definitionen der Prozesskategorien und zugehöriger Prozesselemente zwischen allen Anwendern des SCOR-Modells sind die Voraussetzungen für eine Vergleichbarkeit und eine hohe Aussagequalität gegeben. Mit dem Übergang von der Gestaltungs- zur **Implementierungsebene** eröffnet das standardisierte Referenzmodell den notwendigen Raum für die individuelle Umsetzung der modellierten Prozesse bzw. Prozessketten /-netze in Supply Chains.

Welche Vorteile bringt die Anwendung des SCOR-Modells?

Die Beantwortung nehmen wir am besten anhand des Vergleichs zwischen individueller Prozessaufnahme und Verwendung von Standards vor. Beide Verfahren können prinzipiell zu vergleichbaren Ergebnissen führen, aber der **Zeit- und Kostenaufwand** für die Prozessanalyse ist unter Nutzung von SCOR deutlich kürzer bzw. niedriger. Einschränkend zu der Formulierung „prinzipiell vergleichbare Ergebnisse" sei aber die Hypothese aufgestellt: Unter Anwendung von SCOR wird eine höhere **Qualität** der Ergebnisse erreicht, da in das Modell das Wissen und die Erfahrungen von Wissenschaftlern sowie einer großen Zahl von Experten aus der Praxis einfließen. Außerdem ermöglicht SCOR eine universelle Anwendbarkeit, was angesichts der Tatsache, dass Unternehmen meist in mehreren Supply Chains integriert sind, zusätzliche Zeit-, Kosten- und Qualitätsvorteile stiftet. Nicht zu vergessen sind die guten Einsatzbedingungen für Vergleiche (Benchmarking, Best Practices) zwischen Unternehmen und Supply Chains.

Die Ergebnisse und Erfahrungen aus der praktischen Anwendung des SCOR-Modells fließen laufend in dessen Weiterentwicklung ein, wenn auch die Ursprünge des Modells auf Mitte der neunziger Jahre zurückgehen. Damals ergriffen zwei Bostoner Unternehmensberatungen die Initiative. Heute steht hinter SCOR die Supply Chain Council (SCC), eine unabhängige US-amerikanische Non-Profit-Organisation. SCOR unterstützt die zielgerichtete Prozessanalyse und -gestaltung von Supply Chain und damit die Strategieformulierung.

Aufgespürte Erfolgspotenziale bedürfen zu ihrem Aufbau passender Strategien. Hierzu lernen Sie im Folgenden das Logistik-Strategien-Modell mit den einzelnen Logistikstrategiearten kennen.

8.3 Logistik-Strategien-Modell

In Anlehnung an die Strategiedefinition von Porter – „Eine Strategie ist eine in sich stimmige Anordnung von Aktivitäten [synonym Prozessen – I. G.], die ein Unternehmen [oder eine Supply Chain – I. G.] von seinen Konkurrenten unterscheidet" (Porter 2014: 11) – ergibt sich folgende Definition der Logistikstrategie:

Definition Logistikstrategie

Die Logistikstrategie zielt auf eine die Objektflüsse optimierende Anordnung der Aktivitäten bzw. Prozesse in der Supply Chain ab. Sie beinhaltet die strategischen Logistikziele sowie die Beschreibung der Wege (sachlicher und finanzieller Natur), die zur Verwirklichung dieser Ziele zu gehen sind.

Die Logistikstrategie eines Unternehmens oder strategischen Netzwerks setzt sich aus einzelnen Teilstrategien zusammen. Eine Unterteilung erleichtert die Handhabbarkeit der Komplexität logistischer Systeme.

Nach einer phasenorientierten Gliederung sind das die Beschaffungs-, die Produktions-, die Distributions- und die Entsorgungslogistikstrategie. Zu hinterfragen ist aber, ob diese klassische Unterteilung überhaupt der anspruchsvollen Zielausrichtung auf effektive und effiziente Material- und Warenflüsse in der gesamten Supply gerecht werden kann. Wohl kaum, da damit Schnittstellen zwischen den Phasen von Wertschöpfungssystemen geschaffen werden. Demgegenüber besitzt eine auf das Wertschöpfungssystem bzw. die Supply Chain als Ganzes orientierte Gliederung Vorteile. Die Suche nach einer besser geeigneten Unterscheidung in Logistikstrategiearten beginnt mit der Beantwortung der Frage:

Welche Eigenschaften eines Wertschöpfungssystems oder einer Supply Chain beeinflussen die Material-, Waren-, Informations- und Finanzflüsse am stärksten?

- **geografische Standortverteilung (Konfiguration) der Aktivitäten und Prozesse**
  Die Wertschöpfungsprozesse (Forschung & Entwicklung, Fertigung, Montage, Lagerung, Distribution u. a. m.) werden häufig an mehreren, verschiedenen Standorten durchgeführt, die in unterschiedlicher geografischer Distanz zueinander liegen. Das hat logistische Konsequenzen für die Material-, Waren-, Informations- und Finanzflüsse zwischen diesen Standorten. Liegen die Standorte in unterschiedlichen Ländern und Weltregionen, ergeben sich weitere Einflüsse auf die logistische Optimierung.
- **Arbeitsteilung (Spezialisierung) zwischen Unternehmen**
  Eine Vertiefung der Arbeitsteilung zwischen den kooperierenden Unternehmen in der Supply Chain bewirkt eine Zunahme der zwischenbetrieblichen Objektflüsse (Material-, Waren-, Informations- und Finanzflüsse). Umgekehrt nehmen bei Verringerung der Arbeitsteilung die Anzahl und Frequenz der zwischenbetrieblichen Flüsse einschließlich Transportströme ab.

- **Form der Zusammenarbeit (Kooperation)**
  Im Unterschied zu einer kurzfristigen Geschäftsbeziehung eröffnet eine langfristige Kooperation ein weit größeres logistisches Optimierungspotenzial (z. B. durch den Übergang von einer doppelten Lagerung auf eine gemeinsame Lagerhaltung zwischen Zulieferer und Abnehmer). Erst eine langfristige Kooperation gibt die Basis für spezifische Investitionen in die Logistiksysteme. Im Unterschied dazu ist bei kurzfristigen Geschäftsbeziehungen die logistische Flexibilität höher (z. B. Wechsel der Logistikdienstleister).
- **Standardisierung der Objekte und Prozesse**
  Der Grad einer Standardisierung der Objekte (Produkte, Transport- und Ladeeinheiten) und Prozesse (zum einen ausführende Prozesse wie Transportprozesse, zum anderen Führungsprozesse wie Qualitätsmanagement) hat Einfluss auf die Effizienz der Objektflüsse. So bewirkt ein hoher Standardisierungsgrad Größendegressionseffekte (Economies of Scale). Gegenläufig wirkt sich die zu beobachtende zunehmende Individualisierung der Kundenwünsche aus.
- **Verteilung der Führungskompetenzen**
  Eine Übertragung von Führungskompetenzen an dezentrale Einheiten im Unternehmen bzw. an Geschäftspartner (z. B. Logistikdienstleister) führt erstens zu einer Beschleunigung der Entscheidungsprozesse in der Supply Chain (durch Wegfall nicht notwendiger Abstimmungen mit der Unternehmenszentrale), zweitens zu einer Einsparung von Prozessen (z. B. Abbau der doppelten Lagerhaltung bei Vendor-Managed Inventory oder Wegfall der Qualitätskontrolle im Wareneingang des Abnehmers), drittens zu einer Optimierung der Prozesse (z. B. ermöglicht die Übernahme des Bestandsmanagements durch den Zulieferer auch eine Optimierung des Fertigungsflusses einschließlich einer höheren Auslastung der Produktionskapazitäten; im Falle von Value-Added Assembly ist es die gezielte Bündelung zusammenhängender Aktivitäten, die effektivitäts- und effizienzerhöhend wirkt); und viertens zu einer Vereinfachung von Prozessen (z. B. wird die zentrale Koordination der Material- und Warenflüsse auf der Netzwerkebene erleichtert, wenn Koordinationsaufgaben dezentralisiert werden).

Zielführend ist, diese logistikrelevanten Eigenschaften von Wertschöpfungssystemen als **Gestaltungsdimensionen** zu wählen, um so die Strukturen und Prozesse von Wertschöpfungssystemen logistisch zu optimieren. Die Gestaltungsdimensionen sind sozusagen die „Stellschrauben", die gezielt so strategisch zu verändern sind, damit eine die Objektflüsse optimierende Anordnung der Prozesse in der Supply Chain erreicht werden kann.

Konsequenterweise setzt die neue Gliederung der Logistik(gesamt)strategie in Teilstrategien an den logistikrelevanten Eigenschaften von Wertschöpfungssystemen und Supply Chains an. Die Abbildung 8.7 zeigt das **Logistik-Strategien-Modell** mit seinen einzelnen Logistikstrategiearten im Überblick. In ihrer Gesamtheit bewirken sie effektive und effiziente Güter-, Informations- und Finanzflüsse sowie eine hohe Entwicklungs- und Anpassungsfähigkeit des Objektfluss- bzw. Logistiksystems.

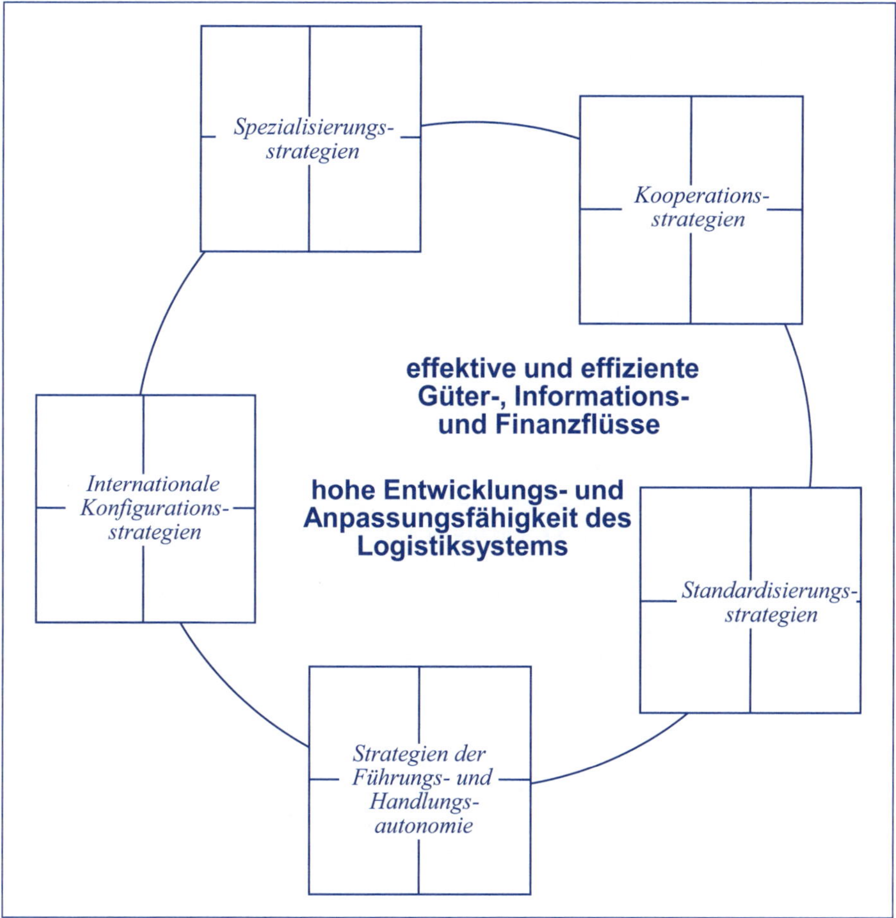

Abbildung 8.7: Logistik-Strategien-Modell

8.4 Spezialisierungsstrategien

8.4.1 Gegenstand

Den Gegenstand der Spezialisierungsstrategien bildet eine **auf die Objektflüsse fokussierte Entwicklung der Arbeitsteilung zwischen den Supply-Chain-Akteuren.** Die Arbeitsteilung findet vertikal statt (vom Vorlieferanten über Tier-1-Zulieferer, Hersteller, Handel bis hin zum Endkunden) und horizontal (innerhalb jeder Stufe). Die Abbildung 8.8 veranschaulicht beide Perspektiven.

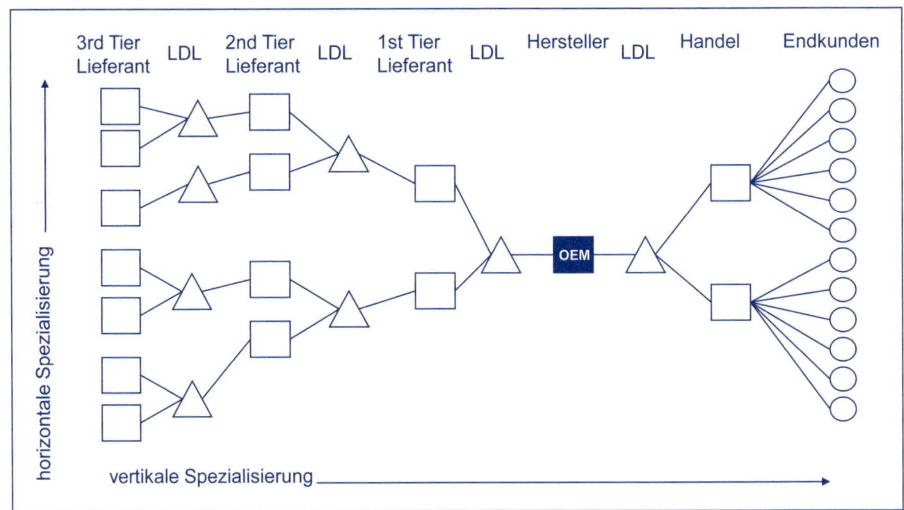

Abbildung 8.8: Vertikale und horizontale Supply-Chain-Perspektive

Im Fokus steht dabei die Schaffung einer **flussorientierten Arbeitsteilung,** da diese gegenüber einer funktionalen oder klassischen Prozessorganisation zusätzliche Logistikvorteile generiert, indem hoch interdependente Prozesse zu Prozessketten und Netzen verknüpft werden. Dadurch lassen sich Kosten-, Zeit- und Qualitätsvorteile erzielen.

Die Abbildung 8.9 demonstriert das Vorgehen anhand der Bildung von zwei Prozessketten. Die Prozesskette „Fahrzeugmontage" stößt die Produktion in der Prozesskette „Teile und Module" an. Basis bilden die Kunden- und Montageaufträge. Aus diesen leiten sich die Aufträge für die Eigenfertigung von Teilen / Modulen sowie die Aufträge an die Zulieferer ab. Alle Aktivitäten der Prozesskette „Teile und Module" werden so vernetzt, dass die Übergabe an die Prozesskette „Fahrzeugmontage" termintreu (z. B. Just-in-Time / Just-in-Sequence) erfolgen kann und so bei planmäßigem Verlauf der Fahrzeugmontage der Kunde das Fahrzeug zum gewünschten Termin bekommt.

Anwendungen in der Praxis überzeugen durch Beschleunigung des Auftrags- und Produktionsdurchlaufs, höhere Prozess- und Produktqualität, indem die Verantwortung für singuläre Prozesse auf ganze Prozessketten und -netze übertragen wird, sowie insgesamt durch eine spürbare Kostenoptimierung.

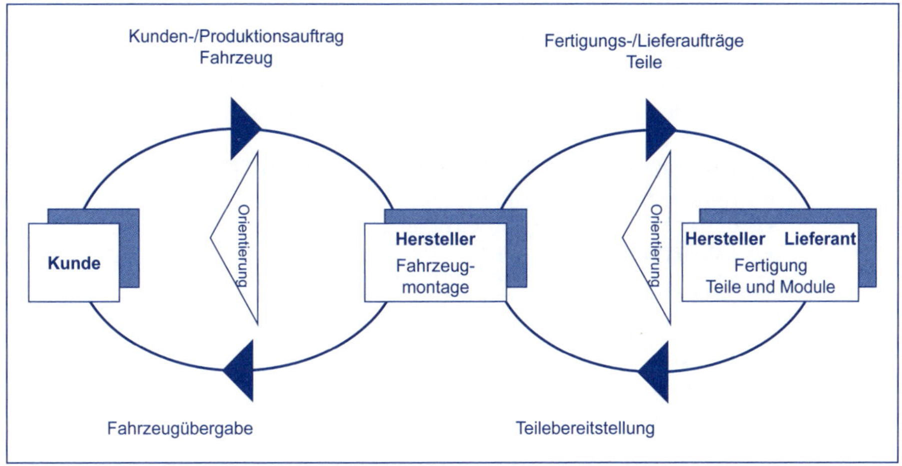

Abbildung 8.9: Prozesskettenbildung in der Automobilindustrie

Die Spezialisierung bzw. Arbeitsteilung drückt aus, in welchem Umfang die Unternehmen zur Wertschöpfung in der Supply Chain beitragen. Steigt die Arbeitsteilung, sinken die relativen Beiträge der Unternehmen an der SC-Wertschöpfung. Umgekehrt erhöhen sich die Wertbeiträge der Akteure bei Rückgang der Arbeitsteilung. Derartige strategische Veränderungen lassen sich insbesondere anhand der Kenngrößen Wertschöpfungs-, Fertigungs- und Logistiktiefe messen.

Wertschöpfungstiefe Fertigungstiefe

Zumeist wird die Fertigungstiefe nach der Formel ermittelt: interne Wertschöpfung (€) dividiert durch die gesamte (interne + externe) Wertschöpfung (€) × 100 Prozent. Mit anderen Worten: Gesamtleistung des Unternehmens (Nettoumsatzerlöse +/– Bestandsveränderung) minus Materialaufwand und die so erhaltene Differenz wiederum auf die Gesamtleistung (Nettoumsatzerlöse +/– Bestandsveränderung + Materialaufwand) bezogen. Das entspricht jedoch genau genommen über die eigentliche Fertigungstiefe hinaus der Wertschöpfungstiefe des Unternehmens. Insofern werden Wertschöpfungstiefe und Fertigungstiefe zumeist synonym verwendet. Die Abbildung 8.10 zeigt eine noch detailliertere Berechnung der Wertschöpfungstiefe.

Wertschöpfung = im Unternehmen erwirtschafteter Wertzuwachs

Differenz zwischen den in einer Periode abgegebenen Leistungen und den übernommenen Leistungen (Vorleistungen)

Berechnung auf Basis der Kosten- und Leistungsrechnung

	Nettoerlös
+/–	Bestandsveränderung an fertigen und unfertigen Produkten
+	aktivierte Eigenleistungen
+	sonstige umsatzähnliche Leistungen (z.B. Leasing)
=	Bruttoproduktionswert
–	Verbrauchsvorleistungen (z.B. Fremdleistungskosten, Materialkosten)
–	Nutzungsvorleistungen (z.B. kalkulatorische Abschreibungen auf Sachanlagen und immaterielle Vermögensgegenstände)
=	Betriebliche Wertschöpfung (Nettoproduktionswert)

$$\text{Wertschöpfungstiefe (\%)} = \frac{\text{Betriebliche Wertschöpfung (€)}}{\text{Bruttoproduktionswert (€)}} \times 100\ \%$$

Abbildung 8.10: Berechnung der Wertschöpfungstiefe (vgl. Lange 2008: 900)

Die **Fertigungstiefe** kann alternativ wie folgt berechnet werden: interne Fertigungsleistungen (€) dividiert durch (Fertigungsleistungen Dritter + interne Fertigungsleistungen (€)) × 100 Prozent. Eine vergleichsweise niedrige Fertigungstiefe besitzen die Automobilhersteller (Original Equipment Manufacturer – OEM) mit durchschnittlichen Werten zwischen 25 und unter 30 Prozent (im Premiumsegment nahe 30 Prozent; im Volumensegment nahe 25 Prozent; vgl. Göpfert et al. 2016). Veränderungen in der Fertigungstiefe wirken sich direkt auf die Objektflüsse aus. Zum Beispiel nehmen mit einer Fertigungstiefenreduzierung die zwischenbetrieblichen Güter- und Informationsflüsse zu. Die Fertigungstiefe ist ein Aspekt der Spezialisierungsstrategie. Nicht weniger wichtig ist die Logistiktiefe.

Logistiktiefe

Logistiktiefe wird nach der folgenden Formel berechnet: interne Logistikwertschöpfung (€) dividiert durch die gesamte (interne und externe) Logistikwertschöpfung (€) × 100 Prozent.

Die Betrachtung der vertikalen Spezialisierung spannt sich über die Fertigungs- und Logistiktiefe hinaus auf alle betrieblichen Funktionen (z. B. auf die unternehmensübergreifende Arbeitsteilung in F&E oder die Entsorgung von Reststoffen). Jedoch wirken die spezifischen arbeitsteiligen Bereiche unterschiedlich auf den Güter- und Informationsfluss. Eine höhere Spezialisierung in F&E bedingt vor allem eine Zunahme von Informationsflüssen zwischen den spezialisierten F&E-

Stellen und weniger von physischen Materialflüssen. Der Transfer von physischen Gütern begrenzt sich auf neuentwickelte Materialproben, Prototypen und Dokumente.

Aus der Tatsache, dass jegliche Arbeitsteilung, ob in der Fertigung, F&E oder Entsorgung, immer direkt die Material-, Waren- und Informationsflüsse beeinflusst, stellt sich die strategische Herausforderung an die Logistik, mit passenden Strategien eine die Objektflüsse optimierende Arbeitsteilung in der Supply Chain zu entwickeln.

Welche Strategien sind das?

Durch die Kombination von vertikaler und horizontaler Arbeitsteilung in der Supply Chain ergeben sich vier Spezialisierungsstrategien (siehe Abbildung 8.11). Diese Strategiealternativen werden nachfolgend aus der Perspektive eines Industrieunternehmens diskutiert, um so eine hohe praktische Anschaulichkeit zu sichern.

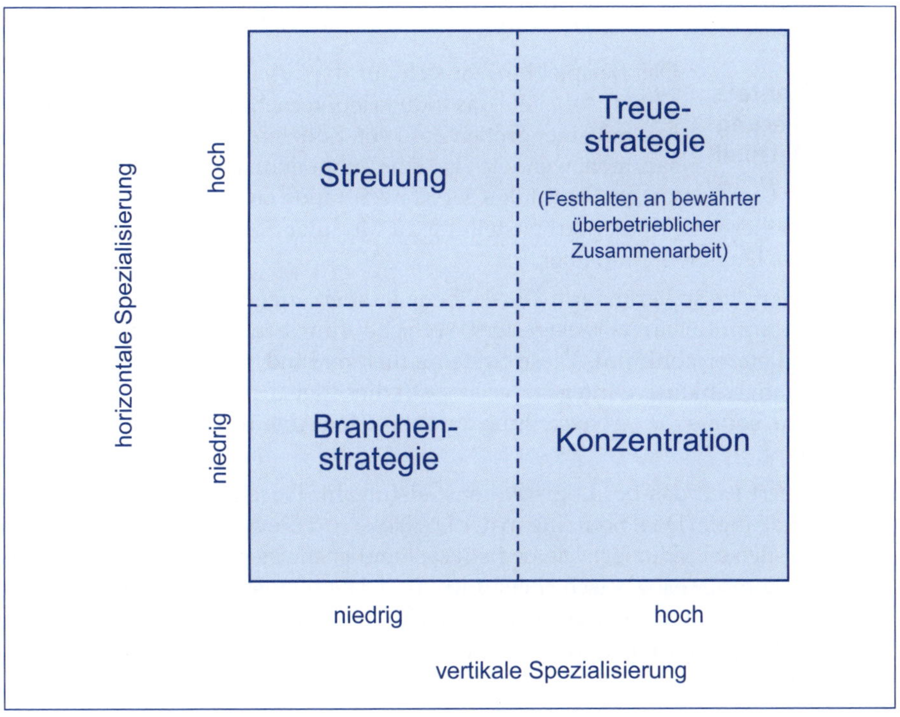

Abbildung 8.11: Spezialisierungsstrategien

8.4.2 Konzentration

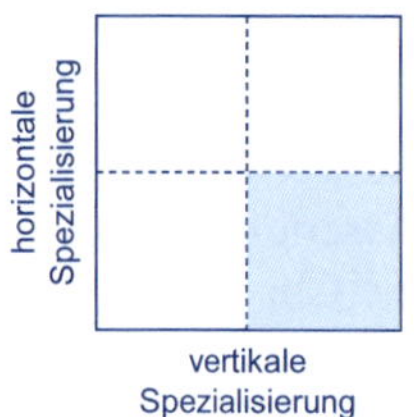

Die Spezialisierungsstrategie Konzentration zeichnet sich durch eine hohe vertikale und niedrige horizontale Spezialisierung aus. Ausdruck für eine hohe vertikale Spezialisierung ist, dass sich das Industrieunternehmen auf seine Kernkompetenzen konzentriert und für Leistungen, die nicht in dessen Kernkompetenzbereich fallen, vor- bzw. nachgelagerte SC-Akteure beauftragt. Das bewirkt eine Vertiefung der Arbeitsteilung zwischen den Wertschöpfungsstufen in der Supply Chain.

Um die aus höherer vertikaler Arbeitsteilung resultierende Steigerung der Komplexität der unternehmensübergreifenden Beziehungen zu kompensieren, reagiert der betrachtete Hersteller mit einer Verringerung der Zahl seiner direkten Zulieferer und Logistikdienstleister. Er konzentriert sich auf Systemzulieferer anstelle Einzelteilezulieferer sowie auf Kontraktlogistikdienstleister statt Einzelleistungsanbieter. Damit sinkt die horizontale Spezialisierung durch einen Rückgang der Zahl der Akteure auf der direkt vor- bzw. nachgelagerten Wertschöpfungsstufe.

horizontale Spezialisierung Beispiel

Das Beispiel bezieht sich auf die beschaffungsseitige Supply Chain. Arbeitete das Industrieunternehmen in der Vergangenheit mit einer großen Zahl von Zulieferern von Einzelteilen zusammen, wendete also ein Component und Multiple Sourcing an, geht es infolge der Konzentration auf seine Kernkompetenzen und höherer vertikaler Arbeitsteilung zu Modular Sourcing kombiniert mit Single bzw. Dual Sourcing, über.

Ein Blick auf die so veränderte Tier-1-Ebene lässt erkennen, dass auf dieser dem Hersteller unmittelbar vorgelagerten Wertschöpfungsstufe die Zahl seiner direkten Zulieferer abnimmt. Diese Systemzulieferer sind in der Lage, komplexe Lieferumfänge inklusive integrierter Logistikdienstleistungen „aus einer Hand" anzubieten, sodass die Arbeitsteilung zwischen den Akteuren auf der Tier-1-Ebene abnimmt.

Analog zeigt sich das bei Logistikdienstleistungen. Durch den Übergang zum System und Single/Dual Sourcing in der Logistik wird die Anzahl der direkten Logistikdienstleister reduziert. Die Logistiksystemdienstleister sind in der Lage, dem Hersteller komplexe logistische Leistungsbündel bereitzustellen, wofür zuvor die Beauftragung zahlreicher logistischer Einzeldienstleister für Transport, Lagerung etc. notwendig war. Im Ergebnis verringert sich die Zahl der Logistikdienstleister auf der Tier-1-Ebene.

Die Abbildung 8.12 zeigt am Beispiel eines Fahrradproduzenten die Zunahme der Zahl der in die Leistungserstellung involvierten Spezialisten (= vertikale Spezialisierung steigt) bei gleichzeitiger Abnahme der Zahl der direkten Lieferanten durch den Aufbau von Zulieferpyramiden (= horizontale Spezialisierung sinkt.

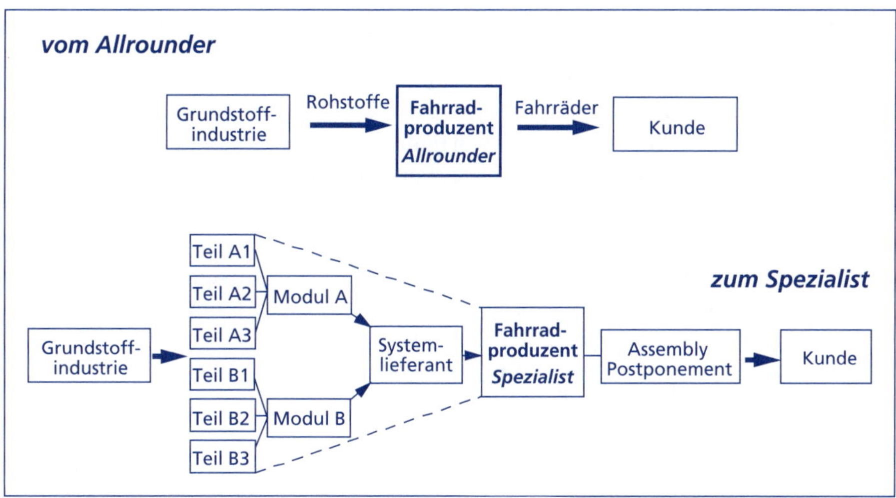

Abbildung 8.12: Spezialisierungsparadigma: vom Allrounder zum Spezialist

Diese Konzentration, zum einen auf die Kernkompetenzen und zum anderen auf eine kleine Zahl exzellenter Zulieferer und Logistikdienstleister, ist namensgebend für die Strategie.

Welche Logistikziele unterstützt die Spezialisierungsstrategie Konzentration am stärksten?

- **Verbesserung der Flexibilität gegenüber Nachfrageänderungen**
  Die Spezialisierung der SC-Akteure auf ihre Kernkompetenzen erhöht deren Reaktionsfähigkeit und -schnelligkeit.
- **Verbesserung der Angebotsqualität**
  Die für diese Strategie hohe Logistikperformance schafft die Voraussetzung für eine deutliche Qualitätssteigerung des Produkt- und Serviceangebots, da Spezialisten vernetzt werden.
- **Erhöhung des Innovationsgrads der Produkte und der Logistik**
  Diese Logistikstrategie wirkt zugleich erhöhend auf die Innovationsfähigkeit in der Supply Chain; zum einen in Bezug auf die Produkte (Kernkompetenzträger besitzen eine höhere Innovationsfähigkeit) und zum anderen bezüglich der Logistik selbst, da das Outsourcing der Logistik an Kontraktlogistikdienstleister ebenfalls positive Ausstrahlungseffekte auf Logistikinnovationen hat. Logistikinnovationen stoßen wiederum Produktinnovationen an.
- **Abbau der Material- und Warenbestände**
  Zwar fließen zwischen Hersteller und Tier-1-Zulieferer hochwertige Stückgüter (Module), jedoch halten Hersteller und Systemzulieferer nur minimale Pufferbestände vor.
- **Verringerung der Transaktionskosten und Transportkosten**
  Durch die Konzentration auf wenige, exzellente Systemzulieferer sowie auf Kontraktlogistikdienstleister nimmt die Anzahl der Unternehmen ab, mit denen

direkte Leistungsbeziehungen bestehen, sodass die Transaktionskosten (u.a. Kosten für die Auswahl der Unternehmen, die Vertragsverhandlungen und die Kontrolle) relativ sinken. Weiterhin können die Kontraktlogistikdienstleister Bündelungseffekte im Transport erzielen, welche die erhöhenden Wirkungen infolge des Transportierens hochwertiger Stückgüter in hoher Transportfrequenz und kleinen Transportlosen (z.B. bei einer JIT-Lösung) überkompensieren können.

- **Erhöhung des Logistikservices**
  Ursächlich dafür ist das Logistik-Outsourcing an Spezialisten. Indem die Kontraktlogistikdienstleister logistische Einzelleistungen zu komplexen Leistungsbündeln schnüren (z.B. die Übernahme der Distributionslogistik), hat das positive Ausstrahlungseffekte auf alle Servicekomponenten, insbesondere auf die Lieferzuverlässigkeit bzw. Termintreue.

Diese Strategie ist, wie jede andere, an bestimmte **Voraussetzungen** geknüpft. Dazu gehören ein hohes Niveau der Informations- und Kommunikationstechnologien sowie der IT-Infrastruktur, das Angebot von Kontraktlogistikdienstleistern sowie eine funktionierende Verkehrsinfrastruktur für optimale Verkehrsflüsse.

Als **Nebenbedingungen** können in die Formulierung der Logistikstrategie produktionsseitige Restriktionen (z.B. den Bau bestimmter Module nicht aus der Hand geben) bis hin zu kulturellen Unternehmenswerten einfließen. Durch die Berücksichtigung derartiger Nebenbedingungen wird es möglich, dass mit der Logistikstrategie zugleich auch die Interdependenzen zu den anderen betrieblichen Funktionen (z.B. auch Marketingaspekte) berücksichtigt werden.

8.4.3 Treuestrategie

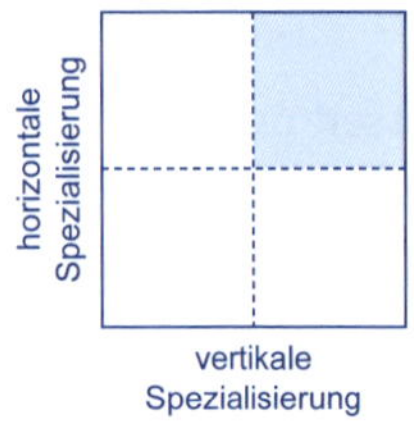

Das Muster **„hohe vertikale und hohe horizontale Spezialisierung"** bildet ein typisches Beispiel für ein Unternehmen, das sich in Richtung einer Konzentrationsstrategie bewegt, jedoch ein „Time Lag" bezüglich der Veränderung der horizontalen Leistungskette besitzt. Zum anderen kann ein Unternehmen gute Gründe dafür haben, ein Single Sourcing nicht umzusetzen. Beispielsweise wird das dann der Fall sein, wenn es die bewährte Zusammenarbeit mit den vertrauten Logistik-Komponentenanbietern nicht aufgeben möchte. Wir geben dieser Strategie deshalb den Namen **Treuestrategie.**

Fallbeispiel

Auf einer Exkursion sorgte das folgende Beispiel für Überraschung. Ein Süßwarenhersteller optimierte seine Wertschöpfungs- bzw. Fertigungstiefe, konzentrierte sich somit auf seine Kernkompetenzen. Wenn auch für diese Branche eine Fertigungstiefenreduzierung, wie in der Automobilbranche zu beobachten, eher nicht realistisch ist, so waren doch bestimmte Optimierungspotenziale durch Reduktion der Zahl der Zulieferer gegeben. Aber was die deutschlandweite Distribution der verschiedensten Süßwaren zum Handel betraf, hielt der Hersteller überraschenderweise an der großen Zahl der kleinen, mittelständischen Transporteure fest. Auf Nachfrage begründete die Geschäftsführung ihre Strategie damit, dass zu allen diesen Transportunternehmen seit rund 25 Jahren enge Beziehungen bestehen, die Zusammenarbeit sozusagen auf Zuruf in sehr hoher Qualität zu niedrigen Transportkosten funktioniert, sodass die von den Exkursionsteilnehmern anfangs vermuteten Nachteile wie z. B. höhere Transaktionskosten nicht entstehen.

8.4.4 Branchenstrategie

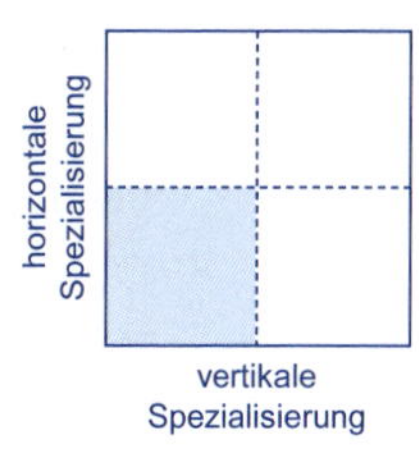

Als weiteres Muster ergibt sich der umgekehrte Kombinationsfall mit niedriger vertikaler und niedriger horizontaler Spezialisierung. Auftreten wird dieses Muster in einer Situation, bei welcher das Unternehmen in einer Branche tätig ist, in der es aus dem Fertigungsprozess heraus nicht möglich bzw. nicht zweckmäßig erscheint, die Fertigungstiefe zu reduzieren. Das trifft auf spezielle Branchen wie die Grundstoffchemie zu. Deshalb wird dieses Spezialisierungsmuster als **Branchenstrategie** benannt.

Unabhängig von einer fertigungswirtschaftlich bedingten hohen Fertigungstiefe stellt sich die Entscheidung über die Zusammenarbeit mit Unternehmen als Anbieter solcher Leistungen, die trotz der niedrigen Arbeitsteilung in der vertikalen Leistungskette notwendig sind. Dem Gang der Entwicklung folgend wird sich das Unternehmen dann für eine Konzentration auf wenige Systemanbieter einschließlich Kontraktlogistikdienstleister entscheiden, um die Effekte, die sich insbesondere aus den vergleichsweise niedrigen Transaktionskosten ergeben, auszunutzen.

8.4.5 Streuung

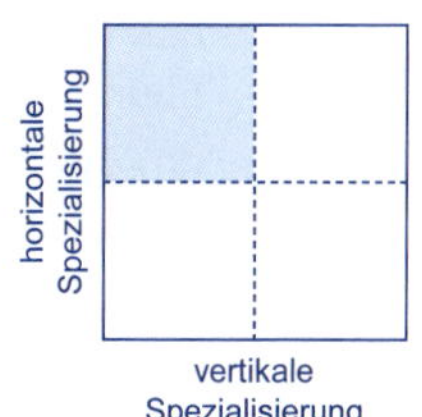

Merkmale der Strategie Streuung:

- Das Industrieunternehmen besitzt eine hohe Fertigungstiefe.
- Im Zusammenhang mit der hohen Fertigungstiefe werden überwiegend Einzelteile von außen bezogen (Component Sourcing). Das Component Sourcing wird mit einem Multiple Sourcing (mehrere Lieferanten pro Teileart) kombiniert.
- Die Logistiktiefe ist hoch ausgeprägt (bis zu 100 Prozent Eigenerstellung). Der Hersteller besitzt einen eigenen Fuhrpark. Er unterhält und betreibt selbst eigene Läger und führt Kommissionier- und Verpackungsarbeiten selbst aus.
- Der Hersteller fragt Logistikeinzelleistungen nach. Wie am Beispiel der Fertigung gezeigt, beobachten wir auch ein Multiple Sourcing bei Logistikleistungen.

Auswirkungen auf die Güterflüsse:

1. Das niedrige Niveau vertikaler Spezialisierung geht mit einer relativ kleinen Zahl zwischenbetrieblicher Güterflüsse einher, sodass das Güterverkehrsaufkommen und die Güterverkehrsleistung vergleichsweise niedrig sind (unterproportionale Steigerung gemessen am Wachstum der Bruttoproduktion). Die Anzahl zwischenbetrieblicher Schnittstellen ist klein. Infolge des Vorherrschens kleiner Logistikkomponentenanbieter werden kaum Bündelungseffekte bezüglich Zeit, Qualität und Kosten erzielt.

2. Es sind niedrigwertige Güter zu transportieren. Im Fall höchster Strategieausprägung sind das Massengüter vom Rohstofflieferanten zum Hersteller.
3. Aus 1) und 2) ergibt sich die Eigenschaft des Wertschöpfungssystems als ein lagerbasiertes System. Infolge des gegenüber kompletten Modulen niedrigeren Wertes der Einzelteile liegt eine ausgeprägte Vorratshaltung vor. Die Anforderungen an die Qualität der zwischen- und innerbetrieblichen Schnittstellen und an die Termintreue sind entsprechend niedriger.
4. Aus 2) und 3) folgen langsame Transporte in großen Transportlosen bei niedriger Transportfrequenz.
5. Durch die umfassende Nutzung der Ausgleichsfunktion einer Lagerhaltung tritt die Bedeutung der Transportleistung in den Hintergrund.
6. Die hohe horizontale Spezialisierung zeigt sich in der Nachfrage nach Transport(einzel)leistungen anstelle von Systemleistungen. Die Industrie- und Handelsunternehmen arbeiten mit Logistik-Komponentenanbietern zusammen.

8.5 Kooperationsstrategien

8.5.1 Gegenstand

Der **Begriff Kooperation** wird hier für jegliche Form der Zusammenarbeit gebraucht (Kooperation i. w. S.) und nicht auf die Hybridform zwischen Markt und Hierarchie beschränkt (Kooperation i. e. S.). Die Bezeichnung Hybridform soll deutlich machen, dass die Kooperation i. e. S. sowohl marktliche als auch hierarchische Elemente für die Koordination der Akteure und Prozesse nutzt.

Für die Herleitung der Kooperationsstrategien wenden wir die **Transaktionskostentheorie** an. Als Transaktionskosten werden allgemein die Kosten für die Koordination der arbeitsteiligen Beziehungen zwischen den Akteuren verstanden. Innerhalb der Transaktionskosten wird unterschieden zwischen einmaligen Koordinationskosten (Anbahnungskosten, Vereinbarungskosten, Anpassungskosten, Aufhebungskosten) und laufenden Koordinationskosten (den Kosten für die Kontrolle der Ordnungsmäßigkeit der vertraglichen Vereinbarungen = Kontrollkosten, vgl. Picot, Dietl 1990).

Die Güter- und Informationsflüsse bedingen Transaktionskosten. Mit anderen Worten: Ohne Transaktionskosten können keine Material-, Waren- und Informationsflüsse stattfinden. Anliegen muss es deshalb sein, mittels geeigneter Logistikstrategien die Transaktionskosten zu optimieren.

Entscheidungsregel:

Zu bevorzugen ist diejenige Form der Zusammenarbeit, die – unter sonst gleichen Bedingungen (z. B. gleiche Logistikkosten) – die niedrigsten Transaktionskosten verursacht.

Was sind die Einflussgrößen auf die Höhe der Transaktionskosten?

- **Annahmen über das Verhalten der Vertragspartner**
  Informationsasymmetrie und divergierende (individuelle) Interessen provozieren opportunistisches Verhalten
- **Eigenschaften der Transaktion**
  - **Spezifität der Produktionsfaktoren**
    (Spezifität Sachkapital, Humankapital, Standorte) Je einfacher ein Produktionsfaktor einer anderen Verwendung zugeführt werden kann (z. B. außerhalb der Kooperationsbeziehung), desto niedriger ist seine Spezifität.
  - **Strategische Bedeutung der Produktionsfaktoren**
    (einzigartige Erfolgspotenziale erfordern Schutzmaßnahmen wie Patente und bewirken Transaktionskosten, z. B. Interaktionen mit dem Patentamt bis zur Patentierung)
  - **Häufigkeit der Transaktion**
    (drückt den Wiederholgrad gleichartiger Transaktionen aus: einmalige, gelegentliche, laufende Transaktionen)
  - **Unsicherheit der Transaktion**
    (exogen verursacht durch z. B. eine veränderte Nachfrage der Kunden; endogen durch z. B. Verhaltensänderung der Geschäftspartner)
- **rechtliche, soziale und technische Rahmenbedingungen**
  (Vertragsrecht, Arbeits- und Wirtschaftsrecht; bestimmte Kulturen schränken die Gefahr opportunistischen Verhaltens ein; technische Normen)

Eine hohe Faktorspezifität bedeutet, dass das Unternehmen als Voraussetzung für die Zusammenarbeit in der Supply Chain über spezifische Anlagen und Ausrüstungen für die Leistungserstellung und den Transfer sowie über weiteres spezifisches Know-how verfügen muss, was zu einem Großteil mit Sonderinvestitionen einhergeht. In der Regel können diese spezifischen Produktionsfaktoren keiner anderen Nutzung außerhalb der Geschäftsbeziehung zugeführt werden (z. B. die Investition eines Kontraktlogistikdienstleisters in ein Konsolidierungszentrum vor den Toren des Abnehmers).

Die Einflussfaktoren Spezifität der Produktionsfaktoren und Häufigkeit der Transaktion werden als Dimensionen für die Kooperationsstrategiematrix herangezogen. Die Abbildung 8.13 zeigt die Strategiealternativen.

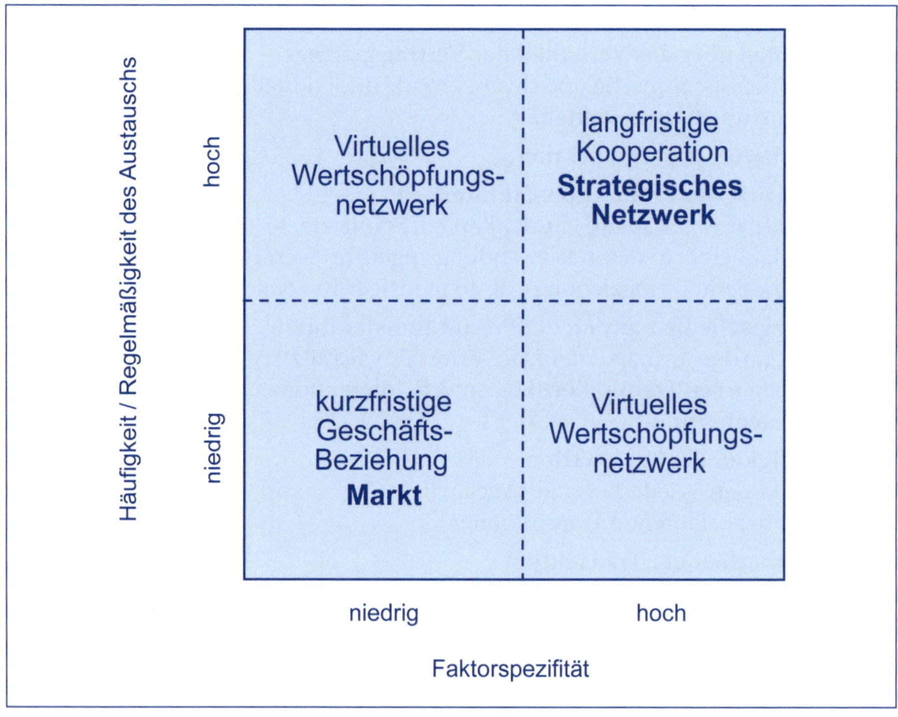

Abbildung 8.13: Kooperationsstrategien

Der direkte Logistikbezug der zu diskutierenden Kooperationsstrategien besteht in zweifacher Sicht: Erstens für die **Auswahl der jeweils effizienten Form der Zusammenarbeit mit und zwischen Logistikdienstleistern;** zweitens in Bezug auf die **Logistikkosten senkenden und Logistikservice erhöhenden Wirkungen,** die von den einzelnen Formen der Zusammenarbeit ausgehen.

8.5.2 Langfristige Kooperation/Strategisches Netzwerk

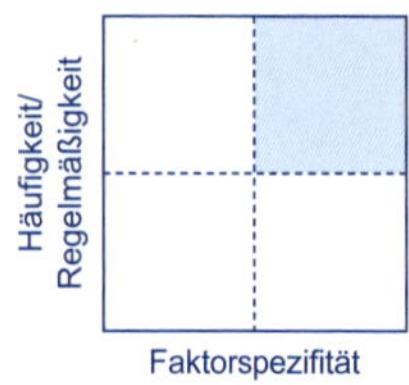

Ein Unternehmen wird hohe Investitionen in spezifische Produktionsfaktoren nur dann durchführen, wenn es ein großes Markt- bzw. Absatzpotenzial für seine Leistungen vertraglich absichern kann. Das ist der Fall bei dem Kooperationsmuster **langfristige Kooperation** bzw. strategisches Netzwerk, welches in einer Situation mit hoher Faktorspezifität und häufigem, regelmäßigem Leistungsaustausch gegenüber einer kurzfristigen Marktbeziehung weit niedrigere Transaktionskosten möglich macht.

Für die Spezialisierungsstrategie Konzentration ist die langfristige Zusammenarbeit zwischen Industrieunternehmen, Tier-1-Zulieferer und Kontraktlogistikdienstleister die effiziente Form. Gründe dafür sind die individuell auf den Hersteller zugeschnittenen, maßgeschneiderten Systemlösungen der Zulieferer und Kontraktlogistiker.

Da ein Kontraktlogistiker zumeist in der Rolle als Lead Logistics Provider an der Spitze eines Logistikdienstleisternetzwerks steht, wird dieser die Logistikdienstleister, die hohe Wertbeiträge leisten, ebenfalls über langfristige Kooperationsverträge binden. Ein Blick in die Supply-Chain-Praxis lässt erkennen, dass die Laufzeit der Kooperationsverträge mit SC-Partnern zumeist deutlich über drei Jahre, häufig fünf Jahre und mitunter sogar zehn Jahre beträgt.

In einer solchen Konstellation hoher Häufigkeit / Regelmäßigkeit des Leistungsaustauschs und notwendigen hohen spezifischen Investitionen in Produktionsfaktoren würden einerseits kurzfristige Markttransaktionen zu wiederholten Anbahnungs- und Vereinbarungskosten führen und damit zu hohen Transaktionskosten. Andererseits legt das wirtschaftliche Interesse an einer Amortisation der für den Leistungsaustausch erforderlichen Investitionen in spezifische Produktionsfaktoren eine langfristige Zusammenarbeit nahe.

Strategische Netzwerke

Strategische Netzwerke basieren auf langfristigen Kooperationsverträgen. „Strategische Netzwerke unterscheiden sich von anderen Unternehmungsnetzwerken vor allem dadurch, dass sie von einer oder mehreren fokalen Unternehmung(en) strategisch geführt werden. […] Ein strategisches Netzwerk stellt eine auf die Realisierung von Wettbewerbsvorteilen zielende, polyzentrische, gleichwohl von einer oder mehreren Unternehmungen strategisch geführte Organisationsform ökonomischer Aktivitäten zwischen Markt und Hierarchie dar, die sich durch komplex-reziproke, eher kooperative denn kompetitive und relativ stabile Beziehungen zwischen rechtlich selbständigen, wirtschaftlich zumeist abhängigen Unternehmungen auszeichnet" (Sydow 1993: 81 f.).

Die Kernbotschaft in der Logistik-Future-Story 2040 unterstreicht das große Potenzial dieser Kooperationsstrategie für Logistikdienstleister: Digitalisierungsgrad und Collaborationsnetzwerk entscheiden über Erfolg und Misserfolg der Logistikdienstleister.

8.5.3 Virtuelles Wertschöpfungsnetz

Im Unterschied zu dem strategischen Netzwerk handelt es sich bei dem virtuellen Wertschöpfungsnetz um eine projektbezogene, temporäre Zusammenarbeit zwischen verschiedenen Akteuren (z. B. über zwei oder sechs Monate).

Fallbeispiel „hohe Faktorspezifität/seltener Leistungsaustausch

Ein Nischenanbieter für exotische Innenausstattungen von Automobilen und Flugzeugen organisiert zu jedem an ihn vergebenen Auftrag vonseiten der Automobil- bzw. Flugzeughersteller eine einmalige projektbezogene Zusammenarbeit mit passenden Anbietern und Logistikdienstleistern. Nach dem Projekt löst sich das virtuelle Netzwerk wieder auf.

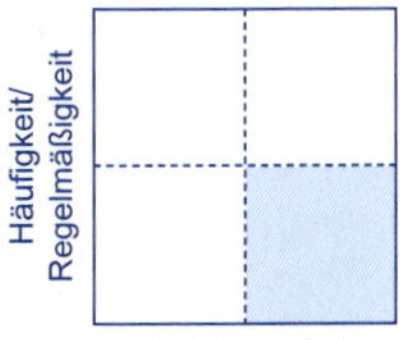

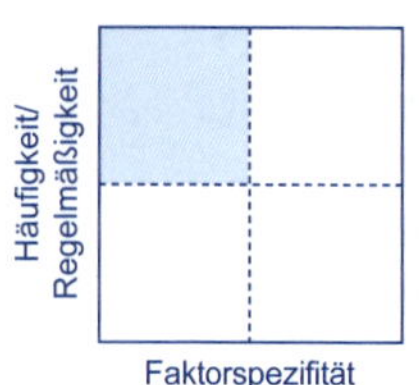

Fallbeispiel „niedrige Faktorspezifität/häufiger Leistungsaustausch

Ein Spediteur koordiniert ein häufig und regelmäßig nachgefragtes Transportnetz von Standardleistungen, in das eine große Zahl von Frachtführern eingebunden ist. Das „eingefahrene Team" benötigt keine expliziten (kurzfristigen) Marktverträge und infolge der für Standardleistungen niedrigen bzw. nicht vorhandenen Faktorspezifität auch keine langfristigen Kooperationsverträge, zumal die niedrige Faktorspezifität das Risiko jedes Einzelnen begrenzt.

8.5.4 Kurzfristige Geschäftsbeziehung

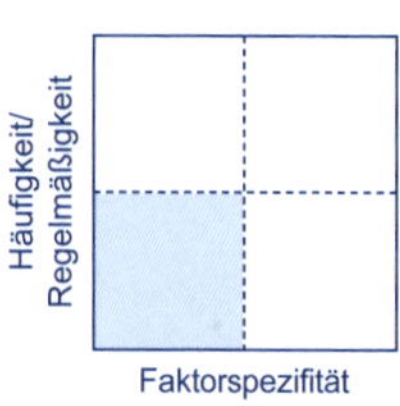

Die Zusammenarbeit zwischen Akteuren in der Supply Chain und Logistikkette beinhaltet außer langfristigen Kooperationsbeziehungen auch kurzfristige Austauschbeziehungen zu Unternehmen. Insofern gehört es zu den Aufgaben des strategischen Managements der Material-, Waren- und Informationsflüsse, zu entscheiden, wann sich ein kurzfristiger Geschäftsvertrag als effizienter erweist als ein langfristiger Kooperationsvertrag.

Die für die Koordination der Material-, Waren- und Informationsflüsse entstehenden Transaktionskosten sind Bestandteil der Logistikgesamtkosten. Deshalb wird die strategische Logistikentscheidung in der Situation des seltenen, unregelmäßigen Bedarfs an Standardgütern bzw. - leistungen für die **kurzfristige Geschäftsbeziehung** fallen. Die Anbieter von Standardgütern /-leistungen sind leicht austauschbar, sodass eine langfristige Kooperation ineffizient wäre.

8.5.5 Fallbeispiel Collaborative Robotics

Collaborative Robotics bezieht sich auf die Mensch-Roboter-Kooperation. Mitarbeiter und Roboter arbeiten zukünftig kollaborativ bzw. Hand in Hand zusammen. Der Roboter als Kollege/-in, namens „Cobot".

Mensch-Roboter-Kooperation

Bei der Umsetzung von Innovationen setzen Unternehmen parallel zur langfristigen Kooperationsstrategie ergänzend auf die projektbezogene Kooperation (virtuelle Wertschöpfungsnetz). Beispielgebend ist das **Pilotprojekt der Unternehmen Fiege und Magazino**, eine projektbezogene Kooperation zwischen Kontraktlogistiker und Start-up. Gemeinsam haben beide Unternehmen den intelligenten Kommissionierroboter „TORU" zur Anwendungsreife geführt. Der Ausgangspunkt für den Einsatz von Robotern ist, dass ein hoher Umfang der gesamten Lagerhaltungskosten für die Prozesse Picken und Kommissionieren anfällt und die Lohnkosten einen hohen Anteil an den Gesamtkosten haben.

Am Fiege-Standort Ibbenbüren arbeiten weltweit zum ersten Mal sensorgesteuerte Kommissionierroboter und menschliche Mitarbeiter parallel: der Roboter ist zum digitalen Kollegen geworden. Über zahlreiche Sensoren und Kameras kann TORU seine Umgebung sehen, verstehen und darauf basierend selbständige Entscheidungen treffen. TORU lernt ohne menschliches Zutun dazu. Das kontinuierliche Lernen macht TORU mit zunehmender Einsatzzeit immer besser. Und das faszinierende dabei ist, dass TORU in Echtzeit seinen Erkenntnisgewinn an alle eingesetzten Roboter weitergibt. Durch den Einsatz von 3D-Kameratechnologie und intelligenten Algorithmen findet TORU immer den optimalen Weg. 24 Stunden Praxiseinsatz, Nachtschicht oder Feiertagsbetrieb übernimmt der Roboter (vgl. Mester, Wahl, Jöhren 2022: 309–322).

8.6 Standardisierungsstrategien

8.6.1 Gegenstand

Die Standardisierung beeinflusst maßgeblich den güter- und informationsflussbezogenen Koordinationsbedarf, die Koordinationsqualität und die Koordinationseffizienz sowie die Durchführung der physischen Logistikprozesse. Maßnahmen der Standardisierung logistischer Prozesse können neben niedrigen Kosten, höherer Sicherheit insbesondere eine Reduzierung der Durchlaufzeit bewirken.

Begrenzt wird die Prozessstandardisierung (Standardisierung der physischen und dispositiven Logistikprozesse) durch den Trend einer zunehmenden Individualisierung der Kundenwünsche (z. B. eine maßgeschneiderte Logistiklösung). In der Abbildung 8.14 werden die Prozessstandardisierung und die Produkt- / Leistungsstandardisierung als Dimensionen der Strategiematrix gegenübergestellt. Niedrige Produkt- / Leistungsstandardisierung ist Ausdruck einer Individualisierung.

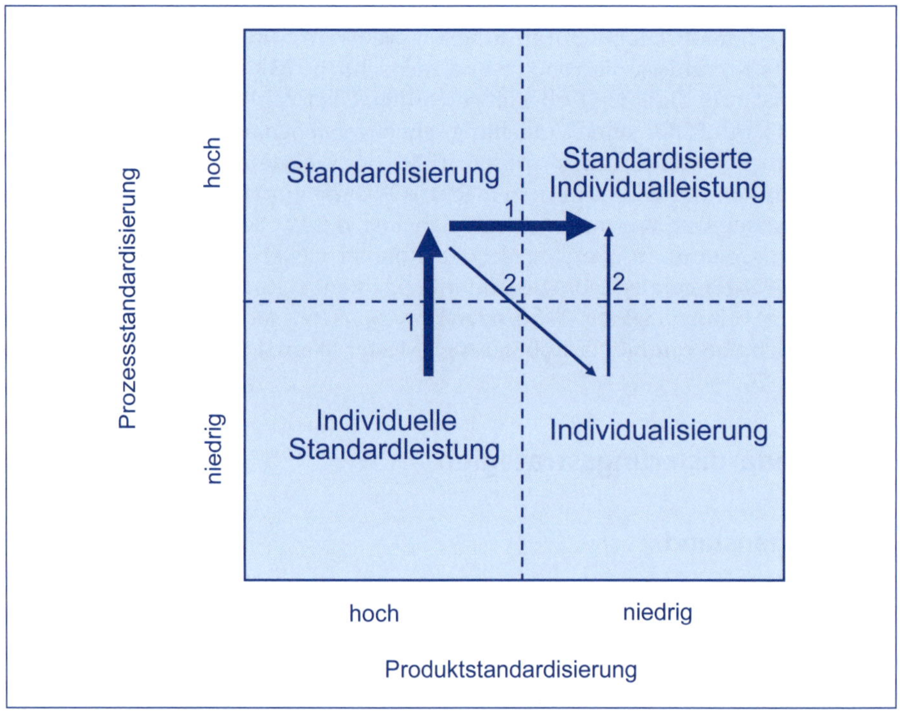

Abbildung 8.14: Standardisierungsstrategien

8.6.2 Standardisierte Individualleistung

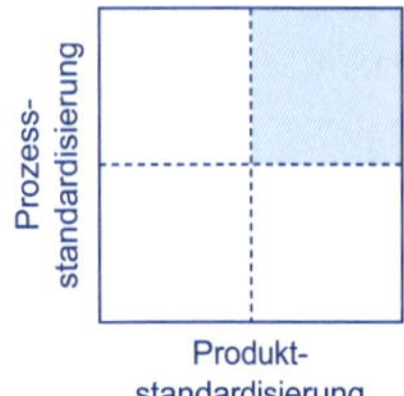

In seinem strategischen Verhalten versucht ein Unternehmen mit individueller Nachfrage, ein ausgewogenes (effizientes) Verhältnis zwischen Prozessstandardisierung und Produktindividualisierung in Gestalt der standardisierten Individualleistung herzustellen.

Standardisierte Individualleistung bezeichnet eine Sach- oder Dienstleistung (z. B. Logistikleistung), deren Erstellungsprozess in höchstem Maße standardisiert ist, diese Prozessstandardisierung aber unsichtbar für den individuellen Kunden bleibt. Der Kunde empfindet die Leistung als auf sich individuell zugeschnitten. Beispielsweise schätzt Volkswagen ein, dass von jährlich 900.000 Fahrzeugen des Modells Golf nur zweimal der gleiche Wagen verkauft wird.

Als individuell nimmt der Kunde die Logistikleistung wahr, indem die gewünschte Ware auftragsgemäß in der richtigen Menge und Qualität zur richtigen Zeit am richtigen Ort angeliefert wird. Die Logistikprozesse, die zu diesem Ergebnis führen, können in hohem Maße standardisiert sein.

Standardisierungseffekte umfassen neben dem physischen Güterfluss (z. B. Standardisierung der Transportverpackungen) ebenso die dispositiven Prozesse wie

z. B. die Produktionsplanung und -steuerung, die Materialdisposition und die Vertriebsdisposition.

Plattformmodell Logistik

Ein Anwendungsbeispiel für die Strategie der standardisierten Individualleistung bildet das **Plattformmodell** der Logistik. Als **Basislogistiksystem** bedient es alle strategischen Produkte bzw. Geschäftsfelder mit Basislogistikleistungen. Über dem Basislogistiksystem erhebt sich dann ein System logistischer Zusatzleistungen. Von diesem werden die spezifischen Logistikleistungen für strategische Produkte / Geschäftsfelder erbracht. Wesentlicher Bestandteil eines Basislogistiksystems stellen standardisierte Informations- und Kommunikationstechnologien sowie -systeme dar.

Ein solches Modell kann in Analogie zu der in der Automobilindustrie praktizierten Plattformstrategie als Plattformmodell der Logistik bezeichnet werden (siehe Abbildung 8.15).

Abbildung 8.15: Das Plattformmodell der Logistik

Dem Wesen nach handelt es sich bei dem logistischen Plattformmodell um eine für den Kunden unsichtbare Standardisierung bzw. eine marktneutrale Standardisierung.

Das logistische Plattformmodell steigert die Produktionsmenge gleichartiger Logistikleistungen. Insofern bildet das Plattformmodell auch ein aktuelles Anwendungsbeispiel für das Erfahrungskurventheorem[4].

Maßgeschneiderte Kontraktlogistiklösungen (z. B. auf die individuellen Wünsche der jeweiligen Auftraggeber zugeschnittene komplette Distributionslogistiklösungen) sollten auf dem Plattformmodell basieren. Zum Beispiel greifen Logistikdienstleister bei ihren Kontraktlogistikangeboten auf ihr vorhandenes Basisstückgutnetz zu. Auf diese Art und Weise können die Dienstleister markt-

[4] Das Erfahrungskurventheorem besagt, dass mit jeder Verdopplung der kumulierten Produktionsmenge einer Produktart deren Stückkosten um einen bestimmten, konstanten Prozentsatz sinken. Die empirisch ermittelten Prozentsätze bewegen sich im Branchendurchschnitt um 20 bis 30 Prozent (vgl. Weber, Schäffer 2020: 417).

attraktive Angebotspreise anbieten und ihr ohnehin vorhandenes Stückgutnetz höher auslasten.

8.6.3 Standardisierung

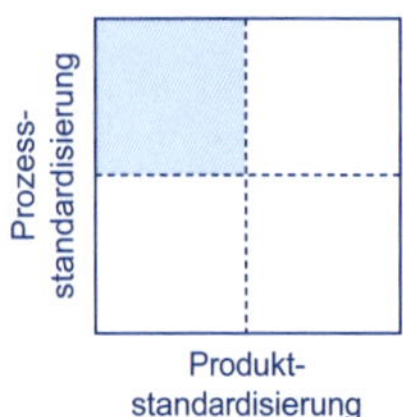

Im Unterschied zu Logistikdienstleistern, die als Wettbewerbsstrategie eine Differenzierungsstrategie verfolgen und in der Logistik folgerichtig auf die standardisierte Individualleistung oder Individualisierung setzen, bietet sich für Logistikdienstleister mit Fokus Kostenführerschaft die Standardisierungsstrategie an. Dazu gehören Anbieter von einfachen und standardisierten Transportleistungen (z. B. Linienverkehre von A nach B ohne Zusatzleistungen), klassische Lagerleistungen und Standardverpackungen. Nach Einschätzung des Autors sind die Potenziale der Prozessstandardisierung in der Logistik bei Weitem noch nicht erschlossen. Von daher besteht im Zusammenhang mit der Wahl der Strategie Standardisierung, aber auch standardisierte Individualleistung noch großer Nachholbedarf.

8.6.4 Individualisierung

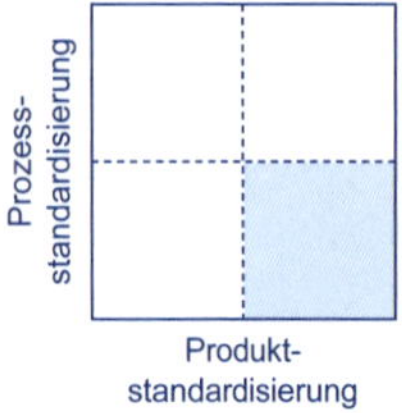

Gegenüber den Strategien standardisierte Individualleistung und Standardisierung werden sich die Anwendungsfälle der Strategie Individualisierung in Grenzen halten. Selbst Logistikberatungsunternehmen, die auf die jeweils konkrete individuelle Situation ihrer Kunden zugeschnittene Empfehlungen erarbeiten, können auf verallgemeinerbare Erfahrungen und Wissensmodule zurückgreifen, die sie für die individuellen Lösungen verwenden. Führen Dienstleister Forschungs- und Entwicklungsprojekte in der Logistik in Auftragnehmerschaft aus, so gilt die Regel: Je höher der Innovationsgrad, desto größer der Individualisierungsgrad der Leistung.

Das Muster individuelle Standardleistung ist zur Vervollständigung der Strategiematrix aufgenommen. Es signalisiert keine echte Strategieempfehlung, sondern den Worst Case.

Das **Portfolio der Standardisierungsstrategien** kann man **dynamisieren** und einen Entwicklungsverlauf hineininterpretieren (siehe Abbildung 8.14). Nicht wenige Unternehmen werden für ihre individuelle Entwicklung ihren Strategieverlauf anhand des Portfolios nachzeichnen können. Nicht selten wird ein Weg in Zeiten eines Angebotsmarkts in den 1950er-Jahren mit der individuellen Standardleistung angefangen haben. Die Kundenbedürfnisse bewegten sich auf einem vergleichsweise niedrigen Niveau, was zumeist auch für die Fertigungs- und Logistikprozesse zutraf und sich in einem damals noch niedrigen Niveau der Prozessstandardisierung niederschlug.

Diese Anfangsphase wurde später basierend auf der steten Verbesserung der Fertigungs- und Logistiktechnologien, mit denen wesentliche Fortschritte in der Prozessstandardisierung einhergingen, von dem Strategiemuster Standardisierung abgelöst. Der in den 1960er-Jahren einsetzende Wandel vom Angebots- zum Käufermarkt führte zu einer Entfaltung der Kundenbedürfnisse nach individuellen Produkten und Leistungen. Die Produktion kundenindividueller Sach- und Dienstleistungen trat immer mehr in den Vordergrund.

Damit waren die Bedingungen herangereift, um in Richtung einer Strategie der standardisierten Individualleistung weiterzugehen (Entwicklungspfad 1 in Abbildung 8.14). Rückschläge oder temporäre Überbewertungen bei dieser Entwicklung könnten durchaus dazu geführt haben, dass ein Unternehmen von der extremen Position einer Standardisierung in das Extrem der Individualisierung fiel, bevor es den Entwicklungspfad zur standardisierten Individualleistung einschlug (Entwicklungspfad 2 in Abbildung 8.14).

8.6.5 Fallbeispiel Blockchain

Die Blockchain ist ein innovatives Beispiel für eine weltweite Standardisierung der Logistikprozesse. Die Experten des „Logistik-Visionsteams" rechnen damit, dass die Anwendung der Blockchain-Technologie im Jahre 2030 Alltag in Unternehmen und Supply Chains ist. Für 2040 wird sogar erwartet, dass Blockchains international nach UN-Standards eingesetzt und multinational weiterentwickelt werden. Was macht die Blockchain so attraktiv? Der Ausgangspunkt ist eine vernetzte Logistik-Welt mit zentralen Strukturen von Datennetzen, bei denen alle Daten an einer zentralen Stelle (zentraler Server) gebündelt werden, um sie danach an einzelne Empfänger weiter zu leiten. Das kostet viel zu viel Zeit und setzt ein hohes Vertrauen der Supply-Chain-Partner voraus. Dagegen ist die Blockchain ein dezentrales und für jeden Supply-Chain-Teilnehmer zugängliches, transparentes Datennetzwerk (verteilte Datenbank). In der Blockchain hat jedes Unternehmen und Smart Object eine eigene digitale Identität. Die Leistungsbeziehungen zwischen Supply-Chain-Akteuren werden in **Smart Contracts** fixiert und in Datenblöcken gespeichert. Jeder Netzwerkteilnehmer besitzt eine Kopie der gesamten Kette. So kann er nicht nur alle Informationen nachvollziehen, sondern ist auch vor **Datenmanipulation** geschützt (vgl. Herbst, Wilde 2019).

Angenommen, die an den Empfänger gelieferte Ware weist Beschädigungen auf. In der Regel schieben die beteiligten Unternehmen jegliche Schuld von sich weg. Jedoch kann unter Anwendung der Blockchain exakt und schnell nachgewiesen werden, wo, wer bzw. was den Schaden verursacht hat. Denn in den Smart Contracts sind alle Leistungsparameter (Produkteigenschaften, Qualität, Lieferzeit, Liefermenge, bei temperaturgeführter Ware die Temperaturen entlang der Kühlkette) fixiert. Diese werden mittels Sensoren und Kameras während der Leistungsausführung erfasst, dokumentiert und können dann nicht mehr verändert werden. Würde z. B. einer von zehn SC-Partnern versuchen die Daten zu ändern, so wäre das von vornherein ein aussichtsloses Unterfangen, da ja die übrigen neun SC-Partner jeweils eine Kopie der wahren Blockchain besitzen.

8.7 Konfigurationsstrategien

8.7.1 Gegenstand

Die Konfiguration umfasst die Standortverteilung der Wertaktivitäten sowie die Leistungsbeziehungen zwischen den Standorten. Strategien der Konfiguration sind häufig eng mit den Internationalisierungsstrategien des Unternehmens verknüpft. So umfasst die Standortverteilung Entscheidungen über die geografische Ausdehnung der Geschäftsaktivitäten (national, regional, weltweit).

Zwischen den Standorten können sehr intensive Leistungsbeziehungen bestehen (Intensität = Anzahl der Leistungsflüsse pro Zeiteinheit) oder der Standort stellt mit seinen Wertaktivitäten ein autarkes System dar. Die Leistungsbeziehungen zeigen sich in den Güter- und Informationsflüssen zwischen Standorten.

Konfigurationsentscheidungen sind in erster Linie Logistikentscheidungen. Daraus folgt, dass die Konfiguration des Wertschöpfungssystems in der Logistik ihren Ausgang nehmen muss. Die Standorte der verschiedenen Produktionswerke einschließlich ihrer Leistungsbeziehungen sind dann vorab durch die Logistik zu begründen und erst danach fließen andere Größen in die Entscheidungsfindung mit ein.

Damit erfährt die Generierung von Konfigurationsentscheidungen in der internationalen Dimension eine grundlegende Wende. Der bisher primär produktionsgetriebene Entscheidungsprozess wird zugunsten des logistikgetriebenen Entscheidungsprozesses abgelöst. Die logistische Entscheidungsfindung über passende Konfigurationsstrategien nimmt ihren Ausgang in der Analyse der Objektflüsse zwischen den Leistungsaktivitäten des Wertschöpfungssystems.

Anknüpfend an Porter (1989: 17–68) und Bartlett, Ghoshal (1990: 81–98) ergibt die Kombination der Dimensionen Standortverteilung / Konfiguration sowie Koordination der Wertaktivitäten vier Strategiemuster (siehe Abbildung 8.16).

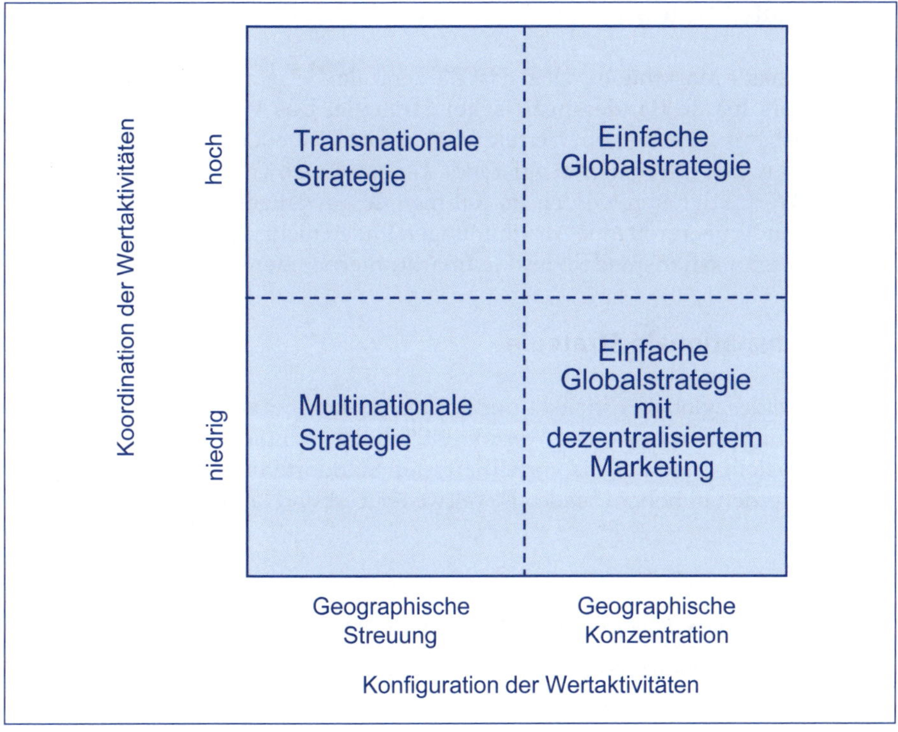

Abbildung 8.16: Internationale Konfigurationsstrategien

8.7.2 Einfache Globalstrategie

Die **einfache Globalstrategie** beinhaltet eine Konzentration der Wertaktivitäten des weltweiten Wertschöpfungssystems auf einen bzw. wenige Standorte, die in hohem Maße koordiniert werden (= zentralisiertes Organisationsmodell des Weltmarktunternehmens). Globale Effizienz (Economies of Scale) bildet die zentrale Zielsetzung.

Das Konfigurationsmuster **einfache Globalstrategie mit dezentralisiertem Marketing** charakterisiert ein exportierendes Unternehmen, das seinen Sitz im Heimatland hat und einen hohen Anteil seiner Waren im Ausland verkauft. Für die Vermarktung auf den einzelnen Ländermärkten unterhält das Unternehmen eigene Marketing- und Vertriebsgesellschaften, die sich auf die lokalen Bedürfnisse spezialisieren (vgl. Porter 1989: 30).

8.7.3 Lokale Strategie

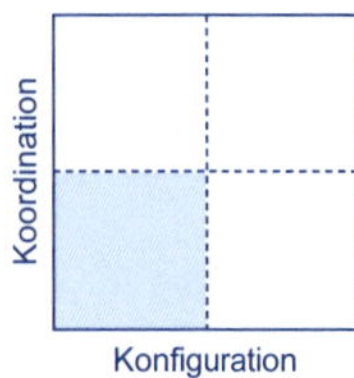

Lokale Marktnähe dagegen ist die zentrale Zielsetzung des Strategiemusters **lokale (länderspezifische) Strategie.** Das Wertschöpfungssystem ist mit allen seinen Wertaktivitäten lokal in jedem einzelnen Land, in dem das international agierende Unternehmen tätig ist, vorhanden. Die Wertaktivitäten werden im Rahmen des jeweiligen Landes koordiniert, länderübergreifende Abstimmungen finden nicht statt (= dezentralisiertes Organisationsmodell des Weltmarktunternehmens).

8.7.4 Transnationale Strategie

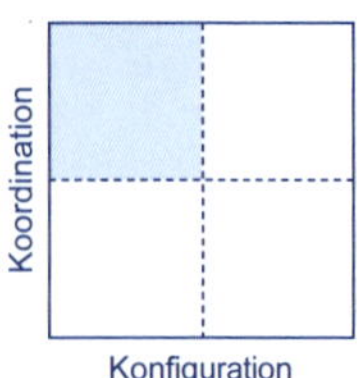

Beides, globale Effizienz und lokale Marktnähe, verspricht die **transnationale Strategie.** Die Wertaktivitäten des komplexen Wertschöpfungssystems sind auf die vorteilhaftesten Standorte in der Welt verteilt und werden in hohem Maße als weltweiter Verbund koordiniert.

Die zentralen Ziele dieser Strategie bestehen in

- weltweiter Wettbewerbsfähigkeit durch globale Effizienz,
- Marktnähe, um im internationalen Geschäft flexibel reagieren zu können und
- Innovationen als Ergebnis umfassender Lernprozesse, an denen jede Organisationseinheit beteiligt ist.

Das Unternehmen mit einer transnationalen Strategie (gleich, ob es sich um ein Industrie- oder Logistikunternehmen handelt) zeichnet sich durch ein weltweites integriertes Netzwerk mit ständigem, koordiniertem Austausch von Informationen, Komponenten, Produkten, Personen und Know-how aus. Höchste Ansprüche werden an die Logistik dieses weltweit integrierten Fließsystems gestellt.

Fallbeispiel

Ein Beispiel bildet der Volkswagen-Konzern mit seinem starken internationalen Engagement. Über zwei Drittel aller produzierten Pkws des Konzerns werden im Ausland gefertigt. Auf dem südamerikanischen Markt ist Volkswagen bereits seit Anfang der 1950er-Jahre vertreten. Durch die Gründung von VW do Brasil und die Errichtung des ersten brasilianischen Volkswagen-Werks Anfang der 1950er-Jahre in Sao Bernardo do Campo wurden die Grundlagen für die Expansion in diesem Teil der Erde geschaffen. Der Erfolg von Volkswagen gründete sich damals auf eine konsequente Umsetzung einer lokalen, markt- bzw. länderspezifischen Strategie. Eigenständige, von der Serie in Europa abweichende Fahrzeuge wurden entwickelt und vermarktet. Der südamerikanische Markt war abgeschottet von Europa; Produktion und Absatz in Südamerika. Seit Mitte der 1990er-Jahre hat sich das Bild grundlegend gewandelt und wir nehmen deutlich die Merkmale einer transnationalen Strategie wahr. Weltweit werden einheitliche Fahrzeugmodelle einschließlich lokal angepasster Modellvarianten produziert und verkauft. Die Produktionsstandorte in der Welt sind in hohem Maße miteinander vernetzt (vgl. Krog, Jung 2000).

8.8 Strategien der Führungs- und Handlungsautonomie

8.8.1 Gegenstand

Die Verteilung der Führungskompetenzen in der Supply Chain zwischen den Kooperationspartnern, aber auch innerhalb eines jeden Unternehmens zwischen den Führungskräften und Mitarbeitern in der Logistik, hat großen Einfluss auf Effektivität und Effizienz des Logistikmanagements.

Eine untereinander abgestimmte dezentrale Koordination der Material- und Warenflüsse bewirkt anstelle der Dominanz zentraler Koordination, dass der Koordinationsbedarf in kürzerer Zeit bei niedrigeren Kosten befriedigt werden kann. Zum Beispiel fallen konkrete Abstimmungen zwischen der Zentrale und den dezentralen Entscheidungseinheiten weg.

Man muss jedoch berücksichtigen, dass die Vorteile dezentraler Koordination nur dann zum Tragen kommen, wenn die entsprechenden Rahmenbedingungen, wie z. B. das erforderliche Know-how und die Qualität dezentraler Entscheidungsprozesse, auch vorhanden sind.

Die logistische Führungs- und Handlungsautonomie ist für die Supply Chain zweifach zu gestalten:

- **Die Verteilung logistischer Führungskompetenzen innerhalb eines jeden Unternehmens ist zu gestalten.**
  Zu entscheiden ist z. B. die Delegation von Logistikentscheidungen an die nachgeordnete Führungsebene. Wie viel logistische Führungsverantwortung kann zweckmäßigerweise an dezentrale Organisationseinheiten (z. B. Material- und Transportdisposition, Produktionsplanung- und -steuerung) übertragen werden? Was für Kosten-, Zeit-, Qualitäts- und Flexibilitätsvorteile entspringen daraus?
- **Unternehmensübergreifend ist die Verteilung von logistischen Führungskompetenzen zwischen den SC-Partnern zu regeln.**
  So ist z. B. zu entscheiden, inwieweit logistische Führungskompetenzen an die strategischen Partner in der Supply Chain abgetreten werden sollen. Welche Vor- und Nachteile sind damit verbunden? Setzt eine Abtretung von logistischer Führungsverantwortung voraus, dass es sich um einen strategischen Kooperationspartner handelt?

Die Strategiealternativen leiten sich aus der Kombination der zwei dafür relevanten Dimensionen ab.

- **Vertikale Autonomie**
  Dies betrifft die Verteilung der logistischen Führungskompetenzen zwischen den Managementebenen sowie zwischen den Wertschöpfungsstufen in der Supply Chain; damit erfolgt eine Entscheidungsdelegation von oben nach unten oder auf vor- bzw. nachgelagerte Akteure. Zum Beispiel kann der zuständige Leiter der Beschaffungslogistik den Transportdienstleistern Mitverantwortung im Prozess der Qualitätskontrolle der Waren übertragen (Erweiterung der Tätigkeiten über den reinen Transport hinaus).

- **Horizontale Autonomie**
  Den Logistik-Führungskräften und Mitarbeitern werden auf jeder Führungsebene sowie zwischen den Unternehmen auf jeder Wertschöpfungs- / SC-Stufe Entscheidungsräume eingeräumt. Beispiele:
  - Der Entscheidungsraum eines Transportdisponenten für Beschaffungsverkehre wird größer, wenn dieser auch für Distributionsverkehre zuständig ist.
  - Der Entscheidungsraum auf der Tier-1-Ebene vergrößert sich für den Systemzulieferer A, wenn dieser auch für die Bündelung der Lieferverkehre mit den Systemzulieferer B und C zuständig ist.

Die Strategien der Führungs- und Handlungsautonomie bewegen sich zwischen den Polen umfassender Autonomie und Grenzautonomie (siehe Abbildung 8.17).

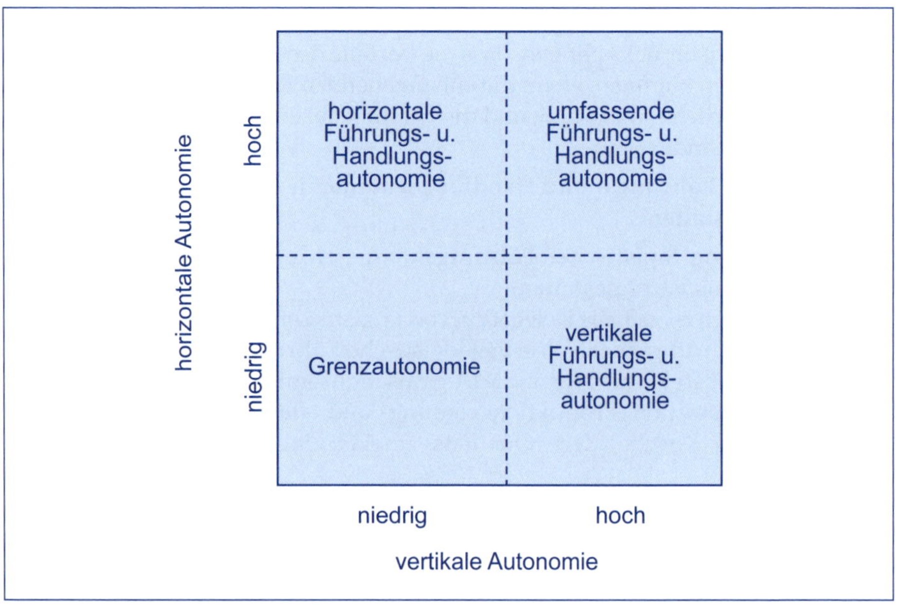

Abbildung 8.17: Strategien der Führungs- und Handlungsautonomie

8.8.2 Umfassende Führungs- und Handlungsautonomie

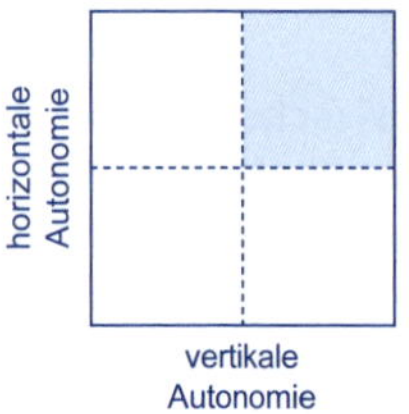

Umfassende Führungs- und Handlungsautonomie im Unternehmen beinhaltet, dass erstens die Führungs- und Entscheidungskompetenzen weitgehend auf dezentrale Stellen (Organisationseinheiten) verteilt sind. Aus der hohen vertikalen Autonomie folgt zweitens eine flache Führungshierarchie. Die hierarchische Beziehung bewegt sich auf minimalem Ausprägungsniveau. Sie ist nur soweit vorhanden, wie sie die Ausrichtung der dezentralen Organisationseinheiten auf die Unternehmens- und Netzwerkziele sichert.

Wird das Netzwerk durch ein fokales Unternehmen geführt, dann findet man oft hierarchische Merkmale in der Führung und Koordination der Netzwerkpartner vor. Verfügen dagegen die dezentral agierenden Partner über umfassende Entscheidungskompetenzen, dann folgt, dass sie sich unter- und miteinander selbst abstimmen. Hierarchische Elemente sind dann kaum vorhanden.

Die umfassende Autonomie beruht auf gemeinsamen Werten und einer gemeinsamen Vision. Gemeinschaftliche Grundwerte und die gemeinsame Vision bilden zum einen eine Grundbedingung für umfassende Autonomie und zum anderen beeinflussen sie maßgeblich die Effizienz dezentraler und auf Selbstabstimmung basierender Führung. Das Muster umfassende Autonomie passt auf eine Situation mit hoher Komplexität im Umfeld und in der Innenwelt eines Unternehmens bzw. der Supply Chain.

Welche Logistikziele unterstützt die Strategie umfassende Führungs- und Handlungsautonomie am stärksten?

- **Effizienter Einsatz der Logistikressourcen**
  Zum Beispiel werden die gegebenen Führungsfähigkeiten der in der Logistik Beschäftigten umfassend genutzt.
- **Senkung der Administrations-, Planungs- und Steuerungskosten**
  Zum Beispiel werden durch die Anwendung von Kanban die Kosten für die Steuerung des Produktionsflusses gesenkt.
- **Reduzierung der Koordinationskosten**
  Die laufenden Koordinationsleistungen und -kosten verringern sich, wenn die Ausführenden selbst die Führungsverantwortung für die Durchführungsaufgaben übernehmen. Deren Koordination durch „externe" Manager fällt weg.
- **Verkürzung der Reaktionszeit**
  Lange Entscheidungswege im Unternehmen und zwischen den SC-Partnern fallen weg.
- **Verbesserung der Flexibilität gegenüber externen Einflussfaktoren**
  An Ort und Stelle kann auf externe Einflüsse reagiert werden.
- **Verbesserung der Flexibilität gegenüber Nachfrageänderungen**
  Durch Selbstabstimmung zwischen den Teams erhöhen sich das Reaktionsvermögen und die Reaktionsfähigkeit gegenüber Nachfrageänderungen

8.8.3 Grenzautonomie

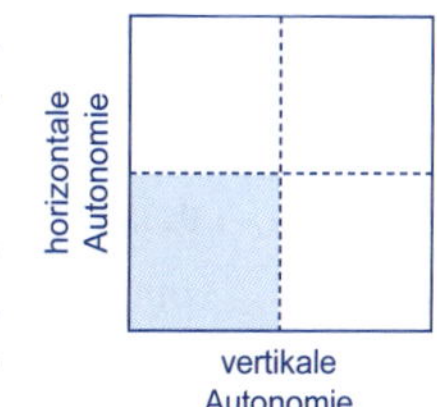

Die dezentrale Organisationseinheit bzw. der Kooperationspartner wird degradiert zu einer ausführenden Einheit ohne Entscheidungskompetenz.

Autonomie wird begrenzt auf den ausführenden Handlungsvollzug. Tiefe Leitungshierarchien prägen diesen Autonomietyp. Im Vergleich zu dem Muster umfassende Autonomie sind Visionen und Werte weniger bedeutsam. Der passende Kontext dieses Musters bildet eine niedrige Komplexität des Umfelds, bei der die Anforderungen an das logistische Reaktionsvermögen und die Reaktionsgeschwindigkeit infolge der niedrigen Dynamik gering sind.

8.8.4 Vertikale und horizontale Autonomie

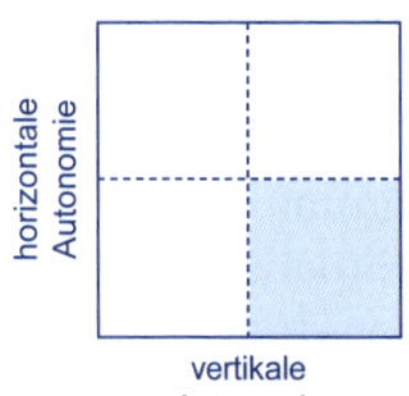

Vertikale Autonomie und horizontale Autonomie sind Muster teilweiser Führungs- und Handlungsautonomie.

Charakteristisch für das Strategiemuster **vertikale Autonomie** ist, dass zwar Logistikführungsverantwortung delegiert wird auf nachgeordnete Führungs- / Ausführungsebenen oder auf vor- und nachgelagerte Partnerunternehmen, jedoch der Entscheidungsraum schmal bleibt.

Beispiele

Der Logistikcontroller des Unternehmens delegiert die Führungsverantwortung für das operative Logistikcontrollung an den Spartenleiter nur für einen kleinen Teil der operativen Controllingaufgaben.

Der Logistikmanager des Herstellers stattet den Kontraktlogistikdienstleister mit Führungsverantwortung zur Koordination zwischen Transportdisposition und Materialdisposition für den Nahbereich aus, nicht jedoch für Verkehre in ganz Europa.

Bei dem Muster **horizontale Führungsautonomie** ist der Entscheidungsraum zwar groß, aber dieser umfasst lediglich niedrigwertige Managementaufgaben.

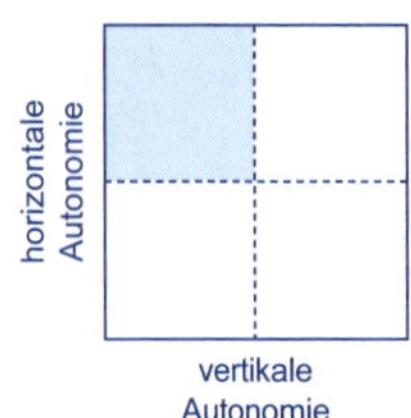

Höherwertige Führungsaufgaben werden, auch wenn sie grundsätzlich von der dezentralen Organisationseinheit wahrnehmbar wären, in Hoheit übergeordneter Stellen bzw. in Hoheit des auftraggebenden Unternehmens belassen.

8.9 Experteninterview

Felix Scherberich ist CEO und Vorsitzender der Geschäftsführung der Fiege Air Cargo Logistics GmbH & Co. KG

Sehr geehrter Herr Scherberich, Sie besitzen einen sehr reichhaltigen und sehr wertvollen Erfahrungsschatz. In Sachen Logistik und SCM macht Ihnen keiner was vor. „Logistik – dynamisch und innovativ" das werden Sie mit Sicherheit dreimal fett unterstreichen! Das aktuelle Logistikprojekt der Fiege Air Cargo Logistics am Airport Frankfurt beweist es einmal mehr. Bitte geben Sie uns einen kurzen Einblick mit aktuellen Eckdaten.

Liebe Frau Prof. Göpfert, zunächst vielen Dank für die Einladung zu diesem Interview.

Gerne gebe ich Ihnen einen kurzen Überblick über unsere Geschäftsaktivitäten am Frankfurter Flughafen.

Als exklusiver Partner der Lufthansa Cargo AG bewirtschaften wir am Frankfurter Flughafen das weltweit größte- und bedeutsamste Umschlags-HUB der Airline, das sogenannte „Lufthansa Cargo Center". Gemeinsam mit der Lufthansa schlagen wir dort ungefähr 1,5 Millionen Tonnen Luftfracht pro Jahr um, womit wir sowohl in Frankfurt als auch Deutschlandweit einer der größten Dienstleister im Bereich Luftfracht-Handling sind.

Hierzu verantworten wir mit ca. 850 (inklusive Werkvertragspartner) Mitarbeitern den gesamtem Warenfluss, angefangen im Break Down (Wareneingang), über die Ein- und Auslagerung, die innerbetrieblichen Transporte, bis hin zum Build Up-Bereich (Warenausgang). Eine Besonderheit ist dabei sicher die 24/7-Operations an 365 Tagen im Jahr und die extrem große Bandbreite an Gütern, die wir teils händisch und teils mit Flurförderzeugen abwickeln. Dabei gibt es nichts, was nicht per Luftfracht verflogen und damit durch unsere Hände geht. Von kleinteiliger Kartonage bis hin zu sperrigen Turbinen oder Autos.

Wie Sie sehen können, eine äußerst spannende und herausfordernde Aufgabe.

Es ist ein Paradebeispiel für moderne Kontraktlogistik. Dahinter steht ein erfolgreicher Entwicklungsprozess. Welche Meilensteine haben Sie – seit den ersten Absichtsbekundungen in das Air Cargo Geschäft der Lufthansa Cargo einzusteigen – bis heute mit den beteiligten Strategischen Partnern durchlaufen?

Nach Unterzeichnung der Verträge im März 2019 haben wir direkt die Gesellschaft FIEGE Air Cargo Logistics GmbH & Co. KG gegründet und mit dem Vorbereitungen gestartet, um im Juni 2019 mit der operativen Leistungserbringung beginnen zu können.

Aufgrund der hohen Komplexität haben wir mit dem Kunden vereinbart, zunächst in einem kleineren Bereich innerhalb der Operations zu starten und den Leistungsumfang anschließend sukzessive weiter auszubauen. Dieses stufenweise Vorgehen war sicher sinnvoll für einen reibungslosen Start. Mittlerweile befinden wir uns in der letzten Ausbaustufe und sind als alleiniger Dienstleister innerhalb zweieinhalb Jahre auf über 850 Mitarbeiter gewachsen.

Weitere wichtige Meilensteine in der Zusammenarbeit mit dem Kunden waren sicher die Implementierung eines neuen Produktionsplanungs- und Steuerungssystem (PPS) und die damit verbundene Realisierung der Einsparungspotentiale oder die gemeinsame Umsetzung eines groß angelegten Projektes zur Modernisierung der gesamten Infrastruktur am Standort. Für beide Projekte ist eine entscheidende Erfolgsvoraussetzung die enge und partnerschaftliche Zusammenarbeit zwischen Kunde und Dienstleister.

Was sind Ihre drei wichtigsten Erfahrungen aus diesem Projekt, die Sie zugleich als Handlungsempfehlung anderen Kontraktlogistikdienstleistern mit auf den Weg geben können?

Dieses Projekt war mit erheblichen Veränderungen insbesondere auf Seiten des Kunden, aber auch auf unserer Seite verbunden. Deshalb war es äußerst wichtig die Kommunikation nach innen und außen synchronisiert zu steuern und alle beteiligten Parteien frühzeitig in die Entwicklungen mit einzubinden. Unser Motto war hier immer „Betroffene zu Beteiligten machen".

Des Weiteren wurde bereits während der initialen Verhandlungen auf einen respektvollen Umgang auf Augenhöhe wertgelegt. Ziel war es immer auf ein klassisches Rollenverhältnis „Lieferant und Auftraggeber" zu verzichten und eine Zusammenarbeit zu forcieren, die auf Partnerschaft und Kooperation ausgelegt ist. Dies war sicher ein wesentlicher Grundstein für die bisher erfolgreiche Zusammenarbeit, insbesondere innerhalb der gemeinsam umgesetzten Projekte.

Zu guter Letzt merken wir wie wichtig eine verlässliche Datengrundlage ist, um für ein diskussionsfreies KPI-System zu sorgen. Gleichermaßen ist eine Datengrundlage und das Vorhandensein einer modernen IT-Infrastruktur die Voraussetzung zur Umsetzung innovativer Logistikansätze in der teils sehr manuellen Luftfracht-Abfertigung.

Gebe es eine Olympiade bzw. Weltmeisterschaft für Kontraktlogistik, dann würden Sie persönlich den Titel „Weltmeister der Kontraktlogistik" tragen. Deshalb bitte ich Sie, einen Blick in die Zukunft zu werfen: Wird die Kontraktlogistik der Zukunft eine andere sein gegenüber der gegenwärtigen Praxis? Verbinden Sie doch wenige Kernaussagen dazu mit den konkreten zukünftigen Entwicklungen Ihres Projektes.

Wir merken nach wie vor, dass der Trend in der Kontraktlogistik weiter Richtung Technisierung und Automatisierung geht. Primäre Treiber sind vor allem der Engpass Mitarbeiter und die Kostenentwicklung.

Gerne würden wir diese Entwicklungen, kommend aus der Kontraktlogistik, noch stärker in die Luftfracht-Industrie überführen. Allerdings ist die Supply Chain in der Luftfracht stark fragmentiert, besteht aus vielen Stakeholdern und ist auf Grund vieler Schnittstellen und hoher Regulatorien sehr komplex. Hier gilt es entweder Projekte isoliert auf einzelne Standorte zu realisieren, was sicher leichter in der Umsetzung ist oder aber viele Parteien an einen Tisch zu holen, um größere Initiativen anzuschieben und so von einem größeren Effekt zu profitieren.

Herzlichen Dank für das Interview.

8.10 Zusammenfassung

Das Logistik-Strategien-Modell setzt an den Eigenschaften von Wertschöpfungssystemen bzw. Supply Chains an, die einen starken Einfluss auf die Güter- und Informationsflüsse haben. Starke Einflüsse haben die Arbeitsteilung/Spezialisierung, die Kooperation, die Standardisierung, die Wahl der Produktionsstandorte und die Verteilung von Führungskompetenzen. Danach setzt sich das Logistik-

Strategien-Modell aus fünf Strategiearten zusammen: Spezialisierungs-, Kooperations-, Standardisierungs-, Konfigurationsstrategien und Strategien zur Verteilung von Führungskompetenzen. Durch das gezielte Kombinieren der Strategiearten und ihrer Muster werden logistische Erfolgspotenziale aufgebaut.

8.11 Wissens- und Fähigkeitentest

Aufgabe 8.1:

Erklären Sie den Zusammenhang zwischen Logistikvision und Logistikstrategie.

Aufgabe 8.2:

Der Logistikleiter eines mittelständischen Industrieunternehmens sucht für die zukünftige Zusammenarbeit mit Logistikdienstleistern die jeweils effizienteste Form. Was bildet das ausschlaggebende Entscheidungskriterium? Definieren Sie das Kriterium.

Aufgabe 8.3:

Was sind die stärksten Zielwirkungen der Strategie einer standardisierten Individualleistung?

Aufgabe 8.4:

Wodurch unterscheidet sich die transnationale Strategie von der einfachen Globalstrategie sowie lokalen Strategie?

Aufgabe 8.5:

Entwickeln Sie eine integrierte Logistikgesamtstrategie. Beginnen Sie mit der Strategie umfassende Führungs- und Handlungsautonomie und fügen Sie ein passendes Muster der Spezialisierungs-, Kooperations-, Standardisierungs- und Konfigurationsstrategien hinzu.

9. Supply-Chain-Management-Konzepte zur Strategieumsetzung

Zahlreiche Konzepte unterstützen die Umsetzung der Logistikstrategien und das Erreichen der strategischen Ziele. Dazu gehören auch die Sourcing- und Bereitstellungskonzepte, die bereits im dritten Kapitel vorgestellt wurden. Darüber hinaus sind mit dem Übergang von einer nur unternehmensweiten Logistikoptimierung hin zu unternehmensübergreifenden Supply Chains neue Konzepte entstanden. Wir starten mit der Aufstellung eines SCM-Zielkatalogs.

Lernziele

Dieses Kapitel soll Sie befähigen:

- zu den Logistikstrategiearten die jeweils passenden Supply-Chain-Management-Konzepte auszuwählen,
- die Wirkungen der einzelnen Konzepte auf die Erfüllung der SCM-Ziele zu bewerten,
- Ideen für neue SCM-Konzepte zu entwickeln.

9.1 Strategische Ziele des Supply-Chain-Management

Die drei großen Zielbereiche der Logistik und des Supply Chain Managements haben Sie mit Flusskostensenkung, Objektwertsteigerung sowie Anpassungs- und Entwicklungsfähigkeit bereits im ersten Kapitel kennengelernt. Sie erinnern sich:

- Der Zielbereich **Flusskostensenkung** beinhaltet den effizienten Einsatz von Produktionsfaktoren für die Ausführung und das Management der Objektflüsse.
- Die **Objektwertsteigerung** bezeichnet den Beitrag der Logistik zur Erhöhung des Marktwerts von Produkten. Logistikservicemerkmale wie kurze Lieferzeit bewirken eine höhere Attraktivität des Leistungsangebots.
- Unter dem Einfluss einer zunehmenden Dynamik der Umwelt gewinnt die **Anpassungs- und Entwicklungsfähigkeit** der Logistiksysteme eine existenzielle Bedeutung für Unternehmen und Netzwerke.

In Abhängigkeit vom Anspruchsniveau und Zeithorizont der Zielsetzungen sprechen wir von operativen (kurzfristigen) oder strategischen (langfristigen) Zielen. Aus den drei Zielbereichen leiten wir den folgenden, in der Praxis bewährten **Zielkatalog** ab:

SCM-Zielkatalog

- **Endkundennutzen**
  - Erhöhung der Produktverfügbarkeit
  - Erhöhung der kundenbezogenen Individualität der Produkte
  - Verbesserung des Logistikservices
- **Kostenvorteile**
  - Optimierung der Transportkosten
  - Abbau der Material- und Warenbestände
  - effizienter Einsatz der Ressourcen
  - Reduzierung der Administrations- und Planungskosten
  - Reduzierung der Transaktionskosten
  - Reduzierung der Forschungs- und Entwicklungskosten
- **Zeitvorteile**
  - Verkürzung der Durchlaufzeit
  - Verkürzung der Forschungs- und Entwicklungszeit
  - Verkürzung der Wiederbeschaffungszeit
  - Verkürzung der Reaktionszeit auf Nachfrageänderungen
- **Qualitätsvorteile**
  - logistikbasierte Verbesserung der Produktqualität
  - logistikinduzierte Erhöhung des Innovationsgrads der Produkte
- **Flexibilitätsvorteile**
  - Verbesserung der Flexibilität gegenüber externen Einflussfaktoren
  - Verbesserung der Flexibilität gegenüber Nachfrageänderungen der Endkunden
  - Verbesserung des Weiterentwicklungspotenzials der gesamten Supply Chain

Diesen Katalog ziehen wir für die Bewertung der Zielwirkungen logistischer Lösungskonzepte für SCM-Strategien heran. Die Vorstellung der Konzepte beginnt mit den Planungs- und Steuerungskonzepten für Supply Chains, dem schließen sich dem Verlauf des Material- und Warenflusses folgend, die weiteren Konzepte an. Diese haben zwar ihren Schwerpunkt in den jeweiligen Material- und Warenflussphasen (beschaffungs-, produktions- oder distributionsseitige Supply Chain), sind aber nicht auf einzelne Phasen begrenzt, sondern wirken vielmehr auf alle Supply-Chain-Phasen. Zum Beispiel beginnt Efficient Consumer Response mit der Neugestaltung der distributionsseitigen Supply Chain des Konsumgüterherstellers bzw. der beschaffungsseitigen Supply Chain des Handels (unter Einbeziehung von Kontraktlogistikdienstleistern) und setzt sich über die Integration der Produktions- und Beschaffungsprozesse des Konsumgüterherstellers sowie dessen Zulieferer fort.

9.2 Planungs- und Steuerungskonzepte für Supply Chains

9.2.1 Collaborative Forecasting

Das Collaborative Forecasting basiert auf der Kritik einer isolierten Erstellung von Absatzprognosen der Unternehmen an. Deshalb steht eine, alle strategischen SC-Partnerunternehmen **integrierende, gemeinsame Prognose und Absatzplanung** im Mittelpunkt, die auf der tatsächlichen Nachfrage, d.h. der Abverkäufe an die Endkunden der Supply Chain aufbaut. Damit ist das Collaborative Forecasting direkt auf die Verminderung bzw. Vermeidung der unter dem Begriff „Bullwhip-Effekt" bekannten Aufschaukelung der Nachfrage in arbeitsteiligen Wertschöpfungssystemen gerichtet.

Im Kern zielt das Konzept auf eine Verringerung der Material- und Warenbestände auf jeder Wertschöpfungsstufe bzw. bei jedem Partner und das Einpendeln auf eine optimale Bestandshöhe in der gesamten Supply Chain. Darüber hinaus entstehen positive Effekte in Hinblick auf die Stabilität und Sicherheit der Supply-Chain-Prozesse, z.B. die Fertigungsprozesse der Hersteller, indem Informationen über Nachfrageänderungen frühzeitig mittels der Abverkaufsdaten dem Hersteller übermittelt werden. Ineffiziente Ad-hoc-Umstellungen in der Produktion werden so vermieden. Das wirkt sich auf eine Verbesserung der Auslastung der Kapazitäten (z.B. Produktions-, Transport-, Lagerkapazitäten aber auch personellen Kapazitäten in der Material-, Fertigungs- und Vertriebsdisposition) aus. Neben diesen kostenreduzierenden Effekten sind die Erhöhung der Produktverfügbarkeit sowie den Logistikservice steigernde Ergebnisse hervorzuheben (kürzere Lieferzeit, höhere Lieferzuverlässigkeit/Termintreue, verbesserte Lieferbereitschaft und Lieferungsbeschaffenheit), womit die Kundenzufriedenheit gesteigert sowie die Kundenbindung erhöht wird (vgl. Konrad 2005: 107–110).

Collaborative Forecasting setzt als grundlegende Voraussetzung das Bestehen eines intakten Vertrauensverhältnisses zwischen den SC-Partnern voraus. Auf dieser Basis können dann die weiteren konkreten Anwendungsvoraussetzungen wie die Standardisierung des Datenaustauschs (Warenidentifikation, Stammdaten, Informations- und Kommunikationstechnik) geschaffen werden. Vergleichsweise hohe Bestands- und Fehlmengenkosten sind zumeist die Auslöser für einen Übergang zum Collaborative Forecasting. Je größer die Stufigkeit der Supply Chain, desto größer sind in der Regel die Potenziale des Konzepts.

9.2.2 Collaborative Planning

Collaborative Planning beinhaltet die **Abstimmung und Integration der Produktionspläne** zwischen den SC-Partnern. Indem die auf den unterschiedlichen Stufen der Supply Chain tätigen Unternehmen ihre Produktionspläne integrieren, hat das auch positive Effekte auf die Beschaffungs- bzw. Distributionsplanung zwischen den direkt vor- und nachgelagerten Unternehmen (z.B. zwischen Systemlieferanten und Hersteller). So wird eine konventionelle Übermittlung von Bestelldaten des Abnehmers an den Zulieferer überflüssig, da der Zulieferer die

Daten bereits aus der integrierten Produktionsplanung entnehmen kann. Durch diese integrierte Produktions-, Beschaffungs- und Distributionsplanung wird es außerdem möglich, die doppelte Lagerhaltung (Lager sowohl beim Zulieferer als auch beim Abnehmer/Kunde) auf eine Lagerstufe (Lagerung nur noch beim Kunde) zu reduzieren. Hierzu betreiben Lieferant und Abnehmer/Kunde ein gemeinsames Bestandsmanagement.

Das Konzept zielt vor allem auf eine Erhöhung der Produktverfügbarkeit auf allen Stufen der Supply Chain, eine Verringerung der Bestände in der Supply Chain, eine verbesserte Reaktionsfähigkeit gegenüber Änderungen der Endkundennachfrage sowie eine Optimierung der Kapazitäten für Beschaffung, Produktion und Distribution, hier insbesondere Transport und Lagerhaltung. Zusätzliche Effekte ergeben sich für alle Logistikservicekomponenten mit positiver Ausstrahlung auf die Kundenbindung und Neukundengewinnung.

Das Collaborative Planning verlangt im Prinzip die gleichen Anwendungsvoraussetzungen wie das Collaborative Forecasting. Infolge der sensiblen Informationen über Auslastungsgrade der Produktionskapazitäten, Fertigungsdurchlaufzeiten, den Einsatz der Personalkapazitäten und der Gefahr der Ausnutzung dieser brisanten Informationen auf Kosten anderer, z. B. zulasten des Zulieferers, wächst die Bedeutung des Vertrauensverhältnisses zwischen den Akteuren als eine Grundbedingung.

9.2.3 Collaborative Planning, Forecasting and Replenishment (CPFR)

Wie die Bezeichnung verrät, handelt es sich bei CPFR um eine Kombination der vorangestellten beiden Konzepte. Mit dem Zusatz **Replenishment** wird der **automatische Material- und Warennachschub** seitens des Zulieferers an den Abnehmer betont. Basis dafür bildet die bereits im Rahmen von Collaborative Planning herausgearbeitete integrierte Produktions-, Beschaffungs- und Distributionsplanung zwischen Zulieferer und Abnehmer sowie das gemeinsame Bestandsmanagement im Kundenlager (vgl. Bowersox et al. 2020: 104).

Entwickelt wurde das Konzept speziell für die Konsumgüterbranche, insbesondere für die Beziehungen zwischen Handel, Konsumgüterhersteller und Zulieferer. Die Scanner-Informationen über den Verkauf an Endkunden am Point of Sale fließen direkt in das gemeinsame Bestandsmanagementsystem ein. Basierend auf den vereinbarten Vorratshöhen bzw. Reichweiten der zum Sortiment gehörenden Produkte wird vom System der Warennachschub automatisch angestoßen. Die dispositiven und physischen Logistikprozesse sind in hohem Maße standardisiert.

In Workshops haben die Unternehmensvertreter insbesondere die Wirkung von CPFR auf die Steigerung des Endkundennutzens (z. B. höhere Produktverfügbarkeit, Verbesserung des Logistikservices) und Zeitvorteile (z. B. Verkürzung der Durchlaufzeit, Wiederbeschaffungszeit sowie der Reaktionszeit auf Nachfrageänderungen) hervorgehoben; mit kleinem Abstand folgen die Wirkungen auf die Kosten- und Flexibilitätsvorteile.

9.2.4 Available-to-Promise/Capable-to-Promise

Available-to-Promise (ATP: Verfügbarkeitsprüfung) sowie Capable-to-Promise (CTP: Machbarkeitsprüfung) ermöglichen eine verbesserte Ermittlung von Lieferterminzusagen (vgl. Bowersox et al. 2020: 101). Während konventionelle Methoden die Erfüllbarkeit von Kundenanfragen oder -aufträgen lediglich auf der Basis der verfügbaren Fertigwarenbestände prüfen, berücksichtigt Available-to-Promise zusätzlich die eingespeisten bzw. angearbeiteten Fertigungsaufträge. Damit wird die ehemals statische Betrachtung durch eine dynamische Ermittlung von Lieferterminzusagen erweitert. Ergänzend dazu beinhaltet Capable-to-Promise eine Machbarkeitsprüfung auf Ressourcenebene, ob durch eine Änderung der Produktionspläne die Endkundennachfrage in der gewünschten Zeit erfüllt werden kann.

Durch die integrative Anwendung beider Konzepte sollen die Qualität der Lieferterminzusagen sowie die Lieferzuverlässigkeit (Termintreue) erhöht und die Zahl entgangener Kundenaufträge reduziert werden. Voraussetzung für die Anwendung sind durchgehende Informationssysteme in der Supply Chain, z. B. Verknüpfung von ERP-Systemen (Enterprise Ressource Planning), PPS-Systemen (Produktionsplanung und -steuerung) oder APS-Systemen (Advanced Planning and Scheduling). APS-Systeme greifen auf die ERP- und PPS-Systeme der kooperierenden Unternehmen zu und gewinnen daraus die Informationen für die Planung und Steuerung auf der Netzwerkebene.

9.2.5 Lieferanten-Kanban

Ursprung Kanban-Steuerung

Kanban bezeichnet ein Konzept für die dezentrale Fertigungssteuerung (vgl. Ohno 2009; Schulte 2017: 669 ff.; Wildemann 2012a: 255 –260; Wildemann 2012b: 320–326). Die Urform des Konzepts geht auf Toyota zurück und wurde dort vor rund einem halben Jahrhundert entwickelt und eingeführt. Der Name Kanban (ins Deutsche übersetzt: Karte) deutet darauf hin, dass Karten in ihrer Eigenschaft als Informationsträger (z. B. in Bezug auf den Materialbedarf nachgelagerter Fertigungsstufen) bei diesem, für die damalige Zeit neuem Steuerungskonzept, eine Hauptfunktion spielen.

Grundprinzip Kanban-Steuerung

Während traditionelle Methoden den Fertigungsfluss zentral steuern und auf dem Push-Prinzip beruhen (Bringprinzip, d. h.: die nachfolgende Fertigungsstufe beginnt erst zu produzieren, nachdem die zentrale Steuerungsinstanz den Impuls bzw. Auftrag gibt), findet bei Kanban das Pull-Prinzip Anwendung (Hol- bzw. Ziehprinzip, d. h., die Endfertigungsstelle bzw. nachgelagerte Fertigungsstelle zieht den Materialfluss). Lag die Verantwortung für die Materialversorgung traditionell bei der Zentralinstanz, so wird sie bei Kanban direkt auf die Fertigungsmitarbeiter übertragen. Es entstehen sogenannte vermaschte Regelkreise zwischen nach- und vorgelagerten Fertigungsstellen. Die jeweils zwischen zwei Fertigungsstellen (Abnehmer-Zulieferer-Beziehung) eingerichteten Pufferbestände gleichen die Zeit der Wiederbeschaffung und etwaige Prozessstörungen aus. Sobald ein Materialbehälter leer ist, geht dieser zurück an die zu liefernde Fertigungsstelle;

die am Behälter angebrachte Karte enthält alle relevanten Informationen für die Nachbelieferung (Artikel-/ Teilebezeichnung, Artikel- /Teilenummer, Menge je Behälter, Produzent bzw. produzierende Stelle und Verbraucher (verbrauchende Stelle) (siehe Abbildung 9.1).

Konzepte durchlaufen in der Regel einen Entwicklungsprozess. Angestoßen durch die Herausforderungen des Supply Chain Management wurde Kanban weiterentwickelt. So wurde neben der physischen Weitergabe der Karten die elektronische Übermittlung eingeführt; bekannt unter E-Kanban. Weiterhin bleibt das dezentrale Steuerungskonzept nicht auf die interne Fertigung des einzelnen Unternehmens begrenzt, sondern wird auf die Zulieferer erweitert. Danach wird je nach Reichweite der Kanban-Steuerung unterschieden zwischen Produktions-Kanban und Lieferanten-Kanban. Voraussetzung für die Erweiterung auf Lieferanten bilden langfristige und qualitativ ausgereifte Lieferbeziehungen zwischen Hersteller und Zulieferer in Form von strategischen Partnerschaften. Die Anzahl der in eine Kanban-Steuerung integrierten Zulieferer kann verschieden sein: von der Konzentration auf einen Zulieferer bis hin zur Anbindung eines Lieferantennetzwerks, wie die Abbildung 9.1 veranschaulicht.

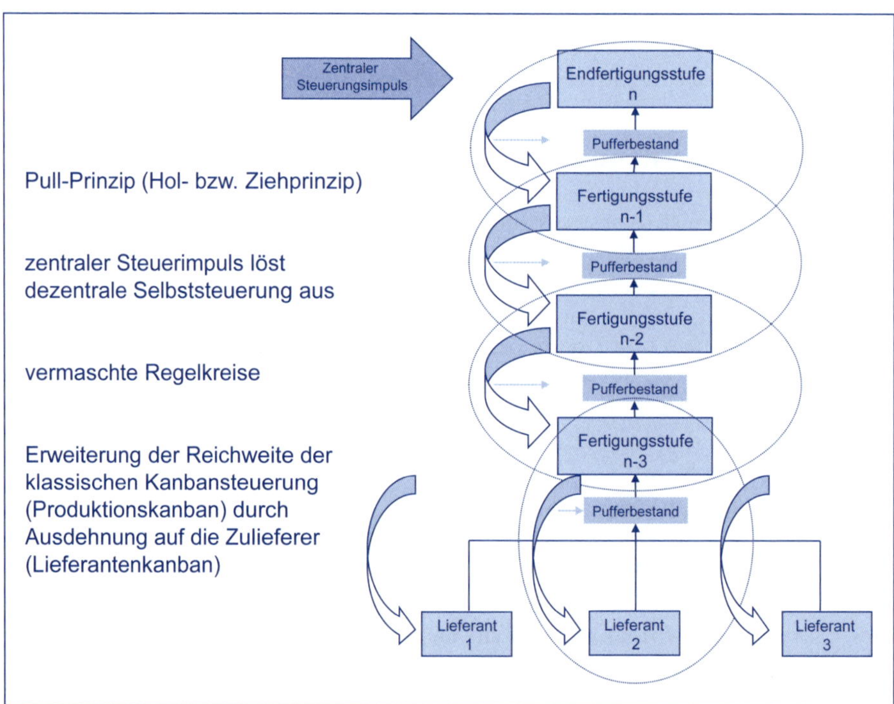

Abbildung 9.1: Funktionsweise von Lieferanten-Kanban

Die größte Herausforderung bei einer Erweiterung der klassischen, internen Kanban-Steuerung auf die Zulieferer bildet das Management der Schnittstelle zwischen internem und externem Kanban-Regelkreis. Hersteller und Zulieferer schließen hierzu einen Kanban-Vertrag einschließlich einer langfristigen Rahmenvereinbarung ab bezüglich mittel- bis langfristig voraussehbarer Lieferabrufe (Mengen, Zeitpunkte), Materialqualität, Preise, Übertragungsmedien und Transportmodalitäten.

In der praktischen Umsetzung hat sich bewährt, dass die dezentrale Fertigungsstelle des Abnehmers direkt den Teileabruf an den Zulieferer (Endfertigungsstelle) erteilt. Alternativ wäre es auch möglich, die zentrale Einkaufsstelle des Abnehmers zwischenzuschalten, jedoch würde das zusätzliche Zeitverzögerung und einen dadurch bedingten höheren Pufferbestand mit sich bringen. Weiterhin versteht sich von selbst, dass die Zulieferer die Qualitätskontrolle durchführen.

Durch das flussorientierte Fertigungslayout (Fließfertigung) und die dezentrale Selbststeuerung bewirkt Kanban eine deutliche Reduzierung der Durchlaufzeit und mittels Lieferanten-Kanban auch der Wiederbeschaffungszeit. Da keine Zwischenläger in der Produktion aufgebaut werden, stattdessen lediglich limitierte, den Fertigungsfluss sichernde Pufferbestände zwischen den Fertigungsstufen. Dadurch verringern sich die Work-in-Process-Bestände. Der systembedingt eingesparte zentrale Steuerungsaufwand überkompensiert die Aufwände für die dezentrale Selbststeuerung, sodass in Summe der Steuerungsaufwand sinkt. Weiterhin wirkt sich Kanban erhöhend auf die Prozessstabilität aus mit positiven Effekten auf die Produktqualität und die Liefertreue.

Supply Chain Manager betonen in Workshops an erster Stelle Kostenvorteile (insbesondere durch Abbau der Material- und Warenbestände, Reduzierung der Administrations- und Planungskosten, Reduzierung der Transaktionskosten) und Zeitvorteile (hauptsächlich Verkürzung der Durchlaufzeit und Wiederbeschaffungszeit).

Kanban wird in der Großserien- und Massenfertigung angewandt (kontinuierlicher bzw. stetiger Fertigungsfluss). Häufige Änderungen am Fertigungsfluss hätten viel zu hohe Aufwände zur Folge; auch würden starke Nachfrageschwankungen eine ständige Änderung der Kanban-Karten erfordern. Die im Fertigungsprozess zu verarbeitenden Teile sind eher kleinvolumig (für den Transport im Behälter sowie niedrigen Platzbedarf im Pufferbestand) und werden in nur kleiner Variantenzahl produziert (Standardteile). Die Endprodukte sollten entwicklungs- und herstellungsseitig voll ausgereift sein und einen möglichst langen Lebenszyklus (lange Marktphase) durchlaufen.

9.3 Konzepte für die beschaffungsseitige Supply Chain

Lösungskonzepte für die beschaffungsseitige Supply Chain bilden das Produkt einer Kombination aus Sourcing- und Bereitstellungskonzepten. Zugeschnitten auf die konkrete Situation des Unternehmens und des Beschaffungsmarkts sowie in Abhängigkeit von den Spezifika der Beschaffungsobjekte (ob Einzelteile, Komponenten oder Module/Systeme) besteht die Herausforderung, das optimale Konzeptbündel zu finden.

Welche Sourcing- und Bereitstellungskonzepte dabei zur Anwendung kommen, kennen Sie aus dem dritten Kapitel. Die Abbildung 9.2 gibt einen zusammenfassenden Überblick zu Sourcing-Konzepten.

Component Sourcing	Modular Sourcing / System Sourcing
Das Unternehmen bezieht Einzelteile bzw. Einzelleistungen. Es beauftragt z. B. Teile-Lieferanten oder Logistik-Komponentenanbieter	Das Unternehmen kauft ganze Produktmodule bzw. Systemleistungen. Das Modular Sourcing basiert auf dem Aufbau von Zulieferpyramiden
Local Sourcing	**Global Sourcing**
Die Beschaffungsaktivitäten konzentrieren sich auf das „vor Ort" vorhandene Lieferanten- oder Dienstleisterpotenzial	Das Unternehmen nutzt das weltweite Beschaffungspotenzial aus. Es wählt die im Weltmaßstab „besten" Lieferanten oder Dienstleister
Multiple Sourcing	**Single Sourcing**
Pro Teile bzw. Leistungsart unterhält das Unternehmen zu einer größeren Anzahl von Lieferanten Beziehungen	Die Anzahl der Lieferanten pro Teile- bzw. Leistungsart wird bis auf einen, den leistungsfähigsten Lieferanten reduziert
External Sourcing	**Internal Sourcing**
Leistungserbringung des Zulieferers und Verbauort sind räumlich getrennt	Zulieferer erbringt Leistungen direkt in der Produktionshalle des Herstellers

Abbildung 9.2: Sourcing-Konzepte im Überblick

Kombinieren Sie die bekannten Bereitstellungskonzepte – Vorratshaltung, JIT/JIS, Beschaffung im Bedarfsfall – mit den Sourcing-Konzepten! Bitte ausschließlich Vorzugskombinationen vorschlagen.

Beispiele:

- Component Sourcing kombiniert mit Lagerhaltung
- Single Sourcing kombiniert mit JIS
- u. a. m.

9.4 Konzepte für die produktionsseitige Supply Chain

Die Lösungskonzepte für die produktionsseitige Supply Chain setzen mit Collaborative Engineering bereits bei einer die Logistik einbeziehenden Produktentwicklung an. Das hat auch positive Ausstrahlung auf die mit dem Postponement-Konzept bezweckte bessere Handhabung der großen und steigenden Anzahl an Produktvarianten. Wie neue logistische Lösungskonzepte entstehen können, wird am Beispiel Value-Added Assembly gezeigt.

9.4.1 Collaborative Engineering

Collaborative Engineering (CE) beziehen wir hier auf die kooperative Zusammenarbeit zwischen den Supply-Chain-Partnern bei der Entwicklung neuer Produkte unter Integration der Logistik. Eine zukunftsorientierte Analyse zeigt die großen Potenziale, die durch eine **logistikintegrierte Produktentwicklung** erschließbar werden (vgl. Schulz 2014).

Der Anteil der gemeinsamen Entwicklung ist bei Modulen am höchsten und Einzelteilen/Komponenten am niedrigsten.

Die Hauptwirkungsrichtungen eines Collaborative Engineering sind eine Verkürzung der Forschungs- und Entwicklungszeit (Time-to-Market), eine Reduktion der Forschungs-, Entwicklungs- und Logistikkosten, die Erhöhung des Logistikservices und das Gewinnen von zusätzlichem Know-how. Die Wirkungen sind umso größer, je komplexer die Produkte sind.

Ein Großteil der laufenden Kosten werden in der Produktentstehung bereits festgelegt. Deshalb ist diese Phase auch von großem Interesse für die Logistik. Ein wichtiger Ansatzpunkt für die logistikintegrierte Produktentwicklung bildet das Variantenmanagement. Im Wettbewerb auf den gesättigten Märkten bemühen sich die Hersteller, dem Kunde ein genau auf ihn zugeschnittenes Angebot zu machen. Die Abbildung 9.3 zeigt das Angebotsspektrum am Beispiel des Bauteils Tankverschluss. Während Felgen mitunter Statuscharakter haben und eine relativ große Variantenvielfalt nachvollziehbar ist, überrascht die Vielzahl der unterschiedlichsten Tankdeckel.

Abbildung 9.3: Variantenvielfalt am Beispiel verschiedener Tankdeckel aus dem BMW-Konzern (Göpfert/Schulz 2013: 198)

Übertriebene Variantenbildung ohne wahrnehmbaren Wert für den Kunden wirkt sich nachteilig auf die Logistikprozesse in der Supply Chain aus. Beschaffungsseitig können Teilevarianten (z. B. unterschiedliche Form) nicht im gleichen Behälter transportiert werden. An den Fertigungslinien wird eine verdichtete Bereitstellung verhindert. Die Distribution von Ersatzteilen wird zeit- und kostenintensiver, indem die große Zahl der Varianten nicht in lokalen Regionallägern vorgehalten werden kann, sondern aus Zentrallägern zu beschaffen ist.

Einige Zeit lang wurde bei einer Variante des Audi A3 eine blaue Kofferinnenraumverkleidung angeboten, die sich kaum von der schwarzen Ausführung unterschied. Das hatte zur Folge, dass in den Prozessen eine hohe Verwechslungsgefahr bestand. Auf Initiative der Logistik konnte diese nach Rücksprache mit den Designern aus dem Programm genommen werden (vgl. Göpfert et al. 2016: 199).

Die Leiter Logistik bzw. Supply Chain Management bestätigen die Zielwirkungen mit:

- Kostenvorteile
  Die Kostenvorteile gehen über die Reduzierung der Forschungs- und Entwicklungskosten hinaus und erstrecken sich auch auf den effizienten Einsatz der Ressourcen und die Optimierung der Transportkosten.
- Zeitvorteile
  Das betrifft vor allem die Verkürzung der Forschungs- und Entwicklungszeit, die Verkürzung der Durchlaufzeit mittels Verfahrens- und Produktanpassung und die Verkürzung der Reaktionszeit auf Nachfrageänderungen durch Produktmodularisierung.
- Qualitätsvorteile
  Das sind die Verbesserung der Produktqualität und die Erhöhung des Innovationsgrads der Produkte.

9.4.2 Postponement

Die Ursprünge des Konzepts Postponement (PP) liegen über ein halbes Jahrhundert zurück. Seitdem wurde das Konzept stetig verfeinert und von der Anwendung in Unternehmen auf die Netzwerkebene (Supply Chain) übertragen. Im Kern beinhaltet Postponement eine spätestmögliche Produkt- bzw. Leistungsdifferenzierung (vgl. Bowersox et al. 2020: 178).

Die physischen und dispositiven Prozesse sind weitgehend standardisiert und die Produkte modularisiert (Zusammensetzung zu einem relativ großen Anteil aus standardisierten Modulen und Teilen) und erst auf einer der letzten Fertigungs-/Wertschöpfungsstufen erfolgt die individuell auf die Kunden zugeschnittene Finalisierung. Postponement ist ein Konzept, das sich besonders für variantenreiche Produkte mit kurzen Lieferzeiten anbietet.

Produkt-Postponement

Es kann zwischen einem Produkt-Postponement und einem Prozess-Postponement unterschieden werden. **Produkt-Postponement** geht mit einer Modularisierung der Produkte einher, d. h., gleiche (standardisierte) Module, Komponenten und Teile finden für zahlreiche, unterschiedliche Produktarten Verwendung. Ein Anwendungsbeispiel gibt die von Volkswagen verfolgte Plattform- und Modulstrategie. Verschiedene Fahrzeugmodelle haben die gleiche Plattform. Zur Plattform gehören u. a. Reifen, Räder, Bremsen, Bodenblech, Auspuffanlage, Tank, Motor und Getriebe. Nicht zur Plattform gehört die Karosserie (Türen, Fenster, Hauben, Kotflügel, kompletter Innenraum). Die auf die individuellen Kundenwünsche ausgerichtete Variantenbildung von Produkten wird so verzögert.

Prozess-Postponement

Beim **Prozess-Postponement** bezieht sich die zeitliche Verzögerung einer Individualisierung auf die Wertschöpfungsprozesse. In Analogie zur Standardisierung von Produktkomponenten und einer modularen Produktstruktur werden hier die einzelnen Aktivitäten und Prozesse weitgehend standardisiert und zu Prozessmodulen verknüpft. Zusammenhängende Prozesse ergeben ein Modul. Eine Supply Chain setzt sich aus mehreren Prozessmodulen zusammen. Damit wird eine deutliche Reduzierung der Prozesskomplexität in der Supply Chain gegenüber der Ausgangssituation ohne Prozessmodularisierung und -standardisierung erreicht. Individuelle, auf konkrete Kundenwünsche bzw. maßgeschneiderte Produkte gerichtete Prozesse (auch der Logistik) werden so spät wie möglich in der Wertschöpfungskette platziert.

Beispiele

Ein **erstes Beispiel für Prozess-Postponement** gibt Benetton. Modische Kleidungsstücke unterliegen starken Nachfrageschwankungen. Die Folge sind teils hohe Bestände an nicht absetzbarer Ware bzw. nur mit großem Rabatt verkaufsfähigen Artikeln. Deshalb hat Benetton die Reihenfolge der Prozesse geändert, indem das auf die individuelle Nachfrage gerichtete Färben der Ware auf eine der letzten Fertigungsstufen verlagert wurde. Das traditionelle Färben der Garne zu Beginn der Fertigung wurde durch eine Verarbeitung ungefärbter Garne sowie eine Verlagerung des Färbens auf fertige Artikel am Ende des Prozesses ersetzt. Zu diesem Zeitpunkt liegen auf Basis von Erstverkäufen realistische Abverkaufszahlen vor, sodass der tatsächlichen Nachfrage folgend die Nachbelieferungen erfolgen können.

Ein **zweites Beispiel** bezieht sich auf eine Hersteller-Zulieferer-Beziehung in der Automobilindustrie. Lenkräder werden mit individueller Software bestückt, die zudem vergleichsweise hochwertig ist. Traditionell erfolgt die Belieferung fertiger Lenkräder inklusive Software. Neu ist die Idee, die Lenkräder zunächst ohne Software einzubauen und erst am Ende des Fertigungsprozesses die kunden- und produktindividuelle Software durch den Zulieferer einspielen zu lassen. Als Vorteile ergeben sich niedrigere Kapitalbindungskosten und eine höhere Flexibilität gegenüber kurzfristigen Kundenauftragsänderungen. Die Kapitalbindung sowie die Kosten der Lagerung können reduziert werden, da nicht von vornherein (spekulativ) eine Vielzahl differenzierter Endprodukte gelagert wird, sondern lediglich die Grundversionen. Für die Grundversionen ist die Bedarfsprognose einfacher vorzunehmen; der Sicherheitsbestand kann relativ niedrig gehalten werden (gegenüber einer Bevorratung vieler differenzierter Endprodukte).

In der Praxis werden Produkt- und Prozess-Postponement kombiniert angewandt. Das ergibt sich schon aus der Tatsache, dass die auf einer spätestmöglichen Wertschöpfungsstufe startende Individualisierung der Produkte in der Regel mit einer Individualisierung der Prozesse einhergeht. Dies veranschaulicht die Abbildung 9.4. An die kundenauftragsneutrale Vorproduktion zur Fertigung der standardisierten Module (einschließlich Komponenten und Teile) schließen sich die auf die individuellen Kundenaufträge gerichteten reaktionsfähigen Fertigungs- und Logistikstrukturen/- prozesse an. Erst spät, kurz vor der individuellen Finalisierung der Produkte, erfolgt der Übergang von der neutralen Vorproduktion zur kundenindividuellen Finalisierung. Ziel ist es, den **Entkopplungspunkt** (Order Penetration Point) so weit wie möglich an das Ende der Supply Chain zu schieben.

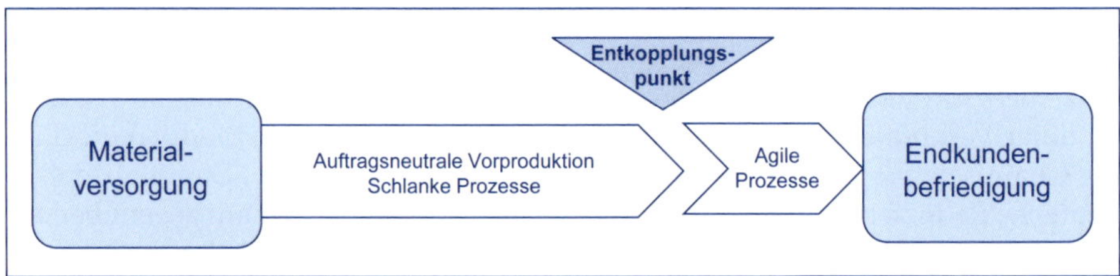

Abbildung 9.4: Prozess-Postponement (vgl. Weber et al. 2010: 88)

Die Anwendung des Postponement-Konzepts in Supply Chains vollzieht sich auf Unternehmens- und Netzwerkebene. Jeder Kooperationspartner wird bemüht sein, die Vorteile in seinem Leistungsprozess zu nutzen. Durch die unternehmensübergreifende Umsetzung eröffnen sich zusätzliche Potenziale wie das auf Lenkräder bezogene Beispiel zeigt. Das SCOR-Modell bietet für diesbezügliche Optimierungen der Wertschöpfungsprozesse und Prozessabläufe eine geeignete Basis.

Postponement verbessert die **Flexibilität** gegenüber Nachfrageänderungen der Endkunden. Das Produktions- und Bestandsrisiko kann abgesenkt werden, da individuelle Produktvarianten nur auf Basis konkreter Kundenaufträge produziert bzw. finalisiert werden.

In Verbindung mit der Produktmodularisierung verringern sich die Bestands- und Lagerhaltungskosten, bei gleichzeitiger Erhöhung der Produktverfügbarkeit, der Verbesserung des Logistikservices (Verkürzung der Lieferzeit, Erhöhung der Termintreue) sowie der kundenbezogenen Individualität der Produkte. Ursächlich dafür sind die gewonnenen **Zeitvorteile:** Verkürzung der Durchlaufzeit (durch ein Vorschalten auftragsneutraler Produktion), Verkürzung der Forschungs- und Entwicklungszeit (Zeitgewinn, indem die Forschungs- und Entwicklungsressourcen infolge der Produktmodularisierung auf eine kleinere Anzahl von Modulen, Komponenten und Teilen konzentriert werden), die Verkürzung der Wiederbeschaffungszeit und der Reaktionszeit auf Nachfrageänderungen.

Zu ergänzen sind **Kostenvorteile** in Forschung und Entwicklung, Produktion und Logistik infolge eines effizienteren Einsatzes der Ressourcen, reduzierter Administrations- und Planungskosten, Transaktionskosten sowie Transportkosten.

9.4.3 Value-Added Assembly

Wie entstehen neue logistische Lösungskonzepte für Supply Chains? Grundsätzlich sind drei Ansätze, ein theoretisch- bzw. logisch-deduktives und ein empirisch-induktives Vorgehen, sowie die Kombination beider Ansätze möglich. Der empirisch-induktive Weg geht direkt von der Supply-Chain-Praxis aus. Dieser Weg soll anhand der Entwicklung des Konzepts Value-Added Assembly aufgezeigt werden.

Untersuchungsgegenstand einer Studie waren 78 Zulieferer-Hersteller-Beziehungen (vgl. Göpfert, Wellbrock 2019: 508–510). Ein logistisches Lösungskonzept beinhaltet in der Regel ein Bündel von Einzelmaßnahmen (eine effiziente Kombination von einzelnen Maßnahmen). Untersucht wurden 38 unterschiedliche Logistikmaßnahmen zur Verbesserung des Materialflusses als auch des Informationsflusses. In den Abbildungen 9.5 und 9.6 sind Beispiele für die Zugehörigkeit der Einzelmaßnahmen zu einem Logistikkonzept in Klammern angegeben.

Supply-Chain-Management-Maßnahme	Häufigkeit
Unternehmensübergreifende Verwendung identischer, spezifisch angepasster Ladungsträger *(bspw. CD, JIS)*	86 %
Übertragung der Qualitätsverantwortung an den Zulieferer *(bspw. JIT / JIS)*	81 %
Gebündelter Transport *(bspw. 3PL / LLP)*	42 %
Übertragung der produktionsgerechten Kommissionierung an den Zulieferer *(bspw. JIS)*	35 %
Verspätete Eigentumsübertragung der Produkte vom Zulieferer an den Hersteller *(bspw. KON)*	31 %
Sequenzgetreue Anlieferung der Produkte durch den Zulieferer *(bspw. JIS)*	29 %
Speditionslagermodell bzw. Lieferantenlogistikzentrum *(bspw. 3PL / LLP)*	28 %
Übertragung der Distributionsverantwortung vom Hersteller an den Zulieferer *(bspw. VMI)*	27 %
Bedarfssynchrone Anlieferung der Produkte durch den Zulieferer *(bspw. JIT / JIS)*	23 %
Zulieferer führt Produktions- und Montageprozesse beim Hersteller durch *(bspw. VAP)*	9 %
Übertragung von Produktions- oder Montageprozessen vom Zulieferer oder dem Hersteller an den Logistikdienstleister *(bspw. 3PL / LLP)*	9 %

Abbildung 9.5: Übersicht alternativer SCM-Maßnahmen – Materialfluss (Ausschnitt)

Supply-Chain-Management-Maßnahme	Häufigkeit
Unternehmensübergreifende Verwendung eines identischen (elektronischen) Datenformats *(bspw. CPFR, ECR)*	90 %
Automatisierung des unternehmensübergreifenden Informationsaustausches *(bspw. CPFR, ECR)*	87 %
Weitergabe zusätzlicher Informationen vom Hersteller an den Zulieferer *(bspw. VMI)*	87 %
Unternehmensübergreifende Verwendung identischer Artikel- und Produktbezeichnungen *(bspw. ECR, CPFR)*	50 %
Gemeinsame Planung zwischen Hersteller und Zulieferer *(bspw. CPFR)*	40 %
Regelmäßige Informationsweitergabe über den Produktionsstatus beim Zulieferer an den Hersteller *(bspw. ATP / CTP)*	27 %

Abbildung 9.6: Übersicht alternativer SCM-Maßnahmen – Informationsfluss (Ausschnitt)

Für ein Aufspüren innovativer Konzepte in der Praxis wurde untersucht, welche Einzelmaßnahmen in den 78 Zulieferer-Hersteller-Beziehungen am häufigsten miteinander kombiniert werden. Derartige Neukombinationen deuten möglicherweise die Entstehung neuer Konzepte an.

Was sind auffällige, häufige Kombinationen von SCM-Maßnahmen zur Generierung neuer Konzepte?

In den 78 Zulieferer-Hersteller-Beziehungen werden vor allem folgende Maßnahmen miteinander kombiniert eingesetzt:

- Zulieferer führt Produktions- und Montageprozesse beim Hersteller durch,
- Übertragung der Qualitätsverantwortung an den Zulieferer,
- Übertragung der produktionsgerechten Kommissionierung an den Zulieferer,
- bedarfssynchrone Anlieferung der Produkte durch den Zulieferer,
- sequenzgetreue Anlieferung der Produkte durch den Zulieferer und die
- unternehmensübergreifende Verwendung identischer, spezifisch angepasster Ladungsträger.

Aus dieser Bündelung von Einzelmaßnahmen entsteht ein neues Konzept – Value-Added Assembly. Die Abbildung 9.7 belegt die statistische Relevanz.

Häufigkeit unter der Bedingung einer Durchführung von Montageprozessen beim Hersteller		Häufigkeit insgesamt
Übertragung der Qualitätsverantwortung an den Zulieferer	100 %	81 %
Übertragung der produktionsgerechten Kommissionierung an den Zulieferer	57 %	35 %
Bedarfssynchrone Anlieferung	43 %	23 %
Sequenzgerechte Bereitstellung	43 %	29 %
Unternehmensübergreifende Verwendung gleicher spezifischer Ladungsträger	100 %	86 %

Abbildung 9.7: Value-Added-Assembly – statistische Relevanz (Göpfert, Wellbrock 2019: 509)

Value-Added Assembly strahlt positiv auf alle Zielbereiche (Endkundennutzen, Kosten-, Zeit-, Qualitäts- und Flexibilitätsvorteile) aus:

Hervorgehoben sei die **Verbesserung des Logistikservices.** Zunächst wird eine höhere Termintreue auf Basis des durch die engere Kopplung der Prozesse in den Händen des Zulieferers (Produktion/Montage, Qualitätsprüfung, Anlieferung, Kommissionierung) erreicht. Die unternehmensübergreifende Verwendung identischer Ladungsträger ermöglicht Zeitgewinne aufgrund effektiver (ggf. automatisierter) Abläufe.

Kostenvorteile erwachsen aus der Flussoptimierung (alle Prozesse aus einer Hand), der Reduktion von Schnittstellen, der Vermeidung unnötiger Umschlagsprozesse, dem Wegfall zusätzlicher Qualitätskontrollen, aber auch aus Synergieeffekten durch die Integration der Qualitätskontrolle in den vom Zulieferer übernommenen Montageprozess.

Zusätzliche **Zeitvorteile** resultieren aus einer Verkürzung der Durchlaufzeit (eingesparte Prozesse, weniger Schnittstellen) sowie aus einer Verkürzung der Reaktionszeit auf Nachfrageänderungen der Endkunden.

Schließlich sind **Flexibilitätsvorteile,** wie die Verbesserung der Flexibiliät gegenüber Nachfrageänderungen der Endkunden (erhöhte Reaktionsgeschwindigkeit und Produktionsflexibiliät besonders bei variantenreichen Produkten), erzielbar.

Value-Added Assembly lässt zugleich die Vernetzung beschaffungs-, produktions- und distributionsseitiger Logistikprozesse erkennen.

9.5 Konzepte für die distributionsseitige Supply Chain

9.5.1 Quick Response und Efficient Replenishment

Quick Response

Entwickelt wurde das Konzept **Quick Response** (QR) von der amerikanischen Unternehmensberatung Salmon Associates Mitte der achtziger Jahre. Ursprünglich für die Textilwirtschaft vorgesehen, findet das Konzept mittlerweile in den unterschiedlichsten Branchen Anwendung. Durch die Einführung eines kooperativen nachfragesynchronen Belieferungssystems, in das Handel, Hersteller und Zulieferer integriert sind, soll die Reaktionszeit auf die Kundennachfrage unter gleichzeitiger Verringerung der zur Sicherstellung der Produktverfügbarkeit bzw. Vermeidung von Fehlmengensituationen (Out of Stock) erforderlichen Bestände verkürzt werden.

In den Handelsfilialen werden am Point of Sale die Abverkäufe artikelgenau erfasst (Barcode-Scanning oder Radio Frequency Identification – RFID), zeitgleich im zentralen Informationssystem gespeichert sowie automatisch an die Hersteller und Zulieferer weitergeleitet, die ihre Produktionskapazitäten synchron zum tatsächlichen Nachfrageverlauf belegen können. Der Handel führt selbst sein Bestandsmanagement und die Bestelldisposition weiter aus.

Efficient Replenishment

Als eine Weiterentwicklung von Quick Response kann das Konzept **Efficient Replenishment** (ER; synonym Continuous Replenishment CR) eingeordnet werden. Die traditionelle Bestelldisposition des Handels kann durch die Integration der Beschaffungs- und Distributionsplanung zwischen Handel, Hersteller und Zulieferer entfallen, sodass vom Bestandsmanagementsystem (noch in Regie des Handels) automatisch der Warennachschub ausgelöst wird. Die Verantwortung für den Warennachschub geht auf den Hersteller über. Hier wird der enge Zusammenhang zwischen den Konzepten Quick Response, Efficient Replenishment und Collaborative Planning erkennbar. Efficient Replenishment setzt ein Collaborative Planning voraus.

Quick Response und Efficient Replenishment bewirken vor allem eine Steigerung des Endkundennutzens durch eine Erhöhung der Produktverfügbarkeit und Verbesserung des Logistikservices (u. a. kürzere Lieferzeit, höhere Termintreue) sowie weitere Zeit- und Flexibilitätsvorteile. Da unter Einsatz von Efficient Replenishment Prozesse (traditionelle Bestelldisposition) wegfallen, werden über Quick Response hinaus zusätzliche Kostenvorteile möglich.

9.5.2 Vendor-Managed Inventory

Die Entwicklung des Konzepts Vendor-Managed Inventory (VMI) steht im Zusammenhang mit den Konzepten Quick Response und Efficient Replenishment sowie der für diese Konzepte charakteristischen Etablierung nachfragesynchroner Belieferungssysteme (vgl. Werner 2017: 143–152). Im Unterschied zu Efficient Replenishment wird im Rahmen des VMI dem Hersteller zusätzlich auch das Bestandsmanagement und somit die umfassende Verantwortung für die Warenverfügbarkeit im Kundenlager übertragen. Damit einhergehend wird die traditionell doppelte Lagerhaltung sowohl beim Hersteller als auch beim Kunden zugunsten einer gemeinsamen Bevorratung aufgegeben. Der Lieferant kann die Transporte (Frequenz, Auslastung) eigenverantwortlich optimieren.

Die Anwendungsdomäne lag zu Beginn in der Konsumgüterbranche. Mittlerweile findet das Konzept VMI in den unterschiedlichen Branchen und auf verschiedenen Stufen der Supply Chain einen Einsatz, z. B. in der Automobilindustrie zwischen OEM und direkten Zulieferern (Zulieferer übernimmt das Bestandsmanagement für Zulieferteile beim OEM). Dem entsprechend hat sich auch die synonyme Bezeichnung **Supplier-Managed Inventory** durchgesetzt. Dabei findet ein Supplier-Managed Inventory in der Automobilindustrie insbesondere für niedrigwertiges Material (C-Teile) Anwendung. Für hochwertige Beschaffungsobjekte kommen in der Regel andere Bereitstellungskonzepte (bestandsarme /-lose Systeme, z. B. JIT / JIS) zum Einsatz.

Im Vergleich zu Efficient Replenishment können durch VMI zusätzliche Kostenvorteile durch den Wegfall doppelter Lagerhaltung und einem effizienteren Abgleichen zwischen Bestands- und Produktionsplanung (Reduzierung der Fertigwarenbestände beim Zulieferer, höhere Auslastung der Produktionskapazitäten) generiert werden.

Konsignationslager

Vendor-Managed Inventory bzw. Supplier-Managed Inventory wird oft mit einem **Konsignationslager** (KON) kombiniert angewandt. Im Falle eines Konsignationslagers bewirtschaftet der Zulieferer ein Lager in direkter Nähe bzw. in den Räumen des Abnehmers; die Güter gehen erst bei Lagerabruf /-abgang in das Eigentum des Abnehmers über (vgl. Werner 2017: 284). Damit werden die Kosten für Wareneingangsbestände auf Abnehmerseite reduziert. Für den Zulieferer ergibt sich jedoch das Risiko, dass die positiven Effekte aus der Anwendung des Konzepts VMI durch ein Konsignationslager überkompensiert werden.

9.5.3 Cross Docking

Gegenstand von Cross Docking (CD) ist die Neuorganisation der Versorgungskette „Markenartikelhersteller und Handel" in Kooperation mit Logistikdienstleistern. Cross Docking ist ausgerichtet auf eine weitere Beschleunigung des Warenflusses sowie eine Bestands- und Transportoptimierung (Senkung der Transportkosten, Abbau der Material- und Warenbestände, Verkürzung der Durchlaufzeit, effizienter Einsatz der Ressourcen) (vgl. Schulte 2017: 152–154). Der Logistikdienstleister, in der Regel ein Kontraktlogistiker, bewirtschaftet ein bzw. mehrere Umschlagterminal, über die alle Warenströme von den unterschiedlichen Markenartikelherstellern zu den Handelsfilialen /-outlets laufen. Eingehende Warenanlieferungen der Hersteller werden im Umschlagterminal bzw. Transitterminal (Cross Docking Terminal) zu filialbezogenen Sendungen konsolidiert und anschließend transportoptimal an die Outlets ausgeliefert (siehe Abbildung 9.8). Führten früher die direkten Anlieferungen von zahlreichen Hersteller zu Stausituationen an der Anliefer-Rampe der Handelsfilialen, entspannt bzw. löst Cross Docking das bekannte

Rampenproblem. Kilometerlange Lkw-Schlangen vor den Rampen waren teilweise die Regel, mit negativen Effekten auf Logistikservice und -kosten.

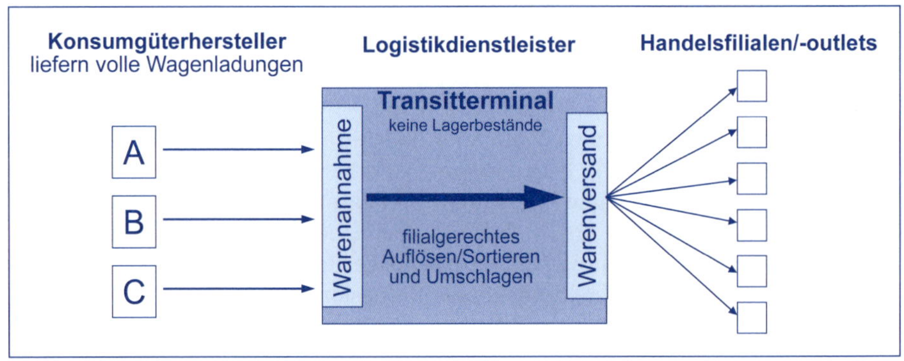

Abbildung 9.8: Funktionsweise des Konzeptes Cross Docking (vgl. Stein et al. 2012: 116)

ein-/zweistufiges CD

Bei einem **einstufigen Cross Docking** kommissionieren bereits die Hersteller outletbezogen, sodass im Transitterminal lediglich eine Prozessstufe – das Umschlagen/Konsolidieren der Sendungen – notwendig ist. Kommissionieren die Hersteller die Paletten noch nicht outletspezifisch, sondern artikelbezogen (artikelreine Paletten), dann sind im Umschlagterminal zwei Prozessstufen – filialgerechtes Zusammenstellen und Umschlagen – auszuführen **(zweistufiges Cross Docking).** Welche der beiden Varianten optimal ist, hängt von den jeweiligen situativen Bedingungen ab (Bedingungen bei Hersteller und Logistikdienstleister, Transportorganisation, Sortimentsbreite, Nachfragevolumen der Filialen). Angenommen, eine Filiale bestellt bei einem Markenartikelhersteller kleine Warenmengen mehrerer Produktarten, die eine Palette jeweils nur zur Hälfte füllen würde, dann wäre es nicht kostenoptimal halbe Paletten zu transportieren (niedrige Auslastung der Lkw), sodass sich dann eine Bündelung mehrerer Produktarten auf einer Palette anbietet. Mit anderen Worten: Der Hersteller kommissioniert die Paletten filialbezogen. Es findet in diesem Fall ein einstufiges Cross Docking statt.

9.5.4 Efficient Consumer Response

Bei Efficient Consumer Response (ECR) handelt es sich um einen umfassenden strategischen Kooperationsansatz zwischen Industrie- und Handelsunternehmen zur Optimierung der Wertschöpfungskette. Bei deren Realisierung werden verschiedene Konzepte (Module) zu einem neuen Konzept kombiniert. Bekannt wurde Anfang der neunziger Jahre das gemeinsame Pilotprojekt von Wal-Mart und Procter & Gamble in den USA (vgl. Kotzab, Lienbacher 2010; Lietke 2009).

Die oben diskutierten Konzepte Quick Response, Efficient Replenishment, Vendor-Managed Inventory und Cross Docking finden Eingang in die ganzheitliche Konzeptlösung und repräsentieren die **Logistikdimension von ECR.** Daneben besitzt ECR eine Marketingdimension (vgl. Meffert et al. 2019: 612 ff.) bestehend aus den Modulen: effiziente Produktentwicklung und -einführung (Efficient Product Development and Introduction), effiziente Sortimentsgestaltung auf Filialebene (Efficient Store Assortment) sowie effiziente Absatzförderung (Efficient Promotion). Durch die Verknüpfung von Logistik- und Marketingmodulen können die erzielbaren Effekte für den Endkundennutzen noch gesteigert werden, was sich positiv auf die Umsatzentwicklung auswirkt.

Eine Anwendung von Efficient Consumer Response geht häufig mit dem Einsatz des Konzepts Collaborative Planning, Forecasting and Replenishment einher, da die kooperative Erstellung von Abverkaufsprognosen und eine den Handel, die Hersteller und die Zulieferer integrierende Planung von Abverkauf und Produktion (Synchronized Production, Supplier Integration) zusätzlichen Nutzen stiften. Für die Tragfähigkeit des Konzepts spricht die erfolgreiche Etablierung der europäischen ECR-Initiative (vgl. ECR 2021).

9.6 Experteninterview

Bernd Gschaider hatte viele Jahre leitende Funktionen in der Logistik von führenden Online-Händlern inne. So war er Chief Operation Officer bei der Online Apotheke DocMorris und zuvor Logistik-Chef von Amazon Deutschland.

Sehr geehrter Herr Gschaider, die logistischen Herausforderungen an Schnelligkeit und Effizienz sind im Online-Geschäft um ein Vielfaches höher als im stationären Handel und benötigen ein darauf zugeschnittenes Logistikkonzept: Bitte erläutern Sie kurz die Philosophie dieses „Logistikkonzeptes".

Im Wesentlichen geht es darum, zum einen die Geschwindigkeit der logistischen Prozesse zu erhöhen, also aus Kundensicht die Lieferzeit möglichst gering zu halten, und zum anderen die Kosten zu minimieren, also diese Prozesse möglichst effizient abzuwickeln.

Beide Ziele widersprechen sich nicht, da eine Beschleunigung immer mit der Reduzierung von z. B. Beständen oder Teilprozessen verbunden ist, was wiederum die Effizienz steigert. Benötigt wird ein ganzheitlicher Ansatz, mit dem Ziel, Verschwendung zu reduzieren.

Was ist das Neue gegenüber „klassischen Verbesserungsprozessen (KVP)"?

Dieser Ansatz wird -Stichwort Lean- in vielen Industrien genutzt, wir haben ihn für die Anforderungen der Online-Logistik, die sich durch eine hohe Dynamik an Veränderungen auszeichnet, weiterentwickelt, insbesondere durch die Verknüpfung mit aus der Software-Entwicklung bekannten „Agile-Methoden", um bei Bedarf auch schnell, also innerhalb von Tagen auf neue Anforderungen zu reagieren.

So konnten wir z. B. in der Corona-Zeit, als sich plötzlich ein stark erhöhter Bedarf an Schutzmasken aller Art ergab, in kurzer Zeit einen angepassten und effizienten Auftragsabwicklungsprozess entwickeln.

Sie formulieren den Anspruch „Operational Excellence". Eine dabei erreichte Bestnote ist kein Garant für immer, sondern kann binnen kurzer Zeit auf eine schlechtere Notenstufe abrutschen. Wie schafft es ein an sich erfolgreicher Online-Händler, auch wenn er aktuell als Klassenbester gilt, dynamisch am Ball zu bleiben?

Das entscheidende ist, sich nie mit dem Erreichten zufrieden zu geben. Alle Ziele dürfen immer nur Zwischenziele sein.

Operational Excellence bedeutet für mich, ständige Weiterentwicklung, auch wenn man vielleicht aktuell die Nase vorn hat in der einen oder anderen Hinsicht. Vor einigen Jahren hätte z.B. niemand gedacht, daß eine „Next-Day" Lieferung für Online-Händler zum Standard wird. Nur mit einem sich ständig weiter entwickelnden System der ständigen Verbesserung wird man erfolgreich bleiben.

Ein Blick in die Zukunft: Wie sieht die Logistik des Online-Handels der Zukunft aus? Geben Sie bitte wenige kurze Ausblicke.

Das Thema Geschwindigkeit, also kurze Lieferzeiten, wird eine große Bedeutung behalten. Allerdings wird es entscheidend sein, auch individuelle Kundenanforderungen zu erfüllen, zum Beispiel die Anlieferung in einem wählbaren Zeitfenster, oder auch ein spezieller Zustellort, wie die Lieferung in den Kofferraum meines Autos.

Des Weiteren wird dem Thema Nachhaltigkeit eine immense Bedeutung zukommen. Viele Verbesserungsprojekte beschäftigen sich heute schon mit der Verringerung des Einsatzes von Ressourcen. Damit kommt man nicht nur der gestiegenen Sensibilität der Kunden entgegen, sondern kann oft auch Beiträge zur Effizienzsteigerung erreichen.

Einsteiger in die Logistik erleben bei Online-Händlern die „Logistik – dynamisch und innovativ". Das ist Motivation pur. Was ist das Wichtigste, was Interessierte für einen Karrierestart in der Logistik eines erfolgreichen Online-Händlers wie DocMorris oder Amazon mitbringen müssen?

Online-Händler werden immer die Neuesten und innovativsten Logistik-Konzepte entwickeln und einsetzen, insbesondere was Technologien und Automatisierung angeht. Das macht sie zu einem spannenden und zukunftssicheren, aber auch herausfordernden Arbeitgeber.

Natürlich sind breit angelegte Kenntnisse von logistischen Prozessen unabdingbar. Immer wichtiger werden aber analytisches Verständnis und Problemlösungskompetenz. Absolventen, die erste Erfahrungen in der Bearbeitung komplexer, mehrdimensionaler Projekte sammeln konnten bringen das richtige Rüstzeug mit und werden sich beim Einstieg leicht tun.

Herzlichen Dank für Ihre wertvollen Anregungen.

9.7 Zusammenfassung

SCM-Strategien beinhalten die strategischen Zielsetzungen sowie die Wege zum Aufbau von Erfolgspotenzialen. Erfolgspotenziale sind die langfristigen Vorteilsquellen von Unternehmen bzw. strategischen Netzwerken, welche die Wettbewerbsposition stabilisieren und dauerhaft stärken. Ihre Analyse und Identifikation bildet eine erste Voraussetzung für die Strategieentwicklung. Dafür hat sich das Referenzmodell SCOR bewährt.

Die zweite Voraussetzung bildet der zielgerichtete Einsatz der zur Verfügung stehenden logistischen Lösungskonzepte. Sie bilden die Wege zum Aufbau von logistischen Erfolgspotenzialen in Supply Chains. Die Bandbreite logistischer Lösungskonzepte ist groß. Sie reicht von den **Konzepten für die Planung und Steuerung**

- Collaborative Forecasting,
- Collaborative Planning,
- Collaborative Planning, Forecasting and Replenishment,
- Available-to-Promise,
- Capable-to-Promise und
- Lieferanten-Kanban

über **beschaffungsseitige Konzepte**

- Sourcing- und Bereitstellungskonzepte,
- Just-in-Time und
- Just-in-Sequence,

produktionsseitige Konzepte

- Collaborative Engineering,
- Postponement und
- Value-Added Assembly

bis hin zu den **distributionsseitigen Konzepten**

- Quick Response,
- Efficient Replenishment,
- Vendor-Managed Inventory,
- Cross Docking und
- Efficient Consumer Response.

Alle diese diskutierten logistischen Lösungskonzepte unterstützen durch eine zielgerichtete Optimierung der logistischen Strukturen und Prozesse die Verwirklichung der SCM-Strategien. Dabei wird die Auseinandersetzung mit den zukünftigen und visionären Entwicklungen in der Logistik immer stärker über den Logistikerfolg entscheiden. Gestalten Sie mit Mut die Logistik der Zukunft.

9.8 Wissens- und Fähigkeitentest

Aufgabe 9.1:

Diskutieren und bewerten Sie die stärksten Zielwirkungen der Konzepte Collaborative Planning, Collaborative Forecasting, CPFR, Available-to-Promise (ATP) / Capable-to-Promise (CTP) und Lieferanten-Kanban. Benutzen Sie dazu den am Anfang des 9. Kapitels vorgestellten Zielkatalog.

Aufgabe 9.2:

Diskutieren und bewerten Sie die stärksten Zielwirkungen der Konzepte Modular Sourcing, Single Sourcing, Global Sourcing und JIT/JIS. Benutzen Sie dazu den am Anfang des 9. Kapitels vorgestellten Zielkatalog.

Aufgabe 9.3:

Diskutieren und bewerten Sie die stärksten Zielwirkungen der Konzepte Collaborative Engineering, Postponement und Value Added Assembly. Benutzen Sie dazu den am Anfang des 9. Kapitels vorgestellten Zielkatalog.

Aufgabe 9.4:

Diskutieren und bewerten Sie die stärksten Zielwirkungen der Konzepte Quick Response, Efficient Replenishment, Vendor-Managed Inventory, Cross Docking und Efficient Consumer Response. Benutzen Sie dazu den am Anfang des 9. Kapitels vorgestellten Zielkatalog.

10. Operatives Logistikmanagement

Die praktische Umsetzung von Logistikvision, Strategien und SCM-Konzepten erfolgt mittels des operativen Logistikmanagements, sozusagen im operativen Tagesgeschäft. Hierzu stehen geeignete Instrumente bereit. Das sind vor allem die Logistikleistungs- und Logistikkostenrechnung, Kennzahlen, Budgets sowie die Logistik-Bilanz, eine jüngste Innovation.

Lernziele

Dieses Kapitel soll Sie befähigen:

- eine moderne Logistikleistungs- und Logistikkostenrechnung einzuführen,
- Kennzahlen aus den Logistikstrategien abzuleiten,
- Lieferantenbeziehungen mittels Kennzahlen zu messen und zu bewerten,
- eine Logistik-Bilanz zur Anwendung zu bringen.

10.1 Logistikleistungs- und Logistikkostenrechnung

10.1.1 Neue Qualität

Die neue Qualität der Logistikleistungs- und Logistikkostenrechnung wird durch zwei neue Inhalte geprägt:

- Erstens betrifft das die durchgängige Erfassung und Bewertung der Objektflüsse über alle Phasen und Prozesse des Wertschöpfungssystems (Beschaffung, Produktion, Distribution) hinweg. Im Unterschied hierzu wurde in der Vergangenheit mit dem Transferbereich (Transport, Umschlag, Lagerung) lediglich ein Ausschnitt abgebildet.
- Zweitens bezieht sich das auf die Ausweitung auf Supply Chains. Es reicht nicht aus, die logistische Führungsinformationen des einzelnen Unternehmens zur Verfügung zu haben. Das Supply Chain Management erfordert eine, die einzelnen Netzwerkunternehmen übergreifende Erfassung und Bewertung der Objektflüsse.

Ein hoher Informationsversorgungsservice ist dann erreicht, wenn die relevanten (richtigen) Kosten- und Leistungsinformationen zum richtigen Zeitpunkt, in der richtigen Qualität, am richtigen Ort zu den dafür minimalen (richtigen) Kosten zur Verfügung stehen (5 „r" der logistischen Kosten- und Leistungsrechnung). Hieraus leiten sich die Anforderungen ab:

- **totale Bedarfsorientierung**
Die Logistikleistungs- und Logistikkostenrechnung muss an den aktuellen und zukünftigen Informationsbedürfnissen der Entscheidungsträger ansetzen. Hieraus entsteht eine Kunden-Lieferanten-Beziehung zwischen Logistikcontroller und Logistikmanager. Innerhalb dieser Beziehung sind von der logistischen Kosten- und Leistungsrechnung auch zukünftige Informationsbedarfe frühzeitig aufzudecken.
- **umfassende Entscheidungsorientierung**
Operative und strategische Entscheidungen sind mit den Kosten- und Leistungsinformationen zu unterstützen. Die Erweiterung der klassischen operativen Kosten- und Leistungsrechnung um die strategische Dimension unterstützt den Prozess der praktischen Umsetzung von Logistikstrategien. Typische operative Entscheidungsprozesse bilden die Aufstellung und Vorgabe von Logistikbudgets im Rahmen der Jahresplanung sowie die Durchführung von Abweichungsanalysen. Make or Buy – Entscheidungen in der Logistik können sowohl operativen als auch strategischen Charakter annehmen. Während als operativ die Fremdvergabe eines kurzfristigen Transportauftrages einzustufen ist, nimmt die Vergabe der kompletten Distributionslogistik an einen Logistiksystemanbieter strategischen Inhalt an. Alle Strukturentscheidungen in der Logistik, wie der Übergang zum Single und Modular Sourcing, die Einführung von Just-in-Time (JIT), Efficient Consumer Response (ECR) oder die Zentralisierung der Lagerhaltung sind strategischer Natur.
- **konsequente Ausrichtung auf Prozesse, Prozessketten und -netze**
Der Logistikservicegrad bildet i.d.R. das Ergebnis zahlreicher und mannigfaltiger interdependenter Teilprozesse. Für die Kosten- und Leistungsrechnung leitet sich daraus ab, dass die Einzelprozessanalyse stets um die Gesamtprozessanalyse, die sich auf durchgängige Prozessketten und -netze erstreckt, ergänzt werden muss (Total Cost/Total Service Approach).
- **Gestaltung als ein integriertes intra- und interorganisationales System**
Die Prozessketten und -netze gehen über die Unternehmensgrenzen hinaus und dehnen sich auf das strategische Netzwerk langfristig kooperierender Unternehmen aus. So stellt bspw. der Logistikservice eines Sammelgut-Netzwerks das Ergebnis der Aktivitäten aller involvierten Versand- und Empfangsspeditionen dar. Insofern würde eine auf nur eine Spedition begrenzte Erfassung, Analyse und Auswertung von Kosten- und Leistungsdaten nicht den Ansprüchen des Supply Chain Managements genügen. Für intra- und interorganisationale Kosten- und Leistungsrechnungssysteme sind Gemeinsamkeiten, aber auch Unterschiede festzustellen. Das Gemeinsame bildet die Unterstützungsfunktion zur Erhöhung der Effektivität und Effizienz des Logistikmanagements. Die Unterschiede beruhen auf den spezifischen Merkmalen eines strategischen Netzwerks im Vergleich zu einem Unternehmen. So setzt der Aufbau einer interorganisationalen Kosten- und Leistungsrechung das gegenseitige Vertrauen der Kooperationspartner voraus. Dieses kann selbst aber nur das Ergebnis eines mehr oder weniger lang dauernden Entwicklungsprozesses bilden.

10.1.2 Grundbegriffe

Logistikleistung

Die Logistikleistung bildet den mengen- und qualitätsbezogenen Output eines Logistikprozesses.

Dabei wird unter Logistikprozess sowohl der Einzelprozess (z. B. Qualitätsprüfung des angelieferten Materials) als auch ein mehrere Einzelprozesse integrierender Hauptprozess (z. B. Materialbeschaffung oder Produktionsplanung- und Steuerung (PPS)) sowie der ganzheitliche Prozess des Managements der Objektflüsse über alle Stufen und Phasen des Wertschöpfungssystems hinweg verstanden. Auf der aggregierten Ebene des ganzheitlichen Wertschöpfungssystems zeigt sich die Logistikleistung vor allem im Logistikservicegrad des Systems.

Logistikkosten

Die Logistikkosten umfassen den wertmäßigen Gebrauch und Verbrauch der für die Erstellung der Logistikleistungen eingesetzten Produktionsfaktoren.

Dieser Definition liegt der kalkulatorische Kostenbegriff zugrunde, der für die einschlägigen Kostenrechnungssysteme Anwendung findet. Angaben der Unternehmenspraxis über die Höhe der Logistikkosten weisen hohe Schwankungsbreiten auf (zwischen 3 und 35 Prozent Anteil an den Gesamtkosten). Ein Hauptgrund dafür beruht auf den jeweils unternehmensindividuell unterschiedlichen inhaltlichen Abgrenzungen der Logistikkosten.

Entscheidungsorientierte Kosten

Logistikleistungen und Logistikkosten besitzen ihren gemeinsamen dispositiven Ursprung in den Entscheidungen. Daraus folgt für die Logistikkostenrechnung, dass die durch die jeweilige Entscheidung verursachten Kosten zu berechnen sind.

Logistikleistungs- und Logistikkostenrechnung

Die Erfassung, Speicherung und Verarbeitung von logistischen Leistungs- und Kostendaten, deren Aufbereitung zu führungsrelevanten Logistikinformationen und die bedarfsgerechte Bereitstellung bilden den Inhalt der Logistikleistungs- und Logistikkostenrechnung.

Dabei erfasst die **Logistikleistungsrechnung** die Kalkulationsobjekte (z. B. Zahl transportierter Paletten), so dass sie die Basisrechnung für die Logistikkostenrechnung bildet; und das sowohl für die Kalkulation interner Leistungen als auch von Absatzleistungen.

Die **Logistikkostenrechnung** beinhaltet die Erfassung, Speicherung, Verarbeitung, Aufbereitung und Bereitstellung relevanter Kosteninformationen für das Logistik- bzw. Supply Chain Management.

10.1.3 Ausgangsstand

Die klassische Vollkostenrechnung verrechnet Logistikkosten pauschal als integralen Bestandteil der Gemeinkostenzuschläge auf die Produkte (Material-, Fertigungs- und Vertriebsgemeinkostensatz). In der Regel sind die Zuschlagsbasen (Materialeinzelkosten, Fertigungseinzelkosten, Herstellkosten) aber für die logistische Leistungsinanspruchnahme nicht repräsentativ. Ein direkter Zusammenhang zwischen der logistischen Leistungsinanspruchnahme des Produktes und der Zuschlagsbasis besteht nur in Ausnahmefällen (z. B. bei der Transportversicherung: die Versicherungsprämie wird durch den Material-/Warenwert determiniert). Jedoch beansprucht ein sperriges Niedrigwertteil nicht „zwangsläufig" weniger Beschaffungslogistikleistung als ein teurer Mikrochip. Auch werden bei dem zuschlagssatzbasierten, klassischen Vollkostenrechnungssystem keine logistischen Leistungs-Kosten-Relationen gebildet, so dass Aussagen über die Logistikeffizienz nicht möglich sind.

Die Teilkostenrechnungssysteme (Direct Costing, Stufenweise Fixkostendeckungsrechnung) weisen die Logistikkosten (unter Ausnahme der anteilig wenigen Logistikeinzelkosten) ebenfalls „en block" in den Gemeinkosten aus, so dass diese Systeme auch nicht den Anforderungen an eine logistische Leistungs- und Kostenrechnung genügen.

Praktikabler erweist sich demgegenüber die Anwendung der **Prozesskostenrechnung** (Activity Accounting, Activity-Based Costing, Cost-Driver Accounting System) für die Zwecke der Logistik. Den Auslöser für dieses Kostenrechnungssystem gab die sich immer weiter öffnende Kostenschere zwischen Kostenträgereinzelkosten und Kostenträgergemeinkosten. Daraus folgt die Herausforderung, höhere Transparenz in den hohen Anteil der Kostenträgergemeinkosten zu bringen. Den weiteren Ausführungen liegt die Konzeption der Prozesskostenrechnung zugrunde.

10.1.4 Logistikleistungsrechnung

Die Erfassung der Logistikleistungen setzt an den logistischen Leistungsstellen des Unternehmens bzw. des strategischen Netzwerkes an. Als Voraussetzung dazu sind Logistikleistungsstellen zu bilden. Die Ziele der Logistik legen eine prozessorientierte Gliederung des Wertschöpfungssystems in Leistungsstellen nahe. Die so definierten Leistungsstellen nehmen zugleich die Funktion von Kostenstellen ein und sollten mit dem Kostenstellenplan identisch sein.

Eine wichtige Voraussetzung für die Leistungserfassung bildet die Definition und Abgrenzung der Logistikleistungen von den übrigen Leistungsarten des Wertschöpfungssystems. Die Leistungserfassung muss sich weiterhin ausschließlich auf disponierbare und damit durch das Logistikmanagement beeinflussbare Prozesse und Leistungen beziehen. Beispielsweise sind Transportbewegungen wie die Zuführung von Werkzeugen in einem Fertigungsautomaten nicht autonom disponierbar und deshalb in der Logistikleistungsrechnung nicht zu erfassen.

Das moderne Verständnis über Logistik führt zu einem neuen Inhalt der Logistikleistungsrechnung im Vergleich zu früheren Entwicklungsphasen. Die Leistungen des Logistikmanagements materialisieren sich außer in den direkten Logistikprozessen auch in dem Beitrag der anderen Prozesse des Wertschöpfungssystems, die zur Erfüllung der Logistikziele dienen. Für die **Leistungserfassung** folgt daraus, dass diese **für drei Prozesstypen** vorzunehmen ist:

- **physische Transferprozesse** wie Transport, Lagerung und Güterumschlag,
- **logistische Managementprozesse**. Sie setzen sich zusammen aus a) den klassischen Prozessen wie Tourenplanung, Material- und Warenbestandsführung, Produktionsplanung und -steuerung und Vertriebsdisposition und den neuen Logistikmanagementprozessen wie die logistische Organisation des Leistungserstellungssystems oder die Planung der internationalen Produktionsstandorte sowie
- **logistikaffine Prozesse** des Wertschöpfungssystems in Bezug auf deren Beitrag zur Erfüllung der Logistikziele (z. B. wäre für einen Fertigungsprozess die Einhaltung der Fertigungszeit als logistische Qualitätskomponente zu erfassen, da diese u. a. Einfluss auf die Lieferzeit hat).

Im Ergebnis erhalten wir Transparenz über den Leistungsbeitrag der einzelnen Prozesse zur Erfüllung der Logistikziele des Wertschöpfungssystems. Greifen wir beispielhaft die Lieferzeit heraus. Zu analysieren sind die Haupteinflussgrößen auf dieses Ziel. Die Einflussgrößen werden dann im Rahmen der prozessbezogenen Logistikleistungsrechnung erfasst und ausgewertet. Beeinflusst wird die Lieferzeit neben der Transportzeit u.a. von der Fertigungszeit und der Fertigungsdurchlaufzeit. Nehmen wir als weiteres Beispiel die Lieferzuverlässigkeit (Termintreue). Neben Logistikprozessen nehmen noch weitere Prozesse Einfluss auf die Lieferzuverlässigkeit. Diese sind in die Logistikleistungsrechnung einzubeziehen. Durch eine systematische Beobachtung können so die kritischen Prozesse herausgefiltert werden, an denen besonders anzusetzen ist.

Ein Blick auf die Datenquellen für die Logistikleistungsrechnung zeigt, dass zu einem Großteil auf im Unternehmen bereits installierte Systeme zurückgegriffen werden kann. Das sind technische Steuerungssysteme wie Transportsteuerungssysteme und betriebswirtschaftliche Systeme (z. B. Lager- oder Auftragsverwaltungssysteme).

Auswahl repräsentativer Leistungskenngrößen Cost Driver

In der Regel charakterisieren mehrere Leistungskennzahlen den Prozessoutput. Für die Analyse der Effizienz reicht es, wenn für jede Leistungsstelle ein bis zwei repräsentative Leistungsgrößen ausgewählt werden. Im Falle einer Leistungskenngröße ist diejenige auszuwählen, die das Prozessergebnis am besten abbildet. Demonstriert sei das für die physische Abfertigung im Wareneingang. Mögliche Leistungsmessgrößen bilden hier „Zahl abgefertigter LKW", „abgefertigte Gütermenge (t)", „abgefertigte Volumina", „Zahl abgefertigter Ladeeinheiten" und „Anzahl beschädigter Ladeeinheiten". Von diesen wäre die „Zahl abgefertigter Ladeeinheiten (nach Typen differenziert)" möglicherweise am ehesten als repräsentativ einzustufen. Welche Leistungskenngröße ausgewählt wird, hängt von der Art der zu fundierenden Logistikentscheidung ab.

Die repräsentative Leistungsgröße wird in der Prozesskostenrechnung als **Kostentreiber** (cost driver) bezeichnet. Sie bildet die Bezugsgröße für die Berechnung des Prozesskostensatzes. Die Kostensätze der Logistikleistungsstellen geben Auskunft über die Prozesseffizienz. Zugleich ermöglichen sie die Kalkulation der Inanspruchnahme logistischer Leistungsstellen für Produkte sowie für weitere Kostenträger wie Kundenaufträge und Märkte.

10.1.5 Logistikkostenrechnung

Die **Kostenartenrechnung** bildet den bewerteten Einsatz von Produktionsfaktoren für die Logistikleistungen nach Teilmengen wie Abschreibungen, Lohn- und Gehaltskosten, Kapitalbindungskosten und Zinskosten ab. Wo die Logistikkostenarten im Unternehmen entstehen, darüber gibt die **Kostenstellenrechnung** Auskunft. Über die Produktkalkulation münden die Logistikkosten dann in die **Kostenträgerrechnung**.

In der Kostenartenrechnung werden neben den Kosten für interne Logistikleistungen auch die für von Dritten bezogene externe Logistikleistungen erfasst. Die Relation zwischen beiden Kostengruppen drückt die Logistiktiefe des Unternehmens aus. Der Anteil der Fremdleistungen in der Logistik hat sich in den vergangenen Jahren überproportional erhöht und damit die Logistiktiefe reduziert. Die Kostenartenrechnung liefert entscheidungsrelevante Informationen über die Höhe der Logistikkostenarten sowie über die Entwicklung der Logistikkostenstruktur.

In der traditionellen Kostenrechnung stoßen wir auf Probleme bezüglich der Behandlung von Logistikkosten. Das beginnt bei einer in der Vergangenheit oft zu globalen Erfassung der Logistikkostenarten. Die Prozesskostenrechnung gibt die Lösung. Sie beruht auf der Bildung von Verrechnungssätzen für jede logistische Leistungsstelle und Leistungsaktivität.

Ermittlung der Prozesskostensätze

Voraussetzung für die Berechnung der Prozesskostensätze, die für jede logistische Leistungs- bzw. Kostenstelle vorgenommen wird, bildet die Bestimmung der Kostentreiber, also der repräsentativen Leistungsmessgröße des jeweiligen Prozesses.

Prozesse	Leistungsmessgröße	Leistungs-menge	Prozess-kosten (€)	Prozess-kostensatz
Bestelldisposition	Zahl zu disponierender A-Teile B-Teile C-Teile	 1.000 2.000 4.000	 120.000	1) 48 €/Teil 24 €/Teil 6 €/Teil
Physische Abfertigung (Entladen)	Zahl abgefertigter Standard-Ladeeinheiten	150.000	30.000	0,20 €/LE
Transport zum Wareneingangslager	Zahl transportierter Standard-Ladeeinheiten	150.000	60.000	0,40 €/LE
Lagerung	Zahl eingelagerter Lagereinheiten Kapitalbindung	150.000	75.000 171.000	0,50 €/LE
Leitung Beschaffungs-logistik			114.000	
			570.000	

1) Äquivalenzzahlenreihe: 8A : 4B : 1C
8 * 1.000 + 4 * 2.000 + 1 * 4.000 = 20.000 RE
120.000 € : 20.000 RE = 6 €/RE
A: 8.000 RE * 6 €/RE = 48.000 €
48.000 € : 1.000 Teile = 48 €/A-Teil

LE Standard-Ladeeinheit bzw. Lagereinheit

Abbildung 10.1: Ausgangsdaten zur Kalkulation der Beschaffungslogistikkosten

Kalkulation der Logistikkosten für Produkte

Basis für die Kalkulation der Logistikosten für Produkte bilden Kenntnisse über ihren Bedarf an Logistikleistungen. Die logistische Leistungsrechnung bildet eine Voraussetzung dafür. Darüber hinaus sind von Seiten der Produkte Informationen über die zu ihrer Herstellung notwendigen Logistikleistungen erforderlich. Dabei unterscheiden wir zunächst zwischen der Inanspruchnahme externer und interner Logistikleistungen.

Externe Logistikleistungen sind alle von außen zugekauften Leistungen (Fremdleistungen). Bei der Zurechnung von externen Logistikleistungen können praktische Probleme infolge der zwischen den Produkten bestehenden Leistungs- und Kostenverbünde auftreten (z. B. beim Sammelguttransport).

In Bezug auf die Kosten für **interne Logistikleistungen** bietet es sich in Analogie zu den Arbeitsgangplänen in der Fertigung an, die Inanspruchnahme logistischer Leistungsstellen mittels der von Männel vorgeschlagenen **logistischen Leistungspläne** abzubilden (vgl. Männel 1989: 945; dargestellt bei Göpfert 2013: 352).

Die Komplexität eines solchen Vorgehens empfiehlt dieses auf die Neu- und Weiterentwicklung von Produkten sowie auf fallweise Rechnungen bei begründeten Vermutungen von Abweichungen im Ist zu beschränken. Für die laufende Kostenträgerrechnung reicht eine Begrenzung auf wenige, wichtige logistische Prozesse oder Aktivitäten bzw. Leistungsstellen aus. Das Zahlenbeispiel demonstriert die prozessorientierte Kalkulation der Beschaffungslogistikkosten für die Produkte 1 und 2 (siehe auch das Beispiel zur logistikgerechten Kalkulation bei Weber 1995b, S. 172–179). Die Abbildungen 10.1 bis 10.3 zeigen am Beispiel der Kalkulation der Beschaffungslogistikkosten die gravierenden Abbildungsmängel traditioneller

Kalkulation. Das Beispiel demonstriert die hohe Aussagequalität prozessorientierter Produktkalkulation.

Prozesse	Produkt 1 (10 Stück) Bezugsgröße	€	Produkt 2 (10 Stck) Bezugsgröße	€
Bestelldisposition	pro Stück 8 A-Teile 6 B-Teile 10 C-Teile	 3.840 1.440 600	pro Stück 4 A-Teile 2 B-Teile 3 C-Teile	 1.920 480 180
Physische Abfertigung (Entladen)	9.000 LE	1.800	5.000	1.000
Transport zum Wareneingangslager	9.000 LE	3.600	5.000	2.000
Lagerung	9.000 LE Kapitalbindung	4.500 800	5.000	2.500 400
Leitung Beschaffungslogistik	16.580 x 1,2 2)	(16.580)	8.480 x 1,2 2)	(8.480)
		19.896		**10.176**

2) Umlagesatz = $\frac{114.000\ €}{570.000\ €} \times 100\% = 20\%$

Abbildung 10.2: Prozessorientierte Produktkalkulation

	Kalkulation der Beschaffungslogistikkosten		
	traditionell[3)]	prozessorientiert	Abweichung
Produkt 1	(2 • 5.000) 10.000 €	19.896 €	**- 98,96%**
Produkt 2 :	(2 • 10.000) 20.000 €	10.176 €	**+ 96,54%**
Produkt n			

3) Materialeinzelkosten Produkt 1 bis n 285.000 €
davon:
Materialeinzelkosten Produkt 1 5.000 €
Materialeinzelkosten Produkt 2 10.000 €

$$\text{Materialgemeinkostensatz} = \frac{570.000\ €}{285.000\ €} \cdot 100\% = 200\%$$

Abbildung 10.3: Vergleich traditioneller mit prozessbasierter Kalkulation

10.2 Logistische Budgetierung

Mit der Formulierung „logistische Budgetierung" soll eine in Bezug auf die Logistik neue Qualität der Budgetierung zum Ausdruck gebracht werden. In der Vergangenheit erstreckte sich die Budgetierung ausschließlich auf Transferleistungen wie die Erstellung von Kostenbudgets für die innerbetrieblichen Transportstellen oder internen Läger. Wir heben nun die klassische Budgetierung im Logistikbereich auf die Ebene des Unternehmens bzw. strategischen Netzwerkes an, indem wir die Budgetierung auf die Objektflüsse fokussieren.

logistische Budgetierung

Unter logistische Budgetierung wird eine auf die Logistik-Ziele ausgerichtete Budgetierung verstanden.

Wir knüpfen an die geläufige Unterscheidung nach **Sachzielplanung und Formalzielplanung** an. Während die Sachzielplanung die Zielbildung auf der Ebene der Sachziele des Wertschöpfungssystems beinhaltet (z. B. Produktion von 800 Pkws im Monat April), nimmt die Formalzielplanung die monetäre Bewertung der Sachziele vor (z. B. Steigerung des Umsatzes durch Einführung einer neuen Produktgeneration um 8 Prozent). Es hat sich die Erkenntnis gefestigt, dass Budgets nicht Sachziele, sondern Formalziele repräsentieren und damit Ergebnis der Formalzielplanung bilden. Mit dem *Formalzielcharakter* ist ein erstes wesensbestimmendes Merkmal von Budgets gefunden. Darüber hinaus gehören dazu die *Zuordenbarkeit* von Budgets zu Verantwortungsbereichen, die *zeitliche Befristung* (Geltungsdauer) und der *Verbindlichkeitsgrad*. In Bezug auf den Verbindlichkeitsgrad wird unterschieden zwischen Budgets mit Vorgabe einer absolut starren Ober- bzw. Untergrenze (Etat) und flexiblen Budgets. Die flexiblen Budgets enthalten zu realisierende Plangrößen, die stark von variablen Einflussgrößen abhängen (vgl. Dambrowski 1986: 19, Horváth 1998: 225, Küpper 1997: 294, Weber 1998: 119 ff.).

Budget

Ein **Budget** ist ein formalzielorientierter, in wertmäßigen Größen formulierter Plan, der einer Entscheidungseinheit für eine bestimmte Zeitperiode mit einem bestimmten Verbindlichkeitsgrad vorgegeben wird. **Logistische Budgets** zeichnen sich durch ihren direkten Bezug auf die logistischen Sachziele aus.

Budgetierung

Unter **Budgetierung** wird die Aufstellung, Vorgabe, Kontrolle, Abweichungsanalyse und Anpassung von Budgets verstanden.

Die logistische Budgetierung erfüllt eine wichtige Koordinationsfunktion:

- Die logistische Budgetierung sichert die Ausrichtung der einzelnen Logistikprozesse auf die unternehmerischen Gesamtziele.
- Die logistische Budgetierung ermöglicht eine umfassende, wertorientierte Planung und Kontrolle der Logistikaktivitäten unter Liquiditäts-, Finanz- und Erfolgsgesichtspunkt.
- Die logistische Budgetierung unterstützt die Koordination zwischen dem operativen und strategischen Logistikmanagement. Die strategischen Budgets leiten sich von den Logistikstrategien ab. Es spannt den Rahmen für die operativen Budgets.
- In der Phase der Plandurchführung unterstützt die logistische Budgetierung die Koordination zwischen Plan-, Soll- und Istgrößen. Das beinhaltet zum einen bei negativen Planabweichungen die Heranführung der Istergebnisse an die Plangrößen und zum anderen die Planrevision bei gravierenden Veränderungen der dem Plan zugrunde gelegten situativen Bedingungen.
- Indem mittels der strategischen Überwachung Veränderungen in der Unternehmensumwelt rechtzeitig wahrgenommen werden, trägt die logistische Budgetierung zu der Koordination zwischen Unternehmensentwicklung und Umweltentwicklung bei. Die Informationen aus der strategischen Überwachung sind zwar hauptsächlich sachlicher Natur, haben jedoch Auswirkungen auf die Formalziele. Durch das rechtzeitige Wissen darüber kann das Unternehmen ausgleichende Entscheidungen auf der Formalzielebene treffen (z. B. die Veränderung der Prioritätensetzung bei der Realisierung von Logistikprojekten).
- Von ihrer Eigenschaft als spezifische Ausprägung der allgemeinen Budgetierung leitet sich eine besondere Koordinationsleistung der logistischen Budgetie-

rung ab, indem sie neben der ganzheitlichen Abstimmung der Wertaktivitäten bzw. Prozesse deren Ausrichtung auf effektive und effiziente Objektflüsse bewirkt.

Damit das Koordinationspotenzial der Budgetierung voll ausgeschöpft werden kann, sind geeignete Verfahren zur Ermittlung von Budgets anzuwenden.

Budgetierungsverfahren

Zur Ermittlung der Budgetvorgaben für Verantwortungsbereiche finden verschiedene Verfahren, häufig auch Instrumente, Techniken und Methoden genannt, Anwendung. Sie lassen sich nach den folgenden Merkmalen systematisieren:

- Nach dem Budgetansatz sind **analytische Verfahren** und nichtanalytische, sogenannte **Fortschreibungsverfahren** (ex post plus-Verfahren) zu unterscheiden. Während bei analytischen Verfahren die Budgetermittlung an den geplanten Leistungen und Zielen des Verantwortungsbereiches ansetzt, gehen Fortschreibungsverfahren vom Budget des Vorjahres aus und schreiben dieses ohne Leistungsanalyse auf das Planjahr fort.
- In Abhängigkeit von der Art und Weise der Koordination des Gesamtbudgets, dem Partizipationsgrad der Verantwortungsträger und der Ableitungsrichtung der Budgets können die Budgetierungsverfahren in **top down-Verfahren**, **bottom up-Verfahren** und **Gegenstromverfahren** gruppiert werden. Bei dem top down-Verfahren wird von oben – vom Gesamtbudget des Unternehmens aus – nach unten bis auf die Ebene der Leistungs- und Kostenstellen heruntergebrochen. Genau umgekehrt verhält es sich bei dem bottom up-Verfahren. Beide Verfahren haben Vor- und Nachteile. Eine weitgehende Kompensation der Nachteile bei gleichzeitiger Ausnutzung der Vorteile wird mit dem Gegenstromverfahren angestrebt, bei dem es sich um eine Kombination beider Verfahren handelt.
- Je nachdem, ob die Budgetvorgabe auf den Output oder den Input des Prozesses ausgerichtet ist, kommen **outputorientierte** und **inputorientierte Verfahren** zur Anwendung.
- Schließlich können die Verfahren nach der Anwendungshäufigkeit in **periodische Verfahren** und **Verfahren mit aperiodischer Anwendung** differenziert werden.

Die Erkenntnisse aus der „aktivitätsorientierten Theorie des Unternehmens" und der „Prozessansatz" legen für die Budgetierung ein prozessorientiertes Herangehen nahe. Da sich die Unternehmensprozesse nach ihren Budgetierungsmerkmalen unterscheiden, finden dabei unterschiedliche Budgetierungsverfahren Anwendung. Beabsichtigt das Unternehmen seine Prozesse logistisch zu budgetieren, so wird es alle Prozesse im Blick haben, nicht nur die klassischen Prozesse Transportieren, Umschlagen, Lagern. Auch Fertigungsprozesse nehmen Einfluss auf die Logistikziele. Kurz gesagt: Alle Prozesse im Unternehmen besitzen einen Bezug auf die Erfüllung der Logistikziele wie Lieferfähigkeit, kurze Lieferzeit oder Termintreue. Deshalb macht es Sinn, die Unternehmensprozesse unter Logistikgesichtspunkt zu gliedern. Im Ergebnis kommen wir zu drei Prozesstypen:

Prozesstypen

- **physische Transferprozesse** wie Transport, Lagerung, Güterumschlag

- **logistische Führungsprozesse**. Sie setzen sich zusammen aus a) den klassischen Managementprozessen wie Tourenplanung, Material- und Warenbestandsführung, Produktionsplanung und -steuerung und Vertriebsdisposition; b) den *neuen logistischen Führungsprozessen* wie die logistische Organisation des Leistungserstellungssystems oder die Planung der internationalen Produktionsstandorte
- **logistikaffine Prozesse** in Bezug auf deren Beitrag zur Erfüllung der Logistikziele (z. B. beeinflusst ein Fertigungsprozess mit der Fertigungszeit und Durchlaufzeit die Lieferzeit; Forschung- und Entwicklungsprozesse bewirken mit einer Produktmodularisierung kürzere Entwicklungszeiten und niedrigere Logistikkosten)

Ideal wäre es, alle drei Prozesstypen im Rahmen der Jahresplanung analytisch zu budgetieren. Aber nicht für alle Prozesse wäre das unter dem Gesichtspunkt des Zeitaufwandes und der Kosten für die Budgetierung zweckmäßig. Deshalb kommen für einige Managementprozesse aperiodische Verfahren zur Anwendung. Dann wird nicht jedes Jahr analytisch budgetiert, sondern nur aller paar Jahre wird eine Gemeinkostenwertanalyse oder ein Zero-Base-Budgeting durchgeführt. In den Jahren dazwischen wird das Budget des Vorjahres einfach auf das Folgejahr mit gewissen Ab- oder Zuschlägen fortgeschrieben; daher auch die Bezeichnung **Fortschreibungsverfahren**.

Gemeinkostenwertanalyse

Bei der Gemeinkostenwertanalyse werden die Managementprozesse in Bezug auf ihre Notwendigkeit bzw. Relevanz nicht in Frage gestellt. Es wird lediglich nach rationelleren Methoden der Leistungserbringung gesucht.

Zero-Base-Budgeting

Das Zero-Base-Budgeting beginnt mit einer Analyse des Bedarfes der Prozessleistungen aus Sicht der Leistungsempfänger. An der Basis Null ansetzend werden beim Zero-Base-Budgeting alle Aktivitäten und Prozesse in Frage gestellt. Jeder Prozess für sich wird unter die Lupe genommen, ob er auch zukünftig noch notwendig ist und Nutzen spendet. Wenn nicht, dann wird diese Aktivität eliminiert oder durch einen qualitativ besseren, innovativeren Prozess mit hohem Nutzenspotenzial ersetzt.

Verhaltenswirkungen von Budgets

Budgetierung und Budgets erfüllen nur dann ihre volle Wirksamkeit, wenn sie eine positive Verhaltenslenkung bei den Mitarbeitern und Managern bewirken. Um das zu erreichen, haben sich die nachfolgenden **Gestaltungsempfehlungen** in der Unternehmenspraxis bewährt:

- Budgetvorgaben müssen voll beeinflussbar sein. Nur beeinflussbare Größen sind für das Verhalten der Handlungsträger maßgeblich.
- Das Niveau der Budgetvorgaben ist auf das individuelle Leistungsvermögen der Handlungsträger auszurichten. Die Anspruchsniveautheorie begründet einen Zusammenhang zwischen Leistungsvorgaben und tatsächlich erzielter Leistung. Sie geht davon aus, dass die Handlungsträger jeweils spezifische Anspruchsniveaus hinsichtlich ihrer Arbeitsleistung besitzen. Die Untersuchung alternativer Budgetvorgabenniveaus lässt die Kernaussage zu, wonach zu niedrige und zu hohe Zielvorgaben demotivierend wirken.

- Die Budgetvorgaben müssen präzise sein. Unpräzise Budgetvorgaben wirken sich negativ auf das Leistungsverhalten der Beschäftigten aus. Das „Erwartungs-Valenz-Modell" untermauert diese Hypothese (vgl. Grimmer 1980).
- Mit den Budgetvorgaben ist ein, die Motivation steigender Handlungsspielraum der Budgetverantwortlichen zu garantieren. Eine Beschränkung von Dispositionsspielräumen wirkt antiaktivierend. Untersuchungsergebnisse zeigten, dass die Betriebsrendite analysierter Unternehmen umso geringer ausfiel, je intensiver geplant wurde (vgl. Hauschildt 1987). Reaktanz und Resignation sind die Grundmuster von Verhaltensreaktionen auf überdimensionierte Einschränkungen von Handlungsspielräumen (vgl. Freimuth 1987).
- Die Budgetverantwortlichen sind aktiv am Budgetierungsprozess zu beteiligen. Gesichert ist der Zusammenhang zwischen Partizipation und der Verminderung dysfunktionalen Verhaltens. Der Anreiz, ein Ziel zu erreichen, das selbst gesetzt wurde, ist größer gegenüber fremd gesetzten Zielen. Außerdem führt die konkrete Sachkenntnis zu realistischeren Zielvorgaben gegenüber fremdbestimmter Festlegung.

Unter den Begriffen **Better Budgeting**[5] sowie **Beyond Budgeting**[6] werden Entwicklungsrichtungen der Budgetierung diskutiert. Im Mittelpunkt stehen die Vereinfachung und Verschlankung der Budgetierungssysteme sowie eine Beschleunigung der Budgetierungsprozesse in Unternehmen. Dabei spielen die Dezentralisierung der operativen Planung und die Förderung des Unternehmertums eine zentrale Rolle. Diese Entwicklung geht einher mit der Verwirklichung des Strategiemusters umfassende Führungs- und Handlungsautonomie.

10.3 Logistikkennzahlen

Im Allgemeinen wird Kennzahlen eine zentrale Bedeutung für das operative Controlling zuerkannt. Ihre Anwendung ist zugleich zunehmend relevant für das strategische Controlling, insbesondere aus der Sicht der Verknüpfung zwischen strategischer und operativer Ebene und der damit fokussierten Umsetzung der Strategien.

Logistikkennzahlen

Logistikkennzahlen geben konzentrierte Informationen über quantitativ erfassbare Tatbestände und Entwicklungen des Logistiksystems.

[5] Siehe u. a. Horváth 2011, S. 219 f.

[6] Siehe dazu Horváth 2011, S. 220 f. und die dort zitierte Literatur; siehe ausführlich Beyond Budgeting Roundtable 2012. Dabei handelt es sich um ein Lernnetzwerk. Unter Anwendung der Aktionsforschung werden innovative Verfahren getestet; anstelle traditioneller Budgets wird eine kombinierte Anwendung geeigneter Management- und Controllinginstrumente (z. B. Balanced Scorecard, Benchmarking, Kennzahlen, Strategische Kontrolle, Target Costing) vorgeschlagen (das Instrumentenmix als Alternative zur traditionellen Budgetierung). Als Basis für Entwicklungen in diesem Feld dienen die Beyond Budgeting Principles (näheres unter Beyond Budgeting Roundtable 2012).

In der damit gegebenen Möglichkeit zur Verdichtung großer, schwer überschaubarer, das Logistiksystem betreffender Datenmengen zu wenigen aussagekräftigen Größen liegt die Vorteilhaftigkeit der Anwendung von Logistikkennzahlen. Dabei finden alle Arten von Kennzahlen Verwendung (siehe Abb. 10.4).

Systematisierungs-merkmal	Arten logistischer Kennzahlen					
Bereich	Kennzahlen für die Logistik in: Beschaffung	Produktion		Distribution		Entsorgung
Transferfunktion	Kennzahlen zur Abbildung von: Lagerung	Transport		Kommissionieren		Umschlagen
Verdichtungsgrad	lokale Kennzahlen			globale Kennzahlen		
statistische Form	absolute Kennzahlen: input-bezogen	absolute Kennzahlen: output-bezogen	relative Kennzahlen: Ergebnis-relation	Potential-relation	Intensitäts-kennzahlen	Produktivitäts-kennzahlen
inhaltliche Struktur	Wertgrößen		Mengengrößen		Qualitätsgrößen	
zeitliche Dimension	operative Kennzahlen			strategische Kennzahlen		
Zweck	deskriptive Kennzahlen			normative Kennzahlen		
Bildungsrichtung	bottom up			top down		

Abbildung 10.4: Systematisierung von Logistikkennzahlen

Der Aussagewert von Einzelkennzahlen bleibt begrenzt. Deshalb ist eine Integration von Logistikkennzahlen zu einem Kennzahlensystem vorzuziehen.

Kennzahlensystem

Unter einem Kennzahlensystem wird eine Zusammenstellung von Kennzahlen verstanden, die in einer sachlich sinnvollen Beziehung zueinander stehen, einander ergänzen oder erklären und insgesamt auf ein gemeinsames, übergeordnetes Ziel ausgerichtet sind. Das **Logistikkennzahlensystem** bildet die zielgerichtete, sachlogische Verknüpfung einzelner Logistikkennzahlen, die in ihrer Gesamtheit die Strukturen und Prozesse des Logistiksystems in Bezug auf die wesentlichen inhaltlichen Aspekte abbilden.

Sind die Beziehungen zwischen den Kennzahlen ausschließlich sachlogischer Natur, dann spricht man von einem Ordnungssystem. Wenn die sachlogischen Beziehungen in die Form der mathematischen Verknüpfung zwischen den Kennzahlen weitergeführt werden, dann wird anstelle des Begriffs Ordnungssystem häufig die Bezeichnung als Rechensystem gewählt.

Aufgaben des Logistikcontrollings sind die Ermittlung der führungsrelevanten Logistikkennzahlen und ihre systemische Verknüpfung sowie die Weiterentwicklung in Richtung des zukünftigen Führungsinformationsbedarfs. Im Einzelnen gehört dazu die Systemkonzeption, die Beratung des Logistikmanagements, die Kennzahlensystempflege und die Systementwicklung. Das Logistikmanagement nutzt die Informationen für die Fundierung und Umsetzung von Entscheidungen. Die anschließende Betrachtung der Funktionen von Logistikkennzahlen unterstreicht ihre große Bedeutung.

Funktionen von Logistikkennzahlen

Mit Hilfe von Kennzahlen werden Leistungen und Ziele sowie die Erreichung von Zielen operationalisierbar, woraus sich die **Operationalisierungsfunktion** ableitet. Die laufende Erfassung von Kennzahlen ermöglicht ein Erkennen von Auffälligkeiten und notwendigen Veränderungen. Den Kennzahlen kommt insofern eine **Anregungsfunktion** zu. Weiterhin dienen Kennzahlen der Vorgabe von Zielgrößen, beispielsweise von Plangrößen und kritischen Werten für die logistischen Leistungsstellen und -bereiche. Die sachkundige Nutzung von Kennzahlen führt zu einer Vereinfachung von Steuerungsprozessen. Geknüpft an den engen Zusammenhang zwischen den Führungsfunktionen Planen, Steuern und Kontrollieren besitzen Kennzahlen eine **Vorgabe-, Steuerungs- und Kontrollfunktion**, die nicht auf die operativen Prozesse eingegrenzt ist. So schließt die Kontrollfunktion neben der (traditionellen) operativen Kontrolle die strategische Kontrolle mit ein. Betriebswirtschaftliche Informationen bilden das allgemeine Medium der Managementprozesse. Die Kennzahlen können potenziell die Qualität der Informationen erhöhen und besitzen eine **Informationsfunktion**. Zusammenfassend ist die **Koordinationsfunktion** von Kennzahlen hervorzuheben. Mit der breiten Durchsetzung des dezentralen Führungsstils wächst die Bedeutung dieser stellen-/bereichs- und unternehmensübergreifenden koordinierenden Funktion von Logistikkennzahlen.

Key Performance Indicator

- **Lieferservicegrad**

$$\text{Lieferverlässigkeit} = \frac{\text{Anzahl termingerecht ausgelieferter Aufträge}}{\text{Gesamtzahl der Aufträge}} \times 100\ \%$$

$$\text{Lieferungsbeschaffenheit} = \left(1 - \frac{\text{Anzahl der Beanstandungen}}{\text{Gesamtzahl der Aufträge}}\right) \times 100\ \%$$

$$\text{Lieferflexibilität} = \frac{\text{Anzahl der erfüllten Sonderwünsche}}{\text{Anzahl aller Sonderwünsche}} \times 100\ \%$$

- **Bestandshöhe, Umschlagszahl, Reichweite**

  Die Reichweite der Bestände drückt den Kehrwert zur Umschlagszahl der Bestände aus, und umgekehrt. Sie unterscheiden sich in ihren Zielfunktionen.

Unter Kostengesichtspunkten ist die Reichweite zu minimieren, dagegen die Umschlagszahl zu maximieren.

Die Kennzahl „**Plan-Reichweite an Fertigwaren**" sagt aus, wie hoch der optimale Bestand an Fertigwaren ist, um die prognostizierte, geplante Nachfrage nach Fertigwaren und Logistikservice bei minimalen Kosten zu befriedigen. Sie wird im Rahmen der Jahresplanung für verschiedene Zeitintervalle (zumeist Planjahr, Monat) und Warengruppen bzw. Warenarten geplant:

- **Auftragsdurchlaufzeit**
  Je kürzer die Auftragsdurchlaufzeit, desto höher die Kundenzufriedenheit. Die Durchlaufzeit des Kundenauftrags misst die Zeitspanne zwischen der Auftragserteilung und der Bereitstellung der Ware beim Kunde.
- **Anteil Logistikkosten an Gesamtkosten**
  Hierbei geht es um eine gesunde, optimale Kostenartenstruktur. Branchen-Benchmarks für den Anteil der Logistikkosten geben Orientierung für die gezielte Kostenbeeinflussung und -entwicklung.

Strategiebezug

Die Logistikkennzahlen sollten noch stärker die Kernkategorie des Logistikmanagements – **logistische Erfolgspotenzial** – in Bezug auf Aufbau, Pflege und Umsetzung abbilden. Einen ersten Ansatzpunkt geben die im Rahmen des strategischen Logistikmanagements konzipierten Logistikstrategiearten. Dazu sind für die Kerninhalte der im Logistik-Strategie-Modell integrierten Logistikstrategiearten quantitative Messgrößen herauszuarbeiten. Im kurzen Anwendungsbeispiel soll das Vorgehen angedeutet werden und zum „Weitermachen" inspirieren.

Die strategischen Verhaltensmuster können, wenn auch nicht umfassend und vollständig, doch aber in einem unterstützenden Maße in Kennzahlen ausgedrückt werden (vgl. Abbildung 10.5). Für die Spezialisierungsstrategie „Konzentration" sind das neben der *„Wertschöpfungs-, Fertigungs- und Logistiktiefe"* beispielsweise die Kennzahlen: *„Relativer Anteil des Modular Sourcings", „Anteil von Single Sourcing" oder „Anteil von Just-In-Sequence"*. Wählen wir als zweites Anschauungsbeispiel das Strategiemuster *„Standardisierte Individualleistung"*, dann empfehlen sich für das strategische Logistikcontrolling u. a. die Kennzahlen *„Grad der Standardisierung der Ausführungsprozesse", „Standardisierungsgrad der Führungsprozesse"* und *„Relative Entwicklung der individuellen Kundenwünsche für A-Produkte"*.

Die Kooperationsstrategieziele können zum Beispiel die Stabilisierung der Beziehungen zu wichtigen Kunden und Lieferanten beinhalten, wofür sich aus Unternehmensperspektive die Kenngröße *„beschaffungs- und distributionsseitige Vertragsquote"* anbietet. Ein KEP-Dienstleister mit großem Kontraktlogistikgeschäft schätzte dazu ein, dass das Unternehmen rund 90 Prozent des Umsatzvolumens zu Beginn eines Geschäftsjahres bereits gebunden hat.

Geeignete Kennzahlen zur internationalen Standortverteilung der Wertaktivitäten (Konfigurationsstrategien) sind z. B. die *„Zielmarktkongruenz"* oder der *„Anteil des Global Sourcings"*, bzw. *„Anteil Local Sourcings"*. Die Kennzahl Zielmarktkongruenz misst, inwieweit das Unternehmen in zweckmäßiger Relation zu den Zielmärkten aufgestellt ist. Die strategischen Logistikkennzahlen richten den Blick der Führungskräfte und Mitarbeiter im Unternehmen auf die strategischen Kernziele und bewirken einen Konzentrationseffekt der Führungshandlungen auf das Wesentliche.

Spezialisierungsstrategien

$$\text{Logistiktiefe} = \frac{\text{interne Logistik-Wertschöpfung}}{\text{gesamte (interne plus externe) Logistik-Wertschöpfung}} \times 100\,\%$$

$$\text{Anteil Single Sourcing} = \frac{\text{Wertvolumen Single Sourcing}}{\text{Gesamtbeschaffungswert}} \times 100\,\%$$

$$\text{Anteil JIT} = \frac{\text{JIT-Beschaffungswert}}{\text{Gesamtbeschaffungswert}} \times 100\,\%$$

Kooperationsstrategien

$$\text{Vertragsquote} = \frac{\text{Vertragswert mit Lieferanten (bzw. Kunden)}}{\text{Gesamtwert Einkaufsvolumen (bzw. Absatzvolumen)}} \times 100\,\%$$

Standardisierungsstrategien

$$\text{Standardisierungsgrad Logistiksystemleistung} = \frac{\text{Wert standardisierter Teilleistungen}}{\text{Systemleistungswert}} \times 100\,\%$$

Konfigurationsstrategien

$$\text{Zielmarktkongruenz} = \frac{\text{Produktionswert Zielmarkt A}}{\text{Umsatz Zielmarkt A}} \times 100\,\%$$

$$\text{Anteil Global Sourcing} = \frac{\text{Wertvolumen Global Sourcing}}{\text{Gesamtbeschaffungswert}} \times 100\,\%$$

Strategien der Führungs- und Handlungsautonomie

Durchschnittliche Zeitdauer für die Entscheidungsfindung in der Supply Chain (für ausgewählte Entscheidungstypen)

Abbildung 10.5: Logistik-Strategie-Modell als Basis für ein Kennzahlensystem

Fokus auf Prozessketten

Die Qualität einer logistischen Prozesskette lässt sich mit den Indikatoren Kundenbedürfnis, Zeit, Kosten, Umweltschutz und Umsatz repräsentativ messen. Die Abbildung 10.6 zeigt die fünf logistischen Gütegrößen. Die Kennzahlen „Kundenwert" (neben externen auch interne Kunden) und „Zeitwert" erscheinen i. d. R. dimensionslos. Der Zielwert „1" gibt ihre Entwicklungsrichtung vor. Die Kategorie „Kundenwert" (z. B. die Bedarfsdeckung im Rahmen interner Kunden-Lieferanten-Beziehungen) steht stellvertretend für die Logistikservicekomponenten. Insofern ist es möglich, die Kennzahl „Kundenwert" zum einen aggregiert anzuwenden, zum anderen kann der Fokus auf ausgewählte Servicekomponenten gelegt werden. Die Kennzahl „Kostenwert" spiegelt den Verlauf des Wertzuwachses im Zeitverlauf wider. Graphisch wird dieser Zusammenhang mit der Wertzuwachskurve beschrieben[7]. Das Ziel besteht in der Optimierung des Kurvenverlaufs des Wertzuwachses. Die Bestände an „work in process" werden so vergleichsweise niedrig gehalten. Beispielsweise kann der Ablauf der einzelnen Aktivitäten in der Prozesskette verbessert werden. Im Fallbeispiel konnte durch die Verlegung der Aktivität Softwareeinspielung auf einen der letzten Arbeitsschritte der Prozesskette Lenksystemeinbau eine Einsparung der Kosten erzielt werden. Für die Kennzahl „Öko-Wert" empfiehlt es sich, Naturalgrößen zu ermitteln. Über Äquivalenzzahlen können die unterschiedlichen Arten des Natureinsatzes aggregiert werden. Schließlich stellt die Kennzahl „Umsatzwert" auch auf den internen Umsatz unter Anwendung der Verrechnungspreismethode ab. Um die Qualität unternehmensübergreifender Prozessketten in Kennzahlenform zu erfassen, fließen Leistungsdaten der kooperierenden Partner mit ein.

$$\text{Kundenwert} = \frac{\text{Leistungsangebot/-realisation}}{\text{Kundenbedarf}}$$

$$\text{Zeitwert} = \frac{\text{Durchlaufzeit}}{\text{Bearbeitungszeit}}$$

$$\text{Kostenwert} = \frac{\text{Wertzuwachs im Zeitverlauf}}{\text{Gesamtwert}}$$

$$\text{Öko-Wert} = \frac{\text{Logistikleistung}}{\text{Natureinsatz}}$$

$$\text{Umsatzwert} = \frac{\text{Umsatz}}{\text{Logistikkosten}}$$

Abbildung 10.6: Führungskennzahlen logistischer Prozessketten

[7] Zu einer Beschreibung des Instruments der Wertzuwachskurve und einem Anwendungsbeispiel siehe Bornemann 1986, S. 51 ff.

10.4 Lieferantenbewertung

Die Selektion der richtigen Wertschöpfungspartner bildet eine Kernaufgabe des Supply Chain Controllings. Gerade vor dem Hintergrund einer verstärkten Fremdvergabe komplexer Beschaffungsumfänge und einer Reduzierung der Anzahl an Lieferanten pro Beschaffungsposition (Beschaffungsobjektart) kommt der Lieferantenbewertung eine herausragende Rolle zu. Hierzu bedarf es der Identifikation geeigneter Kriterien sowie deren zweckmäßiger Gewichtung. Anregungen dazu gibt Ihnen eine bewährte Praxislösung. Die Abbildung 10.7 veranschaulicht die Lieferantenbewertung am Fallbeispiel eines Tier-1-Zulieferers. Dieser bezieht Einzelteile von seinen direkten Zulieferern (Tier-2-Lieferanten).

Kriterien	Beurteilung	Prozent	Gewichtung
Fehlerrate pro Million Teile	0	100	45 %
	1–50	98	
	51–500	90	
	501–5.000	80	
	5.001–25.000	70	
	25.001–50.000	60	
	50.001–100.000	50	
	100.001–250.000	25	
	> 250.000	0	
Zertifizierung	QS-9000 oder Äquivalent und ISO 14001	100	5 %
	QS-9000 oder äquivalent	95	
	ISO 9001 und ISO 14001	90	
	ISO 9001	85	
	Kein Zertifikat	0	
Erstmusterprüfbericht-Verhalten	EMPBs i. O.	100	5 %
	EMPBs frei mit Auflage	50	
	EMPBs n. i. O.	0	

Kriterien	Beurteilung	Prozent	Gewichtung
Kommunikation Einkauf Termine EMPB	gut, termingerecht mittel, geringe Abweichung schlecht, hohe Abweichung	100 50 0	5 %
Termin Angebote	termingerecht geringe Abweichung hohe Abweichung	100 50 0	
Transparenz	gut mittel schlecht	100 50 0	
Erreichbarkeit	gut mittel schlecht	100 50 0	
Flexibilität	gut mittel schlecht	100 50 0	
Liefertermintreue Abweichung	+/– 0 Tage +/– 1–2 Tage +/– 3–7 Tage +/– 8 Tage > 8 Tage	100 75 65 55 45	25 %
Mengentreue Abweichung	+/– 0 % +/– 5 % +/– 10 % +/– 20 % > 20 %	100 75 65 55 45	15 %

Abbildung 10.7: Lieferantenbewertung am Fallbeispiel

Die höchste Gewichtung wird dem Kriterium „Fehlerrate pro Million Teile" gegeben. Mit 45 Prozent nimmt die Fehlerrate (Anzahl/Anteil fehlerhafter Teile) Einfluss auf das Gesamtergebnis der Bewertung jedes einzelnen Tier-2-Lieferanten. Das korrespondiert mit der empirisch nachgewiesenen Einstufung der Lieferqualität (Null-Fehler-Qualität) für Einzelteile und Komponenten auf Platz 1 des Rankings. Zugleich veranschaulicht das Fallbeispiel die Skalierung für die Beurteilung der Lieferqualität. Während ein Zulieferer mit einer Anzahl von fehlerhaften Teilen zwischen 1 bis 50 pro einer Million Teile einen Erfüllungsgrad „Gutteile" von 98 Prozent erhält, wird ein Zulieferer mit über 250.000 fehlerhaften Teilen pro einer Million Teile nachvollziehbar mit Null-Qualitätserfüllung bewertet. Angesichts der ausschlaggebenden Bedeutung der Teile-/Lieferqualität bildet das ein K-o-Kriterium.

Die zweithöchste Gewichtung besitzt im Fallbeispiel das Kriterum Liefertermintreue (synonym Lieferzuverlässigkeit). Auch das korrespondiert mit den Ergebnissen aus empirischen Studien. Wie die Erfüllung der Liefertermintreue nach Niveaustufen bewertet werden kann geht aus dem Fallbeispiel ebenfalls hervor. Eine Abweichung vom vereinbarten Liefertermin von ein bis zwei Tagen ergibt einen Erfüllungsgrad des Kriteriums von nur 75 Prozent. Dabei ist es egal ob Tage zu früh oder zu spät angeliefert wird, denn auch eine unangekündigte zu frühe Anlieferung stört den Prozessablauf (z. B. keine freien Lagerplätze; zusätzliche Kapitalbindung). Insgesamt nimmt im Fallbeispiel die Lieferqualität mit 25 Prozent Einfluss auf das Gesamtergebnis der Lieferantenbewertung.

Die Erkenntnisse aus der Anwendung von Total Quality Management in der Logistik schlagen sich in der Lieferantenbewertung nieder. Unser Fallbeispielunternehmen berücksichtigt dazu explizit, inwieweit die Zulieferer über adäquate Zertifizierungen verfügen, z. B. zertifizierte Qualitätssicherungssysteme. Deutlich wird weiterhin der Zusammenhang zum Innovationsmanagement in der Logistik. Hierzu wird im Fallbeispiel das Kriterium „Erstmusterprüfbericht" für neue und weiterentwickelte Teile aufgenommen. Erfüllt das Erstmuster nicht alle definierten Vorgaben gemäß Lastenheft, dann werden diesem konkrete Auflagen unter Termineinhaltung erteilt. Das Erstmuster muss zahlreiche, umfangreiche Tests bestehen. Neben der reinen Funktionalität sind z. B. spezielle Härtetests sowie chemische Tests zur Oberflächenbeschaffenheit durchzuführen. Außer den Teileeigenschaften wird im Interesse kurzer Entwicklungszeiten die Einhaltung der Termine zur Einreichung des Erstmusters bewertet.

Eine unabdingbare Voraussetzung für eine unternehmensübergreifende Erschließung von Erfolgspotenzialen bildet die Offenlegung der Prozess- und Kostenstrukturen zwischen den Partnern. Im konkreten Fall betrifft das die Herstellung von Transparenz in der beschaffungsseitigen Supply Chain zwischen Tier-1-Zulieferer und Tier-2-Zulieferer. Folgerichtig fließt das Verhalten des Tier-2-Zulieferers hinsichtlich Offenlegung (Kriterium Transparenz: Open book) in die Bewertung mit ein.

Die Bewertungen werden laufend durchgeführt. Eine Reihe von Daten können direkt aus dem ERP-System (ERP: Enterprise Resource Planning) eingespeist werden. Aus den Beurteilungen zu jedem einzelnen Kriterium und dessen Gewichtung ergibt sich in der Addition das Gesamtergebnis. Auf dieser Basis werden die Lieferanten eingestuft nach drei Niveauklassen: Zulieferer mit einem erzielten Gesamtergebnis größer 90 Prozent bis 100 Prozent erhalten die Best-Einstufung als A-Lieferant; größer 80 bis 90 Prozent sind B-Lieferanten und kleiner/gleich 80 Prozent C-Lieferanten. Halbjährlich erhalten die Lieferanten ihre Bewertungsergebnisse übermittelt. Das bildet eine wertvolle Basis für kontinuierliche Verbesserungsprozesse (KVP) zur Erschließung noch nicht genutzter Potenziale in der unternehmensübergreifenden Zusammenarbeit.

10.5 Logistik-Bilanz

Die Logistik-Bilanz stellt eine Innovation dar. In Analogie zur Unternehmensbilanz bringt sie die Stärke der Logistik für ein Unternehmen oder ein Supply Chain

Netzwerk auf den Punkt. Das macht die Logistik-Bilanz für den Vorstand und die Geschäftsführung attraktiv. Sie unterstützt Entscheidungen des Top Managements im Prozess aktiver Zukunftsgestaltung. Durch die Anwendung bekannter Begriffe und Methoden aus der Bilanzierung schafft die Logistik-Bilanz, dass Logistik als neue Führungskonzeption auf der Vorstands- und Geschäftsführungsebene immer mehr gelebt wird.

Die Bilanzierung der aktuellen Logistiksituation bildet den Ausgangspunkt für neue Strategien, Konzepte und Maßnahmen in Richtung der anvisierten zukünftigen Logistiksituation. Wir wollen den Innovationsprozess hin zur Logistik-Bilanz gemeinsam gehen und starten mit der Beschreibung der Ausgangssituation und Zielsetzung.[8]

10.5.1 Ausgangssituation und Zielsetzung

Was wollen wir verändern bzw. verbessern? Für welche Probleme suchen wir eine Lösung? Wo wollen wir hin? Jeder Innovationsprozess startet mit einer präzisen Beschreibung der Problemlage.

Die Unternehmen haben die hohe wettbewerbsstrategische Bedeutung der Logistik erkannt. Trotzdem stoßen die Logistikmanager noch immer auf Widerstand, wenn es um die Durchsetzung logistischer Belange im Unternehmen geht. Die Gründe dafür liegen zum einen in der natürlichen Konkurrenz zwischen den Bereichen bei der Verteilung knapper Ressourcen. Zum anderen tun sich Logistiker schwer, den Wert der Logistik für das Unternehmen überzeugend zu präsentieren. Hier setzt die Idee zur Logistik-Bilanz an.

Stellen Sie sich vor, Sie haben die Aufgabe, den Wert des Unternehmens vor verschiedenen Anspruchsgruppen (Stakeholder) zu präsentieren. Das würde vielen sicher leichter fallen. Warum? Sie können auf das bewährte und bekannte Instrumentarium der Bilanz zugreifen. Die Unternehmensbilanz gibt einen ganzheitlichen Überblick über die Vermögens-, Kapital- und Ertragslage eines Unternehmens. Durch sie wird die ökonomische Situation und Performance in den wesentlichen Facetten auf einen Blick erkennbar. Die positiven Erfahrungen mit Bilanzen legen eine Übertragung auf die Logistik nahe.

Die Schwierigkeit, den Wert der Logistik für das Unternehmen auf den Punkt zu bringen, hängt mit der Komplexität des Logistiksystems zusammen. Wo fängt man an? Sind alle wesentlichen Inhalte in die Wertbeurteilung einbezogen? Wie können die verschiedenen Betrachtungen zu einer Gesamtschau zusammengeführt werden?

In Analogie zur Unternehmensbilanz soll die Logistik-Bilanz den Rahmen für die Darstellung aller wesentlichen Zusammenhänge in der Logistik spannen und ein umfassendes Bild über die Logistiksituation im Unternehmen geben. Wie stark ist unsere Logistik heute und was streben wir an? Für die Beantwortung soll die Logistik-Bilanz den gesamten logistischen Handlungsraum transparent machen. Da sind wir zugleich bei der Frage: Wieviel Geld geben wir für unsere Logistik

[8] Die Logistik-Bilanz gibt es ausführlich auch als Buch mit dem Titel „Die Logistik-Bilanz. Erfolgsmessung neuer Strategien, Konzepte und Maßnahmen" (Froschmayer/Göpfert 2010).

heute aus und wo können wir Verbesserungen erzielen? Neue Vorhaben lohnen sich nur, wenn sie die Logistik des Unternehmens bzw. Netzwerks insgesamt verbessern. Erst dann schlagen sich die Effekte in Teilbereichen wie ein Übergang zu einer Just-In-Sequenz-Belieferung auf den Unternehmenserfolg durch. Zukünftige Strategien und Maßnahmen aus dieser Gesamtschau heraus zu entscheiden macht die Logistik-Bilanz möglich. Kapital, Vermögen und Erfolg werden bilanziert. Strategische Optionen lassen sich so besser durchspielen und Entscheidungen fundierter treffen. Zum Beispiel können die Wirkungen von Entscheidungen über ein Logistik-Outsourcing auf das betriebsnotwendige Kapital, das logistische Leistungsvermögen und den Free Cash Flow transparent gemacht werden.

Die Logistik-Bilanz ist ein Instrument für den Vorstand bzw. die Geschäftsführung. Sie ist zugleich ein Instrument für alle Führungskräfte in Logistik und Logistik-Controlling bzw. Supply Chain Management und Supply Chain Controlling. Die Logistik-Bilanz ermöglicht eine überzeugende Begründung neuer Strategien, Konzepte und Maßnahmen.

Wie muss die Logistik-Bilanz aufgebaut sein, damit sie die gesetzten Erwartungen erfüllen kann?

10.5.2 Aufbau

Bevor wir die Inhalte diskutieren, benötigen wir eine klare Vorstellung über den Aufbau einer Logistik-Bilanz. Um diese zu erarbeiten, orientieren wir uns nahe an der Unternehmensbilanz. Wir unterziehen den formalen Bilanzaufbau einem Eignungstest und nehmen je nach Testergebnis eine Modifikation für die Zwecke der Logistik vor.

Das eine Bilanz prägende Prinzip übernehmen wir. Kapital und Vermögen werden bilanziert bzw. gegenübergestellt. Das Vermögen spiegelt die Verwendung des Kapitals wider. Das Ziel ist die optimale Verwendung des Kapitals. Erst die optimale Verwendung des Kapitals führt zu einer Maximierung des Unternehmensgewinns. Der erwirtschaftete Überschuss (Gewinn) erhöht das für zukünftige Geschäftsjahre verfügbare Kapital des Unternehmens (siehe Abbildung 10.8).

Aktiva (Mittelverwendung)	Passiva (Mittelherkunft)
Wie werden die Ressourcen eingesetzt? Welches langfristige Anlagevermögen besitzt das Unternehmen (z. B. Immobilien)? Wie wird kurzfristig gewirtschaftet?	Welche Ressourcen hat ein Unternehmen als Eigenkapital zur Verfügung? Auf welche fremden Ressourcen kann zurückgegriffen werden (Fremdkapital)?

Abbildung 10.8: Grundverständnis von Bilanzen

Für die Logistik setzen wir Kapital ein, bauen damit ein logistisches Vermögen auf, mit dem Ziel, die wettbewerbsstrategische Bedeutung der Logistik für das Unternehmen bestmöglich umzusetzen. Eine optimale Logistik haben wir dann erreicht, wenn der Erfolgsbeitrag durch Logistik maximal wird. Das Maß Erfolgsbeitrag ist mehrdimensional. Es hängt von der Definition des Unternehmenserfolgs im jeweiligen Unternehmen ab. Beispiele sind die Beiträge der Logistik zur Steigerung von Umsatz, Gewinn und Unternehmenswert. Logistikerfolge erhöhen den Unternehmenswert. Während in der Bilanz der Erfolg der unternehmerischen Tätigkeit mit dem Jahresüberschuss gemessen wird, enthält die Logistik-Bilanz an dieser Stelle in der Regel mehrere Erfolgsgrößen.

Bilanzsumme und Bilanzgleichung (Summe Aktiva = Summe Passiva) sind für die Logistik-Bilanz sekundär. Nicht die Bilanzierung der Logistik ist das Ziel. Das Ziel ist die Optimierung des Logistiksystems zur Maximierung des Erfolgsbeitrags. Die Bilanzierung der Logistik bildet dafür ein geeignetes Mittel.

10.5.3 Inhalt

Was bilanzieren wir? Kapital, Vermögen und Erfolg sind die Basiskategorien einer Bilanz. Die Kategorie Logistikerfolg dominiert die Logistikliteratur[9]. Dagegen neu sind die Kategorien Logistikkapital und Logistikvermögen. Was ist das Logistikkapital eines Industrie- oder Handelsunternehmens? Was ist das Logistikvermögen? Für eine Antwort ziehen wir die klassische Handelsbilanz heran. Die bewährte Unterteilung in Eigen- und Fremdkapital sowie in Anlage- und Umlaufvermögen behalten wir bei (siehe Abbildung 10.9).

Aktiva (Mittelverwendung)	Passiva (Mittelherkunft)
A. Anlagevermögen A. 1. Immaterielle Logistik (Best Practice) A. 2. Materielles Logistik-System A. 3. Systeme und IT A. 4. Prozessdesign B. Umlaufvermögen B. 1. Leistungskennzahlen der Logistik B. 2. Auswirkungen nach Außen zu Dritten → Kunden → Lieferanten	C. Eigenkapital (eigene Ressourcen) C. 1. Humanressourcen C. 2. Kapitalressourcen D. Erfolg einer optimierten Logistik E. Fremdkapital: Ressourcen dritter Unternehmen E. 1. Outsourcing-Strategie E. 2. Dienstleister-Fähigkeiten E. 3. Verträge, Bindung

Abbildung 10.9: Die formale Grundstruktur der Logistik-Bilanz

Was ist das **Logistische Eigenkapital**? An dieser Stelle stoßen wir auf die Grenzen einer einfachen Übertragung. Für eine schlüssige Inhaltsbeschreibung gehen wir der Frage nach: Was sind die wichtigsten Quellen des Logistikerfolgs über die das Unternehmen selbst verfügt?

[9] Siehe u.a. Dehler 2001; Göpfert 2004a, S. 340 ff.; Pfohl 2004, S. 49 ff.; Weber/Dehler 2001, Wildemann 2004, Zentes et al. 2004.

Das sind erstens die Führungskräfte und Mitarbeiter – **Humanressourcen**. Von ihrem Wissen, ihren Fähigkeiten, ihrer Motivation hängt die Qualität der Entscheidungen über Strukturen, Prozesse, Investitionen sowie Outsourcing und die Umsetzung ab. Wieviele Führungskräfte und Mitarbeiter stehen für logistische Themen zur Verfügung? Die Spannweite reicht von der Gesamtverantwortung für die Logistik (oder dem Supply Chain Manager des Konzerns) über die unterschiedlichen Führungsstrukturen der Logistik bis zu den Mitarbeitern im Lager und Versand. Wichtig erscheint hier, dass alle logistisch relevanten Akteure, die letztlich für den Durchfluss von Gütern im Unternehmen sorgen – operativ in der physischen Warenbewegung, aber auch administrativ in der Auftragsabwicklung und -steuerung und strategisch in der Planung der Supply Chain – erfasst werden. Neben der Anzahl der Mitarbeiter sind die Themen Qualifikationen, Positionen, Tätigkeiten und Strukturierung der Logistikorganisation zu verfolgen. Das Qualitätsniveau und die Entwicklungspotenziale der Mitarbeiter zählen zu den wichtigsten Positionen in der Logistik-Bilanz.

Wie viel Finanzmittel stehen dem Unternehmen für die Logistik zur Verfügung und für was werden diese eingesetzt? Damit kommen wir zu den **Kapitalressourcen** im engeren Sinne. Die Unterteilung in *Budgets für den laufenden Betrieb des Logistiksystems* sowie *Investitionen in die Logistik* (in Logistik-Facilities, Equipment, IuK) ist naheliegend. Da das Ziel der Logistik-Bilanz, eine Optimierung der Logistik, nicht ohne Vorinvestitionen in Reorganisationsprojekte zu erreichen ist, empfehlen wir ein *Budget für Entwicklungsprojekte* mit aufzunehmen. Wie hoch sind die Ausgaben im Verhältnis zu anderen Kenngrößen des Unternehmens (insbesondere natürlich im Zeitverlauf)? Gleichzeitig können mit Benchmarks Vergleiche durchgeführt werden und die Planzahlen für die nächsten Jahre bestimmten Branchenwerten angeglichen werden.

Prozesse besitzen in der Logistik einen herausragenden Platz. Deshalb erhalten sie auch in der Logistik-Bilanz einen festen Platz – **Prozessdesign**. Die Erhebung der logistischen Abläufe im Unternehmen wirft die Frage auf, welche Prozesse eigentlich der Logistik zuzuordnen sind. Hierzu ist zu empfehlen, zunächst die Sichtweise sehr weit zu öffnen, so dass der gesamte „Fluss" durch das Unternehmen als Logistik bezeichnet werden kann. Erst in einem zweiten Schritt kann der Blick wieder eingeengt werden; entweder durch die bestehende organisatorische Zuordnung oder aufgrund der Besitzansprüche des Managements anderer Bereiche. Welche Prozesse sind Kernkompetenz? Welche Prozesse können ausgelagert werden? Auch Optionen von Collaboration (z. B. Multi User Warehouse) können hier geprüft werden.

Das eigene Kapital wird um das **Logistische Fremdkapital** erweitert. Darunter werden diejenigen Prozesse und Leistungen bezeichnet, die an Logistik-Dienstleister vergeben sind. Als erste Position setzen wir die **Outsourcing-Strategie** an, da sie die logistische Leistungs- und Kostenstruktur stark beeinflusst.

Erst durch die selbstkritische Reflektion über die eigenen Fähigkeiten kann die Transparenz über diejenigen Prozesse hergestellt werden, für die ein Dienstleister eine bessere Kombination an Kernkompetenzen besitzt. Damit können diese ihre Stärken einbringen und Leistungen anbieten, die zu signifikanten Verbesserungen der Logistik des Verladers (Industrie und Handel) führen.

In diesem Zusammenhang ist dann auch die grundsätzliche Strategie gegenüber Dienstleistern festzulegen: Eine langfristige Partnerschaft mit einem Lead Logistics Provider oder laufende Ausschreibungen in kleinen Segmenten.

Der Erfolg einer Zusammenarbeit hängt vor allem von der Eignung des derzeitigen Dienstleisters ab. In der Position **Dienstleister-Fähigkeiten** wird die Eignung für die Erstellung der vergebenen Leistungen bewertet (auch im Vergleich zu anderen Dienstleistern). Status Quo sowie Entwicklungs- und Änderungspotenzial sollen aufgezeigt werden. Haben wir das Potenzial an Dienstleistern für zukünftige Erweiterungen der Leistung? Wie hoch sind Innovationskraft und Kreativität der Logistik-Dienstleister bei der Mitwirkung in neuen Projekten?

Fakten der Vertragsgestaltung und Bindungsintensität einschließlich des vertraglich gebundenen Kapitals (Vertragswert) werden unter **Verträge und Bindung** in die Logistik-Bilanz aufgenommen. Das reicht von Dienstleisterverträgen bis hin zu Leasingverträgen für Equipment.

Die Antwort auf die Anfangsfrage – Was ist das Logistikkapital eines Industrie- oder Handelsunternehmens? – kennen Sie nun. Sie sind zu einem konstruktiven Dialog eingeladen. Der Gegenstand dieses Meinungsaustauschs umfasst neben der Passivseite auch die Aktivseite der Bilanz. Was ist das **Logistikvermögen** eines Industrie- oder Handelsunternehmens? Das Logistikvermögen reflektiert den mit dem Logistikkapital geschaffenen Vermögenswert. Soweit entspricht das dem Grundverständnis einer Handelsbilanz. Der Vermögenswert ist aber noch nicht der Logistikerfolg und mit diesem somit nicht gleichzusetzen. Das Logistikvermögen beinhaltet die quantitative und qualitative Verwendung des Logistikkapitals sowie erfolgsrelevante Leistungsergebnisse.

Die aus der Handelsbilanz bekannte Gliederung in Anlage- und Umlaufvermögen wenden wir für die Logistik an. Damit berücksichtigen wir die zeitliche Bindung bzw. die Nachhaltigkeit. Was ist das Logistische Anlagevermögen eines Industrie- und Handelsunternehmens? Für die Antwort ziehen wir auch unmittelbar die Handelsbilanz heran.

Das **Logistische Anlagevermögen** setzt sich aus dem immateriellen und materiellen Vermögen zusammen. Unter **immaterielle Logistik** erfassen wir die langfristige Leistungsfähigkeit des logistischen Systems als „immaterielles Asset". Der „Logistische Firmenwert" steht in Analogie zu dem Ansatz eines immateriellen Geschäftswerts. Es ergänzt die Bewertung des materiellen Logistiksystems. Eine aktive, „gelebte" Logistik-Lösung im Sinne einer durchgehenden Prozessbeherrschung ist als werthaltiges Asset anzusehen. In der Wahrnehmung nach außen zu Kunden und Lieferanten stellt dies einen Wert im Sinne der Marktakzeptanz und der Bewertung der Leistungsfähigkeit eines Unternehmens dar.

Das **materielle Logistiksystem** umfasst alle Anlagegegenstände, die für logistische Funktionen verwendet werden. Anzusetzen sind die aktuellen Verkehrswerte von Immobilien und Equipment. Der Ansatz der logistischen Assets in der Bilanz zeigt die Anlage- und Kapitalintensität der Logistik für das betrachtete Unternehmen. Unternehmen mit einer hohen Anlageintensität haben die Möglichkeiten des Outsourcings oft noch zu wenig erschlossen. Die Darstellung aller Assets im Überblick kann zwei Arten von Entscheidungen nach sich ziehen: Zum einen wird nachhaltig hinterfragt: Soll das Unternehmen tatsächlich alle Assets selbst halten oder nicht auch ganze Prozesse inklusive Assets an einen Dienstleister übertragen (z. B. Make-or-buy-Entscheidung über den Betrieb des Zentrallagers). Zum anderen kann die eigene Struktur der Assets im Unternehmen untersucht und in Frage gestellt werden. Über die parallele Untersuchung der Warenströme können im Ergebnis nicht nur die Investitionen, sondern auch die Kostenstrukturen optimiert werden.

Informations- und Kommunikationstechnologien werden wegen ihrer hohen Bedeutung als eine eigene Bilanzposition – **Systeme und IT** – aufgenommen. Zu den verschiedenen Arten von logistischen Systemen gehören die Auftragsabwicklungssysteme, die Materialflusssteuerung und Disposition oder sprach- und bild-gesteuerte Kommissioniersysteme (z. B. Pick by Voice). Aus der Perspektive des Planungshorizonts reichen die Systemkomponenten von dem strategischen Netzwerk-Design über Planungs- und Steuerungssysteme bis zur Online-Übertragung von Daten durch EDI-Center (EDI: Electronic Data Interchange).

Das **Logistische Umlaufvermögen** spiegelt das kurzfristige Logistikvermögen wider – genauer das kurzfristige Leistungsvermögen der Logistik. Wir haben zum einen Analogiebezüge zum Umlaufvermögen in der Handelsbilanz. Sie zeigen sich bei den Beständen an Vorräten, Zwischenprodukten und Fertigwaren; aber auch im Bestand an Forderungen aus Lieferungen und Leistungen. Das Management von Forderungen wird im Zusammenhang mit dem Management der Geldflüsse immer mehr zu einem Thema in der Logistik. Zum anderen gehen wir für die Zwecke der Logistik bewusst von der Handelsbilanz ab. Aus der Sicht der Logistik besteht das Umlaufvermögen aus der Performance der operativen Logistik. Für eine Abbildung können traditionelle und neue Leistungskennzahlen (Key Performance Indicators) verwendet werden.

COST	Departmental Performance/Productivity Pareto Product Cost Total/Product Cost Rate
QUALITY	Amount of Scrap and Rework/Defective/Concession Customer Incidents (No. of Complaints Raised)
SCR	Supply Chain Restructoring Monitor Lead Time Adherence within 25 %
SCP	Engine Arrears/Spares Arrears (Value) Delivery Performance
PEOPLE	Overtime (%) Lost Time, Injury Rate
INVENTORY	Inventory Turns

Abbildung 10.10: Key Performance Indicators von Rolls-Royce Deutschland Oberursel

Einzelne Kennzahlen haben einen vergleichsweise niedrigen Aussagewert. Wir empfehlen besonders die sachlogische Verknüpfung von Leistungskennzahlen nach den Betrachtungsperspektiven der Balanced Scorecard. Dazu ordnen wir die

Kennzahlen diesen Betrachtungsperspektiven zu und erhalten vier Kategorien von Leistungskennzahlen.

Kennzahlen mit Bezug zu Finanzen und Ergebnisbeitrag

- Logistikkosten/Umsatz
- Umlaufvermögen (Bestände)/Umsatz
- Beschaffungskosten (Transport, Verpackung)/Umsatz
- Steuerungskosten/Logistikkosten

Kennzahlen mit Bezug auf Markt und Kunden

- Kundenzufriedenheitsindex
- Anteil Umsatz aus maßgeschneiderten Logistiklösungen mit Kundenbindungswirkung/Umsatz

Kennzahlen mit Bezug auf Prozesse

- Durchlaufzeiten (Produktion, Auftragsdurchlaufzeit)
- Auftragserfüllung
- Flexibilität gegenüber veränderten Anforderungen der Kunden
- Leistungskennziffern Dienstleister (Lieferzuverlässigkeit …)

Kennzahlen mit Bezug auf Mitarbeiter und Innovationen

- Anforderungsprofil/Qualifikationsprofil
- Mitarbeiterzufriedenheitsindex
- Anzahl Verbesserungsvorschläge Logistik

Die Leistungsfähigkeit der Logistik hat über die unterstützende Funktion innerhalb des Unternehmens hinaus Bedeutung für Image und Bewertung des Unternehmens im Spiegel seiner Kunden und Lieferanten. Zu einer Abbildung nehmen wir die **Auswirkungen nach außen** in die Logistik-Bilanz mit auf. Die Wirkungen zu Dritten, Kunden und Lieferanten spiegeln sich langfristig in dem logistischen Firmenwert wider.

Die Betrachtungen zu Logistikkapital und -vermögen runden wir nun mit dem **Erfolg einer optimierten Logistik** ab. Dazu bewegen wir uns im Einklang mit dem Grundverständnis einer Handelsbilanz. Der Logistikerfolg ist die Resultante aus Logistikvermögen minus Logistikkapital. Deshalb haben wir diese Position auch unter dem Eigenkapital aufgenommen. Der Logistikerfolg erhöht das für zukünftige Geschäftsjahre zur Verfügung stehende Logistische Eigenkapital (z. B. eigenerwirtschaftete finanzielle Mittel). Da wir keine umfassende Quantifizierung anstreben, erhalten wir als Resultante auch keinen Geldwert. Ein Versuch in diese Richtung würde zahlreiche Mess- und Bewertungsprobleme aufwerfen, für die es bis heute keine Lösung gibt. Bei der Definition des Logistikerfolgs bleiben wir bewusst unscharf, um den Begriff für Interpretationsmöglichkeiten und Assoziationen offen zu halten. Bekanntlich ist der Wert einer guten und erfolgreichen Logistik von Unternehmen zu Unternehmen anders darstellbar.

Die Logistik-Bilanz spannt den Rahmen für die Darstellung der wesentlichen Zusammenhänge in der Logistik. Sie vermittelt ein umfassendes Bild über die Logistiksituation im Unternehmen. Trotz dieses komplexen Anspruchs bleibt die

Logistik-Bilanz inhaltlich überschaubar. In den durchgeführten Fallbeispielen haben die Logistikmanager problemlos und schnell den Zugang zur Logistik-Bilanz gefunden.

10.5.4 Nutzen

Die Logistik-Bilanz schafft Transparenz über das gesamte Logistiksystem. Die Darstellung ist übersichtlich durch die Gliederung in nur vier Bereiche: Logistisches Eigenkapital, Fremdkapital, Anlagevermögen und Umlaufvermögen (vgl. Abb. 10.11).

- Mit der Logistik-Bilanz gelingt es noch besser, die Synergien in der Logistik aufzudecken und auszuschöpfen. Zum Beispiel: Logistiksynergien zwischen Produktsparten, zwischen Absatzmärkten (indem beispielsweise ein überlegenes Distributionskonzept auf weitere Absatzmärkte übertragen wird) oder auch zwischen Logistikfunktionen (z. B. die Nutzung des Wissens über JIT für ECR). Ein plakatives Anschauungsbeispiel für ungenutzte Synergien gab uns ein Unternehmen. In diesem nahm der Vertriebsleiter einen neuen Logistik-Dienstleister für distributionslogistische Aufgaben unter Vertrag, dem kurz davor wegen mangelnder Leistungsqualität in der Beschaffungslogistik durch den Leiter Beschaffung der Vertrag aufgekündigt wurde.
- Verbesserungen des Logistiksystems setzen zumeist an einzelnen Prozessen, Prozessketten oder Logistikbereichen an. In den Entwicklungsprojekten oder Investitionsvorhaben ist man bemüht, alle wichtigen Auswirkungen, Haupt- und Nebeneffekte zu analysieren und zu bewerten. Die Logistik-Bilanz ermöglicht es aus einer ganzheitlichen Perspektive diese Analyse- und Bewertungsaufgaben in noch höherer Qualität durchzuführen, sodass noch früher wenig erfolgsträchtige Vorhaben erkannt bzw. gar nicht erst angegangen werden.
- Die Logistik-Bilanz unterstützt eine ganzheitliche Optimierung der Logistik, wie sie bisherige Logistikinstrumente und -konzepte nicht leisten (Optimierung schließt Innovationen ein). Diese ganzheitliche Optimierung erreichen wir in der Logistik-Bilanz durch 1) eine Optimierung innerhalb der Bilanzbereiche (Logistisches Eigenkapital, Fremdkapital ...); 2) zwischen den Bilanzbereichen (z. B. zwischen der Outsourcing-Strategie und der Logistikperformance); 3) zwischen der Logistik-Bilanz und der Unternehmensbilanz (z. B. Wirkungen der Produktionsdurchlaufzeit auf die Liquidität des Unternehmens).
- Die Logistik-Bilanz stellt das Thema Logistik im Unternehmen auf eine neutrale Diskussions- und Managementplattform. Hier kommt die Stärke der Unternehmensbilanz als ein Instrument, das im Prinzip alle angeht, zur Wirkung. Ein weiterer Aspekt dieser Stärke bezieht sich auf die Vertrautheit mit den Bilanzkategorien. Der Zugang zur Logistik für Führungskräfte außerhalb der „Logistikfachwelt“ wird so erleichtert. Die Logistik-Bilanz kann einen großen Beitrag leisten, damit Logistik als eine Handlungsmaxime des gesamten Vorstands- und Geschäftsführungsteams gelebt wird.
- Die Logistik-Bilanz unterstützt die operative Planung und Umsetzung sowie die strategische Planung (Strategiefindung) und Umsetzung. Das Gewicht liegt

auf der strategischen Dimension („Doing the right things" hat potenziell eine größere Erfolgswirkung gegenüber „Doing things right").

- Durch die Anwendung der Logistik-Bilanz sollte es gelingen, den strategischen Erfolgsfaktor Logistik noch besser für das Unternehmen zu erschließen. Wir stützen uns in unserer Aussage auf die unmittelbarer werdenden Beziehungen zwischen Logistik, Unternehmensbilanz und unternehmerischen Erfolgsgrößen.

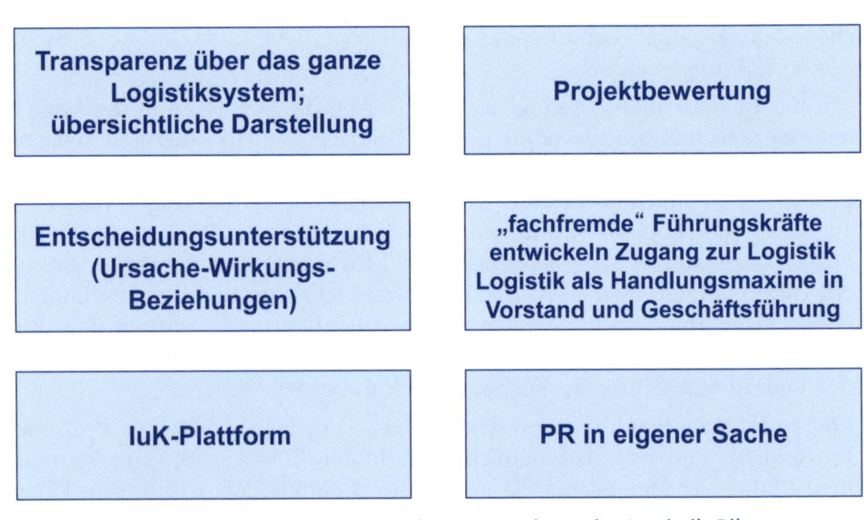

Abbildung 10.11: Nutzen aus der Anwendung der Logistik-Bilanz

Die Logistik-Bilanz verstehen wir als ***„Moving concept"***. Das Konzept ist offen für Variationen, so dass je nach Bedarf und Branchenperspektive die einzelnen Inhalte auch unterschiedlich gewichtet und durch spezifische Aspekte ergänzt werden können. Die Einführung einer Logistik-Bilanz kann mit jeder Bilanzposition beginnen. Von jedem Startpunkt aus können die Verbundbeziehungen hergestellt und Schlüsse für die richtigen Wege gezogen werden.

10.6 Experteninterview

Dr. Thorsten Thomé ist Manager Logistic/Purchasing der Federal-Mogul Sealing Systems GmbH, A Tenneco Group Company.

Sehr geehrter Herr Dr. Thomé, vor nicht allzu langer Zeit berichteten Sie vor Studierenden aus dem beruflichen Alltag eines Logistikmanagers. Nach dem Motto: „Das erwartet Sie!" – und das mit großem Erfolg. Bitte geben Sie uns eine Kostprobe aus dem Tag eines Logistikmanagers.

Ein erfüllendes und sinnstiftendes Schaffen eines Logistikers manifestiert sich in der täglich herausfordernden Arbeitsvielfalt und zukunftsträchtigen Gestaltung entlang der gesamten Supply Chain. Logistik hat und erlebt weiter im Bewusstsein der Unternehmensprozesse einen Quantensprung hinsichtlich seiner Bedeutung und Relevanz. So abwechslungsreich, vielfältig und täglich aufs Neue überraschend ein typischer Logistiker Alltag in der Automobilzulieferindustrie auch sein mag; so gibt es doch einen gewissen rote Faden, dem sich letztlich kein Logistiker entziehen kann.

Der Morgen startet mit dem Informationsabgleich ob im Dreischichtbetrieb alle geplanten Aktivitäten über Nacht zu 100 Prozent erfüllt wurden; ebenso ob und wie sich die über Nacht eingespielten Kundenbedarfe verändert haben und ob die Materialbeschaffungsseite soweit „sauber" ist. So vorbereitet quasi als „Datenkrake" geht es in die Frühbesprechnung mit Produktionsleitung; Qualitätsleitung und Instandhaltungsleitung. Das so begonnene „Tagesgeschäft" erweitert sich dann mit Rückkopplungen zu den einzelnen logistischen Unterbereichen; Vertriebsdisposition, Einkaufsdisposition, Wareneingang, Lager, Versand. Weitere Besprechungen hinsichtlich Neugeschäft, Produktivitätsprojekten und generellen Steuerungsthemen finden teilweise nahtlos statt. Laufende Reportings hinsichtlich Zielerreichungsgrad sind ständige Wegbegleiter. Zwingend notwendige Produktivitätsprojekte erfordern die Beschäftigung mit potenziellen auch logistischen Innovationen, die mal mehr oder weniger erfolgreich implementiert werden können. Als erfolgreicher Logistiker muss man als „Datenkrake" und „Kommunikationstalent" agieren und permanent alle auftretenden Informationsflüsse kanalisieren und lenkend auf die Unternehmens- bzw. Produktionsprozesse einwirken; wie ein Marionettenspieler der an den einzelnen Fäden zieht.

Welchen Rat geben Sie an Logistik-Interessierte, also an alle, die mit dem Gedanken spielen, in die Logistik einzusteigen?

Wenn man vor einer der „wichtigsten" Lebensentscheidung steht, welchen beruflichen Werdegang man zukünftig einschlagen sollte, erfüllt die Logistik als zukunftsträchtiger und in seiner Relevanz wachsender Bereich, insbesondere auch in Hinblick auf die Sinnhaftigkeit und die Gestaltung einer nachhaltigen Zukunft mannigfaltige und große Erwartungen. Wie kaum ein anderer Bereich ist der logistische Alltag durch eine herausfordernde Arbeitsvielfalt und der Gestaltung einer nachhaltigen Zukunftsfähigkeit geprägt; einem sinnstiftenden Arbeitsleben entsprechend.

Das Thema „Lieferantenbewertung" ist aus dem Alltag eines Logistikmanagers nicht wegzudenken. Welche Empfehlungen können Sie auf der Basis Ihrer reichhaltigen Erfahrungen den Einsteigern in dieses Feld mitgeben?

Permanente Lieferantenbewertungen zur Steuerung und Entwicklung von Lieferanten sind zwingend notwendige Alltagssteuerungselemente für einen Logistiker. Wie auch immer diese in der Vergangenheit ausgeprägt und verfeinert wurden, ist der Bereich der Resilienz in der Lieferantenbewertung nach wie vor unterschätzt; d. h. die lessons learned Prozesse aus der jüngsten Corona Vergangenheit müssen zwingend eingearbeitet werden.

Hinsichtlich Lieferantenbewertungen gibt es keinen „Königsweg" oder was man als state of the art bezeichnen könnte; selbst unsere Kunden, die uns als Lieferant bewerten, wie VW, BMW, Toyota, Daimler, PSA, usw. verwenden zwar alle unterschiedliche Kriterien und Gewichtungen; alle haben jedoch schmerzlich gelernt das Thema Resilienz (Robustheit) in die Bewertung ein- bzw. massiv auszubauen.

Vielen Dank für Ihre wertvollen Einblicke.

10.7 Zusammenfassung

Das operative Logistikmanagement schafft den Brückenschlag zwischen den Logistikstrategien und dem operativen Tagesgeschäft. Hierzu stehen eine Reihe von Instrumenten zur Verfügung. Angefangen bei der Logistikleistungs- und Logistikkostenrechnung, die direkt an den Logistikprozessen ansetzt und relevante Informationen für eine nachhaltige Effizienzverbesserung liefert. Die Informationsqualität wird erhöht mittels Logistikkennzahlen. Neben den bekannten operativen Logistikkennzahlen wie Höhe der Bestände, Reichweite, Umschlagszahl, Lieferzeit, Liefertreue unterstützen Kennzahlen, die direkt aus den Strategien abgeleitet werden, die Umsetzung der Strategien. Die logistische Budgetierung bildet ein Instrument für die Steuerung des Material-, Waren- und Informationsflusses durch alle Prozesse der Supply Chain hindurch, angefangen bei Beschaffung, über Produktion bis hin zur Distribution. Danach werden nicht nur typische Logistikprozesse budgetiert, sondern auch Fertigungsprozesse in Bezug auf deren direkten Einfluss auf die Logistikziele.

Je größer der Beschaffungsumfang und damit der Outsourcinggrad, desto wichtiger wird die Lieferantenbewertung. Einseitige Bewertungen, nur vom Abnehmer aus, führen nicht zum Ziel. Supply Chain Management heißt: gemeinsam diskutieren Zulieferer und Abnehmer geeignete Bewertungskriterien. Vorzugsweise sind dazu auch die Prozesse und Prozessketten offen zu legen. Denn so werden bisher ungenutzte Potenziale in der Hersteller-Lieferanten-Beziehung transparent.

Die Logistik-Bilanz bringt die Performance des ganzheitlichen Logistiksystems auf den Punkt.

Sie verknüpft damit alle Teile der Logistik zu einer Gesamtschau, ähnlich wie die klassische Unternehmensbilanz das für ein Unternehmen leistet. Die Logistik ist nur so gut, wie die einzelnen Prozesse in der Supply Chain effektiv und effizient ineinandergreifen. Dabei den Überblick nicht zu verlieren und auf komprimierte Art und Weise den Blick für das Ganze zu haben, das schafft die Logistik-Bilanz.

10.8 Wissens- und Fähigkeitentest

Aufgabe 10.1:

Sie stehen vor der Herausforderung, eine Logistikkostenrechnung im Unternehmen zu implementieren. Wie gehen Sie vor? Nennen Sie kurz die wichtigsten Schritte.

Aufgabe 10.2:

Erklären Sie kurz die logistische Budgetierung.

Aufgabe 10.3:

Geben Sie eine kurze bewertende Einschätzung zur Ableitung von Kennzahlen für das operative Logistikmanagement aus den Logistikstrategien.

Aufgabe 10.4:

Worin sehen Sie die Vorteile einer gemeinsamen Lieferantenbewertung der Partner in der Supply Chain?

Aufgabe 10.5:

Als Projektmanager verlangen Sie von Ihrem Team eine hohe Motivation bei der Implementierung des neuen Instrumentes „Logistik-Bilanz“. Mit welchen Argumenten motivieren Sie ihr Team?

Lösungen

1 Logistikmanagement

Lösungsbeispiel zu Aufgabe 1.1:

A Auftragsmanagement	B Bestände	C Container
D Drohnen	E E-Commerce	F Frachtbörse
G Güterverkehrszentren	H Hangar	I Intralogistik
J Just-in-Time	K Kanban	L Lieferzuverlässigkeit
M Multichannel	N Nachricht senden	O Omnichannel
P Pick-by-Voice	Q Quick Response	R Rücksendung
S Spedition	T Transport	U Umschlagen
V Vendor Managed Inventory	W Warenverteilzentrum	Z Zustellungsoptionen

Lösung zu Aufgabe 1.2:

Lieferzeit

Indem die Logistik alle Wertschöpfungsprozesse (über Transportieren, Umschlagen, Lagern hinaus auch Produktionsprozesse etc.) flussorientiert optimiert, können deutlich kürzere Lieferzeiten erreicht werden.

Lieferzuverlässigkeit

Höhere Transparenz über die gesamte Supply Chain erhöht die Termintreue.

Lieferungsbeschaffenheit

Mittels der Produktionsplanung und -steuerung kann die Logistik auf negative Einflüsse auf die Liefergenauigkeit und den Lieferzustand noch in der Produktionsphase gegensteuernd reagieren.

Lieferflexibilität

Indem die Logistik die Material-, Waren- und Informationsflüsse über die gesamte Supply Chain im Blick hat, eröffnen sich umfangreichere und qualitativ neue Potenziale für ein flexibles Reagieren auf individuelle Kundenwünsche.

Informationsfähigkeit

Tracking and Tracing Systeme können über den Lieferstatus hinaus Einblick in den Auftragsstatus beginnend mit dem ersten Produktionsschritt geben.

Lösung zu Aufgabe 1.3:

Mit Bullwhip-Effekt wird die Aufschaukelung der Nachfrage in unternehmensübergreifenden Supply Chains bezeichnet, beginnend vom Endkunde, über Handel, Hersteller, Zulieferer bis hin zu den Vorlieferanten. Ursache für die Aufschaukelung der Nachfrage, sichtbar an dem Aufbau von Beständen und immer größeren Bestellmengen, war die nur unternehmensinterne Optimierung. Das SCM löst das Problem, da es die Material-, Waren- und Informationsflüsse unternehmensübergreifend zwischen den kooperierenden Unternehmen service- und kostenorientiert optimiert (Weitergabe der Information über die Nachfrage der Endkunden an alle Partner in der Supply Chain sowie abgestimmtes Management der Bestände auf den Wertschöpfungsstufen mit dem Ziel einer Synchronisation von Nachfrage und Angebot).

2 Logistikcontrolling

Lösung zu Aufgabe 2.1:

Konzeptionen des Logistikcontrollings in der zeitlichen Reihenfolge ihrer Entwicklung

Lösung zu Aufgabe 2.2:

Pro-Argumente Beispiele:

- Die direkten Geschäftsbeziehungen und Kontakte erleichtern die Einführung des SCC.
- Im Vorfeld abgestimmte Prozesse z. B. Just-In-Time erleichtern die Implementierung.

- In der Einführungsphase sollte das SCC auf einen überschaubaren Anwendungsbereich begrenzt werden.
- SCC soll effizient sein. Würden alle direkten und indirekten Akteure einbezogen (Netzwerk aller direkten und indirekten Partner) übersteigen die Kosten den Nutzen.

Kontra-Argumente Beispiele:

- Das SCC kann nur für einen Ausschnitt der SC Erfolgspotenziale aufdecken.
- Wichtige Kooperationspartner, die in der Wertschöpfungskette weiter vor- oder nachgelagert agieren, bleiben außen vor.
- Über die direkten Partner hinaus bleibt die Supply Chain intransparent.

Lösung zu Aufgabe 2.3:

Controller übernehmen **Entlastungsaufgaben** z. B.: Bereitstellung von Informationen in Bezug auf die aktuellen Lagerhaltungskosten (Bestandskosten, Lagerhauskosten, Kosten für Ein- und Auslagerungen und Kommissionierung) sowie die Services (Lieferzeit, Lieferzuverlässigkeit, Lieferungsbeschaffenheit, Informationsfähigkeit, Lieferflexibilität); Informationen über infrage kommende Logistikdienstleister; Informationen über zu erwartende Effekte des Outsourcings auf Kostenoptimierung (niedrigere Kapitalbindungskosten; Umwandlung fixer Kosten in variable Kosten und Serviceverbesserung).

Controller übernehmen **Ergänzungsaufgaben**: Alle Aufgaben, für die Controller überlegenes Know-how verfügen. Die individuelle Arbeitsteilung wird durch die Könnensdefizite der Manager bestimmt. Beispiel: Controller übernimmt die Durchführung eines Make-or-Buy-Vergleichs mittels Scoring-Modell (gewichtete Punktbewertung).

Controller übernehmen **Begrenzungsaufgaben** zur Vermeidung von opportunistischen Entscheidungsverhalten, z. B. Entscheidungsalternativen an den Unternehmenszielen messen, damit individuelle Interessen in den Hintergrund rücken.

3 Logistiksysteme

Lösung zu Aufgabe 3.1:

- Single Sourcing oder Dual Sourcing für Module, kombiniert mit Local Sourcing und JIT-/JIS-Bereitstellung
- Multiple Sourcing für Standardteile bzw. -komponenten), kombiniert mit Global Sourcing und Lagerhaltung bei niedrigwertigen Teilen
- Internal Sourcing bei hoher Arbeitsteilung und Vernetzung zwischen Hersteller und Zulieferer
- Beschaffung im Bedarfsfall bei selten benötigten Material- und Teilearten

Lösung zu Aufgabe 3.2:

Effekte: Verkürzung der Lieferzeit, Erhöhung der Lieferzuverlässigkeit (Termintreue), Kundenbindung, Neukundengewinnung, Reduzierung der Bestände an Fertigwaren

Einsatz: wenn die Kunden kurze Lieferzeiten zum Kaufkriterium machen und in die Produktarten und -varianten ein hoher Anteil von Gleichteilen einfließt

Lösung zu Aufgabe 3.3:

Beispiele zur logistischen Bewältigung des wachsenden Paketaufkommens:

- Einrichtung mobiler Mikrodepots in den Großstädten,
- Rollende Paketstationen zur saisonalen Erweiterung der Kapazitäten
- KEP-Dienstleister betreiben gemeinsame Umschlagterminals am Stadtrand und kooperieren bei den Anlieferverkehren in den Innenstädten (so wird ein Kunde bzw. eine Filiale nicht achtmal pro Tag von unterschiedlichen KEP-Diensten angefahren)
- Poststellen in Unternehmen für die Annahme von Paketen ihrer Mitarbeiter erweitern
- Unterirdische Rohrleitungssysteme zur Paketbeförderung
- Crowd Shipping

4 Logistikdienstleister

Lösung zu Aufgabe 4.1:

Folgende Merkmale logistischer Leistungen sind zu berücksichtigen:

- **Logistikdienstleistungen sind an externe Faktoren gebunden.**
  Jedes Outsourcing logistischer Leistungen setzt eine Mindestaktiviertheit des Nachfragers im Leistungserstellungsprozess des Logistikdienstleisters voraus. Daraus folgt, dass mit jedem Outsourcing auch über den Aktivitätsgrad des Nachfragers zu entscheiden ist.

  Ein Zurückführen des Aktivitätsgrads des Nachfragers (z. B. von 50 Prozent Wertschöpfungsanteil auf 5 Prozent) erhöht den Outsourcing-Grad. Umgekehrt ist eine Erhöhung des Aktivitätsgrads des Nachfragers als Insourcing zu interpretieren.
- **Logistische Leistungen sind immaterielle Leistungen.**
  Gegenüber Sachgütern, die man anfassen, wiegen und messen kann, stellt sich die Bewertung immaterieller Leistungen vielschichtiger und komplexer dar; ein weiterer Aspekt, der auf das In-/Outsourcing Einfluss nimmt. Möglicherweise entscheiden sich Verlader deshalb bei kritischen Logistikleistungen wieder für ein Insourcing.
- **Logistikleistungen sind nicht lagerfähig.**
  Aus der Eigenschaft der Nichtlagerfähigkeit logistischer Leistungen folgt eine hohe Empfindlichkeit der Logistikdienstleister gegenüber Nachfrageschwan-

kungen. Logistikdienstleister reagieren darauf mit der Bildung kooperativer Logistikservicenetzwerke. Logistikdienstleisterkooperationen führen einen Ausgleich der unterschiedlichen Spitzenlast zwischen Kooperationspartnern herbei.

Daraus folgt eine hohe Bedeutung von Logistikdienstleisternetzwerken. Das hebt das In- /Outsourcing der Verlader auf eine erweiterte Ebene, indem sie an kooperative Logistiknetzwerke Leistungen vergeben. Damit steigt die Komplexität der In-/Outsourcing-Entscheidung.

Lösung zu Aufgabe 4.2:

In einem Stückgutnetzwerk arbeiten Speditionen als Versand- und Empfangsspeditionen zusammen. Jede Spedition ist für ein definiertes geografisches Gebiet zuständig.

Die Versandspedition holt flächendeckend in ihrem regionalen Einzugsgebiet die Stückgüter von den Versendern zum Umschlagterminal vor (Flächenverkehr). Hier werden die Sendungen nach Empfangsregionen sortiert und für den Hauptlauf zu den Empfangsspeditionen gebündelt (Streckenverkehr).

Angekommen im Zielgebiet rollt die Empfangsspedition die Stückgüter zu den Empfängern aus. Dabei geht mit dem Ausrollen zugleich ein Einsammeln von Sendungen einher. Insofern fungiert jede Netzwerkspedition sowohl als Versand- als auch als Empfangsspedition.

Typische Ausgestaltungsformen der Stückgutnetze:

- direkte Vernetzung der Versand- und Empfangsbetriebe
- indirekte Vernetzung der Versand- und Empfangsbetriebe über ein oder mehrere HuBs
- die Kombination direkter und indirekter Vernetzung
- mehrstufige HuB-Struktur des Stückgutnetzes

5 Plattformen in Transport und Logistik

Lösung zu Aufgabe 5.1:

- Schnelligkeit (z. B. schnelle Buchung);
- Hohe Transparenz (z. B. Verbleichbarkeit von Leistungen und Preisen)
- Hohe Effizienz (bessere Auslastung der Kapazitäten)

Lösung zu Aufgabe 5.2:

Alle physischen Logistikleistungen (z. B. Lagerleistungen, Verpackungsleistungen), die zu einem relativ hohen Maße standardisierbar sind.

Lösung zu Aufgabe 5.3:

Pro-Argumente (Beispiele): gegenseitiges Lernen; als Beginn für eine bezweckte enge Kooperation; Auslastung freier Kapazitäten; höhere Effizienz

Contra-Argumente (Beispiele): Umschlagterminals als wertvolle Ressource; potenzielle Kundenabwanderung; niedrige Preisakzeptanz unter digitalen Speditionen

6 Visionäres Logistikmanagement

Lösung zu Aufgabe 6.1:

Kernaufgaben der Logistikcontroller bei der Entwicklung einer Vision (Beispiele):

- Bereitstellung eines geeigneten Vorgehenskonzepts für die Logistikvisionsfindung (z. B. Vorgehenskonzept „Sieben Schritte zur Logistikvision")
- Schulung der Mitglieder des Logistikvisionsteams für die Anwendung des Vorgehenskonzepts (Logistikcontroller als Trainer)
- Moderation des Prozesses der Logistikvisionsfindung
- Unterstützung bei der Umsetzung der Logistikvision in Logistikstrategien

Lösung zu Aufgabe 6.2:

Externes Logistik-Szenario, auf das sich die Gründungsvision FedEx stützt:

- Prosperierende Entwicklung ist in den USA gegeben.
- Das Aufkommen zeitkritischer Luftfracht in USA und weltweit nimmt rasant zu.
- Ein speziell für zeitkritische Luftfracht ausgelegtes Netz existiert vor Gründung von FedEx nicht.
- Der Zeitfaktor bildet sich als dominierender Wettbewerbsfaktor heraus.
- Keine ernst zu nehmenden Konkurrenten für einen absehbaren Zeitraum sind in Sicht.
- Der bis zur Gründung von FedEx praktizierte Transport zeitkritischer Luftfracht mittels Passagierflugzeuge kann weder das zunehmende Aufkommen an eiliger Luftfracht noch die wachsenden Ansprüche an immer kürzere Laufzeiten (flächendeckende Über-Nacht-Zustellung) bewältigen.
- Technisch ausgereifte Fluggeräte stehen zur Verfügung.
- Der Liberalisierungsprozess des amerikanischen Luftfrachtmarkts hat begonnen.
- Der Zugang zum Erhalt von Konzessionen für die Beförderung zeitkritischer Luftfracht ist gegeben.
- Verkehrs- und Landerechte sind erwerbbar.

Lösung zu Aufgabe 6.3:

- Luftfrachtnetz von FedEx

  a) Ausgangssituation

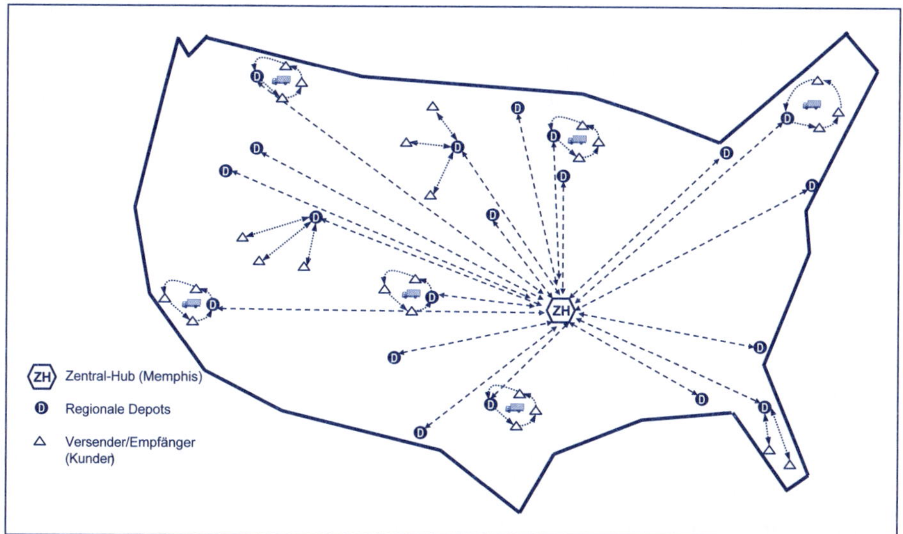

Abbildung L 6.3a: Gründungsvision des Hub-&-Spoke-Netzwerks von Federal Express

  b) die aktuelle Situation

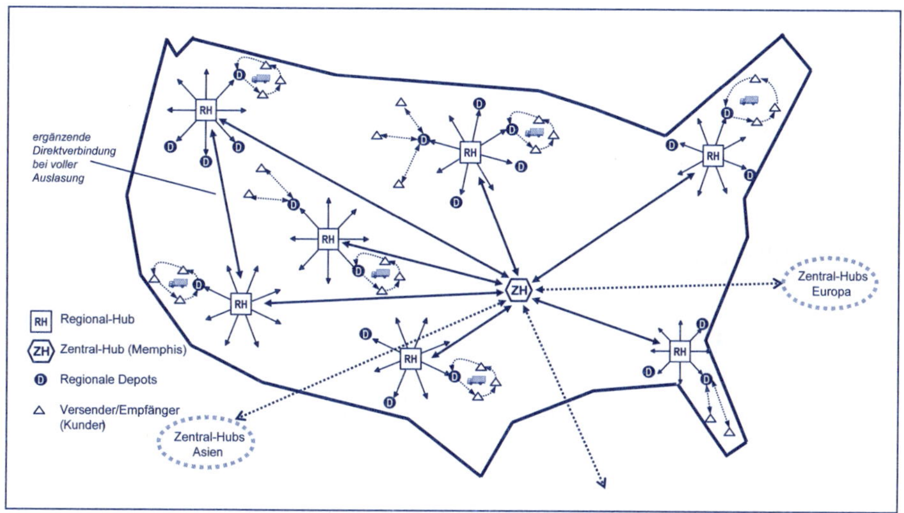

Abbildung L 6.3b: Weiterentwicklung des Hub-&-Spoke-Netzwerks von Federal Express

Begründung unter direkten Bezug auf die Strukturdimensionen:

- **Arbeitsteilung:** Klare Zuordnung der Prozesse für Depots, regionale Hubs, Zentral-Hubs.
  - Depots
    Holen mit Lkw Sendungen von Geschäfts- oder Privatkunden zu den Depots vor (Vorholen der Sendungen von den Versendern) und rollen Sendungen zu den Empfängern aus (Ausrollen). Umschlagen und Bündelung der Sendungen und Weitertransport per Flugzeug 1) zu dem regionalen Hub im Einzugsgebiet oder 2) bei hohen Sendungsaufkommen direkt zu den Empfangshub oder -depot.
  - regionale Hubs
    Eingang der Sendungen von den geografisch nahen Depots; Umschlagen, Sortieren der Sendungen und Bündelung für Hauptläufe zum Zentral-Hub; teilweise bei großer Sendungsmenge auch Direktverkehre zu empfangenden regionalen Hubs
  - Zentral-Hub
    Umschlag, Sortieren der Sendungen nach Zielorten, Bündelung der Sendungen und Fertigmachen für den Flug zu den empfangenden regionalen Hubs sowie bei großer Sendungsmenge auch Direktrelationen zu Depots; weltweite Vernetzung zwischen Zentral-Hubs in den Weltregionen.
- **Kooperationsform:** langfristige Zusammenarbeit im Konzernnetzwerk
- **Art der Leistungsbeziehungen:** Zwischen Depots, regionalen Hubs und Zentral-Hubs bestehen wechselseitige Beziehungen.
- **Intensität der Leistungsbeziehungen:** hohe Intensität
- **vertikale und horizontale Führungsautonomie:** umfassende Übertragung von operativen Führungskompetenzen an die Manager in Depots und regionalen Hubs; strategische Entscheidungen (z. B. Weiterentwicklung des Hub-&-Spoke-Systems durch die Muttergesellschaft)
- **Koordination:** Eine Vision mit starker Koordinationswirkung reduziert den Koordinationsaufwand.

7 Logistik-Future-Stories

Lösung zu Aufgabe 7.1:

Gemeinsamkeiten (Auswahl):

- beide Vorgehen sind zielführend auf dem Weg von der Gegenwart in die Logistikzukunft
- bei beiden hängt das Ergebnis von der Auswahl und Zusammensetzung des Experten-/Projektteams ab
- beide Vorgehen zeigen die Machbarkeit von Zukunftsstudien binnen kurzer Projektlaufzeit

Unterschiede (Auswahl):

- das Konzept „Sieben Schritte zur Logistikvision" besitzt eine starke wissenschaftliche Basis (Theoriebasis) – das Logistik- bzw. Fließsystemmodell. Dieses Modell ist dem Vorgehenskonzept zugrunde gelegt und wird streng angewandt.
- Im Unterschied dazu, ist das davon abgeleitete modifizierte Vorgehen für die Unternehmenspraxis zugänglicher, weil pragmatischer.
- Ein weiterer Unterschied betrifft die Anwendungsempfehlung:
  1) Das konsequent wissenschaftlich-theoretische Vorgehen ist vor allem für Projektteilnehmer aus der Wissenschaft zu empfehlen; das pragmatische Konzept eher für Projektteilnehmer aus der Unternehmenspraxis.
  2) Das pragmatische Konzept eignet sich in Unternehmen und Supply Chains besonders für den Einstieg in Zukunftsprojekte, also für erste Projekte. Begründung: Die Projektteilnehmer müssen keine Kenntnisse über das Logistik-/Fließsystemmodell besitzen. Der Formalisierungsgrad ist deutlich niedriger.
  3) Das pragmatische Konzept als Beginner für eine tiefere Beschäftigung mit Zukunftsfragen in Unternehmen und Supply Chains bereitet den Einstieg in die Anwendung „Sieben Schritte zur Logistikvision".

Lösung zu Aufgabe 7.2:

Die Antworten sind natürlich individuell. Nehmen Sie sich die Zeit, und bringen Ihre eigenen Statements zu den Kernbotschaften aufs Papier. Diskutieren Sie Ihre Statements mit Kollegen/-innen im Unternehmen und im kooperativen Unternehmensverbund.

8 Strategisches Logistikmanagement

Lösung zu Aufgabe 8.1:

Die Logistikvision bildet das wünschenswerte und realistische Zukunftsbild über die logistischen Strukturen und Prozesse des unternehmensweiten und unternehmensübergreifenden Wertschöpfungssystems. Sie gibt der Logistikstrategie eine Zukunftsorientierung. Der zeitliche Weitblick der Logistikvision ist in der Regel größer (z. B. zehn, fünfzehn, zwanzig Jahre in die Zukunft) gegenüber dem Strategiehorizont mit häufig fünf Jahren.

Lösung zu Aufgabe 8.2:

Das Entscheidungskriterium sind die Höhe der Transaktionskosten. Transaktionskosten sind Kosten für die Vereinbarung und Kontrolle eines als gerecht empfundenen Leistungsaustauschs zwischen Aufgabenträgern (z. B. Akteure / Unternehmen).

Transaktionskosten gliedern sich in:

- Anbahnungskosten
  (z. B. Kosten der Beschaffung von Informationen über potenzielle Partner)

- Vereinbarungskosten
  (z. B. Kosten für Vertragsverhandlungen und Vertragsabschluss)
- Kontrollkosten
  (z. B. Kosten für Überwachungssysteme in Bezug auf vereinbarte Termine, Qualitäten, Mengen, Preise, Geheimhaltungsabsprachen)
- Anpassungskosten
  (z. B. Kosten für Nachverhandlungen aufgrund veränderter Rahmenbedingungen wie die Durchsetzung von Termin-, Qualitäts-, Mengen- und Preisänderungen)
- Aufhebungskosten
  (z. B. Wertverlust spezifischer Anlagen)

Entscheidungsregel:
Zu bevorzugen ist diejenige Form der Zusammenarbeit, die – unter sonst gleichen Bedingungen (z. B. gleiche Logistikkosten) – die niedrigsten Transaktionskosten verursacht.

Lösung zu Aufgabe 8.3:

Ziele der Strategie Standardisierte Individualleistung:

- kundenspezifische Individualität der Logistikleistungen
- Senkung der Transportkosten
- effizienter Einsatz der Ressourcen
- Senkung der Administrations- und Planungskosten
- Senkung der Transaktionskosten
- Senkung der Forschungs- und Entwicklungskosten
- Verkürzung der Reaktionszeit
- Verbesserung der Qualität der Logistikleistung

Lösung zu Aufgabe 8.4:

Die lokale Strategie ist durch ein Wertschöpfungssystem in jedem Land gekennzeichnet, in dem das Unternehmen am Markt agiert. Die zentrale Zielsetzung bildet das Erreichen von Wettbewerbsvorteilen durch die ausgeprägte lokale Marktnähe.

Bei der einfachen Globalstrategie werden die Wertaktivitäten auf einen (wenige) Standort(e) konzentriert mit dem Ziel, Größendegressionseffekte (Economies of Scale) zu realisieren. Unternehmen mit dieser Strategie setzen im Wettbewerb auf Globalisierungsvorteile.

Die transnationale Strategie ist durch eine Verteilung der Werteaktivitäten auf mehrere Standorte gekennzeichnet, die im Verbund agieren. Die gleichzeitige Realisierung der drei zentralen Zielsetzungen wird verfolgt:

- weltweite Wettbewerbsfähigkeit durch globale Effizienz
- lokale Marktnähe, um im internationalen Geschäft flexibel reagieren zu können
- Innovationen als Ergebnis umfassender Lernprozesse, an denen jede Organisationseinheit beteiligt ist

Lösung zu Aufgabe 8.5:

Eine integrierte Logistikgesamtstrategie kann durch die Kombination folgender Strategieelemente entwickelt werden:

- Strategie umfassende Führungs- und Handlungsautonomie kombiniert mit
- der Spezialisierungsstrategie Konzentration (Konzentration auf Kernkompetenzen und Outsourcing operativer Logistikleistungen),
- der Kooperationsstrategie langfristige Kooperation / strategisches Netzwerk (z. B. langfristige Kooperation mit Kontraktlogistikdienstleistern),
- der Strategie standardisierte Individualleistung (auch Standardisierung oder Individualisierung) (Realisierung kundenindividueller Logistikleistungen bei Anwendung standardisierter Leistungselemente) sowie
- transnationale Strategie (Logistikstandorte auf einige transportoptimale Standorte verteilt, die in einem Netzwerk miteinander verbunden sind).

9 Supply-Chain-Management-Konzepte zur Strategieumsetzung

Lösung zu Aufgabe 9.1:

Zielkategorien des Supply Chain Management	Supply-Chain-Management-Konzepte im Bereich Planung und Steuerung						
			Collaborative Forecasting	Collaborative Planning	Collaborative Planning, Forecasting & Replenish-ment	Available-to-Promise/ Capable-to-Promise	Kanban
	Endkun-dennut-zen	Produktverfügbarkeit	x		x	x	
		kundenspezifische Individualität der Produkte					
		Logistikservice	x		x	x	
	Kosten-vorteile	Senkung der Transportkosten					
		Abbau der Material- u. Waren-bestände	x	x	x	x	x
		möglichst effizienter Einsatz der Ressourcen	x		x	x	
		Senkung der Administrations- u. Planungskosten		x	x		x
		Senkung der Transaktionskosten					x
		Senkung der Forschungs- u. Ent-wicklungskosten					
	Zeitvor-teile	Verkürzung der Durchlaufzeit	x	x	x	x	x
		Verkürzung der Forschungs- u. Entwicklungskosten					
		Verkürzung der Wiederbeschaf-fungskosten		x	x		x
		Verkürzung der Reaktionszeit	x	x	x		
	Qualitäts-vorteile	Verbesserung der Produktqualität					
		Erhöhung des Innovationsgrads der Produkte					
	Flexibili-tätsvor-teile	Flexibilität ggü. externen Einfluss-faktoren	x		x		
		Flexibilität ggü. Nachfrageände-rungen	x	x	x	x	x
		Weiterentwicklungspotenziale der Supply Chain					

Lösung zu Aufgabe 9.2:

Zielkategorien des Supply Chain Managements	Supply-Chain-Management-Konzepte im Bereich Beschaffung		Modular Sourcing	Single Sourcing	Global Sourcing	Just-in-Time / Just-in-Sequence
	Endkundennutzen	Produktverfügbarkeit			x	
		kundenspezifische Individualität der Produkte	x			x
		Logistikservice			x	
	Kostenvorteile	Senkung der Transportkosten		x		
		Abbau der Material- u. Warenbestände	x	x		x
		möglichst effizienter Einsatz der Ressourcen	x	x	x	
		Senkung der Administrations- u. Planungskosten		x		
		Senkung der Transaktionskosten		x		x
		Senkung der Forschungs- u. Entwicklungskosten				
	Zeitvorteile	Verkürzung der Durchlaufzeit	x	x		x
		Verkürzung der Forschungs- u. Entwicklungskosten				
		Verkürzung der Wiederbeschaffungskosten			x	
		Verkürzung der Reaktionszeit	x	x		x
	Qualitätsvorteile	Verbesserung der Produktqualität				
		Erhöhung des Innovationsgrads der Produkte				
	Flexibilitätsvorteile	Flexibilität ggü. externen Einflussfaktoren	x	x	x	
		Flexibilität ggü. Nachfrageänderungen	x	x	x	x
		Weiterentwicklungspotenziale der Supply Chain			x	

Lösung zu Aufgabe 9.3:

Zielkategorien des Supply Chain Management	Supply-Chain-Management-Konzepte im Bereich Produktion		Collaborative Engineering	Postponement	Value-Added Assembly
	Endkundennutzen	Produktverfügbarkeit		x	
		kundenspezifische Individualität der Produkte	x	x	x
		Logistikservice			
	Kostenvorteile	Senkung der Transportkosten			x
		Abbau der Material- u. Warenbestände		x	x
		möglichst effizienter Einsatz der Ressourcen	x	x	x
		Senkung der Administrations- u. Planungskosten			x
		Senkung der Transaktionskosten			
		Senkung der Forschungs- u. Entwicklungskosten	x		
	Zeitvorteile	Verkürzung der Durchlaufzeit		x	x
		Verkürzung der Forschungs- u. Entwicklungskosten	x		
		Verkürzung der Wiederbeschaffungskosten			
		Verkürzung der Reaktionszeit	x	x	x
	Qualitätsvorteile	Verbesserung der Produktqualität	x		x
		Erhöhung des Innovationsgrads der Produkte	x		
	Flexibilitätsvorteile	Flexibilität ggü. externen Einflussfaktoren			x
		Flexibilität ggü. Nachfrageänderungen	x	x	x
		Weiterentwicklungspotenziale der Supply Chain			x

Lösung zu Aufgabe 9.4:

	Supply-Chain-Management-Konzepte im Bereich Distribution						
			Quick Response	Efficient Replenishment	Vendor-Managed Inventory	Cross Docking	Efficient Consumer Response
Zielkategorien des Supply Chain Management	**Endkundennutzen**	Produktverfügbarkeit		x	x		x
		kundenspezifische Individualität der Produkte					x
		Logistikservice			x		x
	Kostenvorteile	Senkung der Transportkosten			x	x	x
		Abbau der Material- u. Warenbestände		x	x	x	x
		möglichst effizienter Einsatz der Ressourcen			x	x	x
		Senkung der Administrations- u. Planungskosten					
		Senkung der Transaktionskosten					
		Senkung der Forschungs- u. Entwicklungskosten					
	Zeitvorteile	Verkürzung der Durchlaufzeit				x	x
		Verkürzung der Forschungs- u. Entwicklungskosten					
		Verkürzung der Wiederbeschaffungskosten		x	x		x
		Verkürzung der Reaktionszeit	x	x	x		x
	Qualitätsvorteile	Verbesserung der Produktqualität					
		Erhöhung des Innovationsgrads der Produkte					
	Flexibilitätsvorteile	Flexibilität ggü. externen Einflussfaktoren					
		Flexibilität ggü. Nachfrageänderungen	x	x	x	x	x
		Weiterentwicklungspotenziale der Supply Chain					

10 Operatives Logistikmanagement

Lösung zu Aufgabe 10.1:

Schritte zur Einführung einer Logistikkostenrechnung:

- Transparenz über die Logistikprozesse schaffen
- Analyse der einzelnen Logistikprozesse in Bezug auf Leistungen und Kosten
- Auswahl der jeweils repräsentativen Leistung je Prozess und Definition der Messgröße für die Leistung (z. B.: innerbetrieblicher Transport messen mit der Anzahl transportierter Paletten). Damit definieren Sie die cost driver (Kostentreiber)
- Überarbeitung des Kostenstellenplans, indem prozessorientierte Kostenstellen gebildet werden
- Ermittlung der Prozesskosten
- Ermittlung der Prozesseffizienz mittels Leistungs-Kosten-Relationen
- Abschließende Implementierung der prozessorientierten Logistikkostenrechnung auf Kostenstellenebene und gegebenenfalls auch auf Kostenträgerebene.

Lösung zu Aufgabe 10.2:

Die logistische Budgetierung erstreckt sich auf alle Prozesse des Wertschöpfungssystems. Ihr liegt eine Gliederung der Wertschöpfungsprozesse in: 1) physische Logistikprozesse, 2) Logistikführungsprozesse und 3) logistikaffine Prozesse (z. B. F&E-Prozesse, Fertigungsprozesse) zugrunde. Die Bildung der Kostenbudgets für diese Prozesse nimmt unmittelbar Bezug auf den Beitrag der Prozesse zur Erfüllung der Logistikziele (z. B. die Einhaltung kurzer Fertigungsdurchlaufzeit unterstützt kurze Lieferzeit). Es handelt sich um eine outputorientierte Budgetierung, indem die Logistikziele (bzw. der Prozessbeitrag auf die Erfüllung der Logistikziele) Ausgangspunkt für die Festlegung der Kostenbudgets ist. Die logistische Budgetierung setzt eine prozessorientierte Logistikkostenrechnung voraus.

Lösung zu Aufgabe 10.3:

Direkt aus den Logistikstrategien abgeleitete Kennzahlen unterstützen die gezielte Umsetzung der Strategien. Dabei werden die Ziele der einzelnen Logistikstrategiearten heruntergebrochen auf das jeweilige Geschäftsjahr. Zum Beispiel: Erhöhung JIS-Anteil für Module auf 80 Prozent in den kommenden fünf Jahren, im ersten Jahr auf 50 Prozent. Die Logistikstrategien bleiben über den direkten Bezug zu den operativen Kennzahlen nicht länger strategische Wunschvorstellungen, sondern sind fest verankert im operativen Tagesgeschäft.

Lösung zu Aufgabe 10.4:

Vorteile wenn Zulieferer und Hersteller gemeinsam die Lieferantenbewertung durchführen (Beispiele):

- stärkt die partnerschaftliche Zusammenarbeit in der Supply Chain
- Know-how und Fähigkeiten von beiden Seiten werden zur Wirkung gebracht

- Aufdeckung von Kostensenkungs- und Nutzensteigerungspotenzialen auf beiden Seiten
- Problemfelder werden offen diskutiert und einer Lösung zugeführt
- Aufbau von Vertrauen
- Einfluss auf die Erweiterung der kooperativen Zusammenarbeit

Lösung zu Aufgabe 10.5:

Motivierende Argumente für die Logistik-Bilanz-Implementierung (Beispiele):

- die Logistik-Bilanz bringt den Wert der Logistik für das Unternehmen auf den Punkt
- die Logistik-Bilanz wendet die Sprache des Vorstands und Geschäftsführung an, so dass es auch bei nicht Insidern der Logistik schnell verstanden wird
- die Logistik-Bilanz verknüpft alle Teile der Logistik zu einem Ganzen
- die Logistik-Bilanz trägt zu einem höheren Verständnis für Logistik auf der Vorstands- und Geschäftsführungsebene bei
- die Logistik-Bilanz hebt den Stellenwert der Logistik im Unternehmen, indem die Logistik umfassender wahrgenommen wird
- die Logistik-Bilanz erhöht die Qualität der Zusammenarbeit zwischen allen Beschäftigten in der Logistik

Literaturverzeichnis

Ansoff, H. I. (1976): Managing Surprise and Discontinuity – Strategic Response to Weak Signals, in: Zeitschrift für betriebswirtschaftliche Forschung, 28. Jg. (1976), S. 129–152.

Bacher, A. (2004): Instrumente des Supply Chain Controllings. Theoretische Herleitung und Überprüfung der Anwendbarkeit in der Unternehmenspraxis, Wiesbaden 2004.

Bartlett, C. A./Ghoshal, S. (1990): Internationale Unternehmensführung: Innovation, globale Effizienz, differenziertes Marketing, Frankfurt a. M., New York 1990.

Beyond Budgeting Roundtable (2012): Beyond Budgeting Principles, in: www.bbrt.org.

Bleicher, K. (1999): Das Konzept Integriertes Management, 5. Aufl., Frankfurt a. M., New York 1999.

Bornemann, H. (1986): Bestände-Controlling, Wiesbaden 1986.

Bowersox, D.J./Closs, D.J./Cooper, F.M./Bowersox, J.C. (2020): Supply Chain Logistics Management. Fifth Edition, New York 2020.

Bowersox, D. J./Closs, D.J./Cooper, B.M. (2010): Supply Chain Logistics Management, Third Edition, New York 2010.

Brandenburg, H./Oelfke, D./Waschkau, S. (2020): Güterverkehr – Spedition – Logistik, Leistungserstellung in Spedition und Logistik, 44. Aufl., Köln: Bildungsverlag EINS/Westermann Gruppe.

Braun, D. (2012): Von welchen Supply-Chain-Management-Maßnahmen profitieren Automobilzulieferer? Eine Wertorientierte Analyse an der Schnittstelle zwischen Zulieferer und Automobilhersteller, Wiesbaden 2012.

Bundesnetzagentur (2017): Digitale Transformation in den Netzsektoren. URL: https://www.bundesnetzagentur.de/SharedDogs/Downloads/DE/Sachgebiete/Telekommunikation/Unternehmen_Institutionen/Digitalisierung/Grundsatzpapier/Digitalisierung.pdf?_blob=publicationFile&v=3 (Stand: 26.03.2021).

Christopher, M. (2005): Logistics and Supply Chain Management. Creating Value-Added Networks, Third Edition, Harlow, London, New York 2005.

Corsten, H./Gössinger, R. (2015): Dienstleistungsmanagement. 6. Aufl., München 2015.

Choudary, S. P./Alstyne, M. W./Parker, G. (2017): Die Plattform-Revolution im E-Commerce. Von Airbnb, Uber, Pay Pal und Co. Lernen. Wie neue Plattform-Geschäftsmodelle die Wirtschaft verändern, Wiesbaden 2017, S. 27–43.

Dambrowski, J. (1986): Budgetierungssysteme in der deutschen Unternehmenspraxis, Darmstadt 1986.

Dehler, M. (2001): Entwicklungsstand der Logistik. Messung, Determinanten, Erfolgswirkungen, Wiesbaden 2001.

Diederich, H. (1986): Entwicklung und Stand der Verkehrsbetriebslehre, in: Zeitschrift für Betriebswirtschaft, 56. Jg. (1986), S. 51–88.

Daimler (2021): Der Mercedes-Benz Vision Van. Intelligent vernetztes Zustellfahrzeug der Zukunft. URL: https://www.daimler.com/innovation/specials/visionvan/ (Stand: 08.02.2021).

ECR (2021): ECR Community, URL: https:www.ecr-community.org/ (Stand: 08.02.2021).

Freimuth, J. (1987): Controlling und Unternehmenskultur – paradoxe Reaktionen bei der Unternehmenssteuerung, in: Organisationsentwicklung 1987, S. 15–29.

Froschmayer, A./Göpfert, I. (2010): Logistik-Bilanz. Erfolgsmessung neuer Strategien, Konzepte und Maßnahmen, 2. Aufl., Wiesbaden 2010.

Göpfert, I. (2022): Ein Zukunftsmodell für die Handelslogistik im Jahr 2036, in: Göpfert, I. (Hrsg.): Logistik der Zukunft – Logistics for the Future, 9., akt. u. erw. Aufl., Wiesbaden 2022, S. 283–308.

Göpfert, I. (2021): Logistikmanagement. In-/Outsourcing logistischer Leistungen, Studienbrief 4.03 LOG, Hamburger Fern-Hochschule HFH 2021.

Göpfert, I. (2021a): Logistikmanagement. Logistikcontrolling, Studienbrief 4.04 LOG, Hamburger Fern-Hochschule HFH 2021.

Göpfert, I. (2013): Logistik. Führungskonzeption und Management von Supply Chains, 3. Aufl., München 2013.

Göpfert, I. (2004a): Einführung und Weiterentwicklung des Supply Chain Managements, in: Busch, A./Dangelmaier, W. (Hrsg.): Integriertes Supply Chain Management. Theorie und Praxis effektiver unternehmensübergreifender Geschäftsprozesse, 2. Aufl., Wiesbaden 2004, S. 25–45.

Göpfert, I./Seeßle, P. (2022): Innovative Startups in der Logistikbranche – Betrachtung der aktuellen Marktentwicklungen und Querschnittsanalyse der Logistik-Startup-Landschaft, in: Göpfert, I. (Hrsg.): Logistik der Zukunft – Logistics for the Future, 9., akt. u. erw. Aufl. 2022, S. 283–308.

Göpfert, I./Wellbrock, W. (2019): Ein Leitfaden für die Entwicklung innovativer Supply-Chain-Management-Konzepte, in: Göpfert, I. (Hrsg.): Logistik der Zukunft – Logistics for the Future, 8. Aufl., Wiesbaden, S. 473–516.

Göpfert, I./Schulz, M. (2013): Strategien des Variantenmanagements als Bestandteil einer logistikgerechten Produktentwicklung – Eine Untersuchung am Beispiel der Automobilindustrie, in: Göpfert, I./Braun, D./Schulz, M. (Hrsg): Automobillogistik. Stand und Zukunftstrends. 2. Aufl., Wiesbaden, S. 193–205.

Göpfert, I./Grünert, M./Schmid, N.A. (2016): Logistiknetze der Zukunft – Das neue Hersteller-Zulieferer-Verhältnis in der Automobilindustrie, in: Göpfert, I. (Hrsg.): Logistik der Zukunft – Logistics for the Future, 7. Aufl., Wiesbaden 2016, S. 175–217.

Grimmer, H. (1980): Budgets als Führungsinstrument in der Unternehmung, Frankfurt a. M. 1980.

Groll, M. (2004): Koordination im Supply Chain Management. Die Rolle von Macht und Vertrauen, Wiesbaden 2004.

Hamel, G./Prahalad, C.K. (1994b): Competingfor the future, Boston, Mass., 1994.

Hammer, R. M./Hinterhuber, H. H./Kutis, P./Turnheim, G. (Hrsg.,1993): Strategisches Management global. Unternehmen – Menschen – Umwelt erfolgreich gestalten und führen, Wiesbaden 1993.

Handelsblatt (2019): Diese drei Gefahren bedrohen Ubers Geschäftsmodell. In: Handelsblatt v. 9.12.2019, o. V., URL: https://www.handelsblatt.com/finanzen/

maerkte/aktien/fahrdienstleister-diese-drei-gefahren-bedrohen-ubers-geschäftsmodell/25314182.html (Stand: 22.03.2021).

Hauschildt, J. (1987): Schaffung von Handlungsspielraum durch Organisation und Controlling?, in: Krumnow, J./Metz, M. (Hrsg.): Rechnungswesen im Dienste der Bankpolitik, Stuttgart 1987.

Herbst, Th./Wilde, A. (2019): evan.network – die neue Art der Vernetzung, in: Göpfert, I. (Hrsg.): Logistik der Zukunft – Logistics for the Future, 8. Aufl., Wiesbaden 2019, S. 281–305.

Hewitt, F. (1994): Supply Chain Redesign, in: The International Journal of Logistics Management, 5. Jg. (1994), Heft 2, S. 1–9.

HHLA (2020): Selbst ist der Truck. In: HHLA-Online-Magazin „Das Tor zur Zukunft". URL: https://hhla.de/magazin/selbst-ist-der-truck (Stand: 22.03.2021).

Homburg, Chr. (2020): Marketingmanagement, 7. Aufl., Wiesbaden 2020.

Horváth, P. (1998): Controlling, 7. Aufl., München 1998.

Horváth, P. (2011): Controlling, 12. Aufl., München 2011.

Horváth, P./Gleich, R./Seiter, M. (2019):Controlling. 14., vollst. überarb. Aufl., München 2019.

Ihde, G. B. (1987): Stand und Entwicklung der Logistik, in: Die Betriebswirtschaft, 47. Jg. (1987), S. 703–716.

IHK Mittlerer Niederrhein (2019): Handbuch: Mikrodepots im interkommunalen Verbund. Erarbeitet durch Fraunhofer Institut und Agiplan GmbH. URL: https://www.ihk-krefeld.de/de/media/pdf/verkehr/final_ihk_studie-city-hubs_191104.pdf (Stand: 19.03.2021).

Jordan, Th. (2019): Wasserstoff – Der Energiespeicher für die Energiewende? In: Universität Karlsruhe, Institut für Kern- und Energietechnik, Vortragsreihe WS 2019/20, v. 03.12.2019, URL:https://primo.bibliothek.kit.edu/primo_library/libweb/action/search.do?vid=KIT&tab=kit_evastar&srt=date (Stand: 22.03.2021).

Jung, K.-P. (1999): Zukunftsforschung in der Logistik. Konzeptioneller Entwurf und Konkretisierung am Beispiel der deutschen Automobilindustrie, Wiesbaden 1999.

Jung, K.-P./Klibi, K. (2022): Der digitale Zwilling in der Supply Chain – mehr als ein Software-Produkt, in: Göpfert, I. (/Hrsg.): Logistik der Zukunft – Logistics for the Future, 9., akt. u. erw. Aufl., Wiesbaden 2022, S. 169–184.

Kieser, A./Kubicek, H. (1992): Organisation, 3. Aufl., Berlin, New York 1992.

Kersting, R. (2019): Logistik und Zukunftsforschung. Entwicklungsstand, methodische Designs und praktische Anwendung am Beispiel der konsumentengerichteten Distributionslogistik, Dissertation Philipps-Universität Marburg, Berlin 2019.

Klaus, P. (2006): „Drei-minus" für ein Seminarpapier – Milliarden für das „Nabe-Speiche"-Konzept, in: Göpfert, I./Froschmayer, A. (Hrsg.): Logistik-Stories. Expertenwissen mit Unterhaltungswert, 2. Aufl., München 2006.

Klaus, P. (1993): Die dritte Bedeutung der Logistik, Nürnberger Logistik-Arbeitspapier Nr. 3, Universität Erlangen-Nürnberg, Mai 1993.

Konrad, G. (2005): Theorie, Anwendbarkeit und strategische Potenziale des Supply Chain Management, Wiesbaden 2005.

Kotzab, H./Lienbacher, F. (2010): Efficient Consumer Response – Marketing-logistisches Kooperationsmanagement, in: Schönberger, R./Elbert, R. (Hrsg.):

Dimensionen in der Logistik. Funktionen, Institutionen und Handlungsebenen. Wiesbaden 2010, S. 357–371.

Krings, M./Wollenburg, J. (2022): Herausforderungen für das Supply Chain Management im Omnichannel-Handel, in: Göpfert, I. (Hrsg.): Logistik der Zukunft – Logistics for the Future, 9., akt. u. erw. Aufl., Wiesbaden 2022, S. 219–246.

Krog, E. H./Jung, K.-P. (2000): Logistische Zukunftsforschung aus Sicht eines Automobilherstellers – am Beispiel der Wachstumsregion Südamerika, in: Göpfert, I. (Hrsg.): Logistik der Zukunft – Logistics for the Future, 2. Aufl., Wiesbaden 2000, S. 159–175.

Küpper, H.-U. (1997): Controlling-Konzeption, Aufgaben und Instrumente, 2. Aufl., Stuttgart 1997.

Küpper, H.-U./Friedl, G./Hofmann, C./Hofmann, Y./Pedell, B. (2013): Controlling: Konzeption, Aufgaben und Instrumente. 6. Aufl., Stuttgart 2013.

Küpper, H.-U./Weber, J./Zünd, A. (1990): Zum Verständnis und Selbstverständnis des Controlling. Thesen zur Konsensbildung. In: Zeitschrift für Betriebswirtschaft, Jg. 60 (1990). H. 3, S. 281–293.

Lange, C. (2008): Wertschöpfung, in: Corsten, H./Gössinger, R. (Hrsg.): Lexikon der Betriebswirtschaftslehre, 5. Aufl., München u. a. 2008, S, 899–903.

Lietke, B. (2009): Efficient Consumer Response. Eine agency-theoretische Analyse der Probleme und Lösungsansätze, Wiesbaden 2009.

Männel, W. (1989): Logistik-Controlling im System der Kosten- und Leistungsrechnung, in: Bundesvereinigung Logistik e. V. (Hrsg.): Deutscher Logistik-Kongress '89, Logistik: Fundament der Zukunft, München 1989, S. 928–948.

Marbacher, A. (2001): Demand&Supply Chain Management. Zentrale Aspekte der Gestaltung und Überwachung unternehmensübergreifender Leistungserstellungsprozesse betrachtet aus der Perspektive eines Markenartikelherstellers, Bern 2001.

Meffert, H./Burmann, Chr./Kirchgeorg, M./Eisenbeiß, M. (2019): Marketing, 13. Aufl., Wiesbaden 2019.

Mester, J./Wahl, F./Jöhren, T. (2022): Robotik in der Intralogistik – ein Projekt der Unternehmen Fiege und Magazino, in: Göpfert, I. (Hrsg.): Logistik der Zukunft – Logistics for the Future, 9., akt. u. erw. Aufl., Wiesbaden 2022, S. 309–322.

Muchna, C./Brandenburg, H./Fottner, J./Gutermuth, J. (2021): Grundlagen der Logistik. Begriffe, Strukturen und Prozesse, 2., akt. Aufl., Wiesbaden 2021.

Müller-Stewens, G./Lechner, Chr. (2016): Strategisches Management. 5. Aufl., Stuttgart 2016.

Naumann, P. (2018): Noch vor 2030 sollen die ersten autonomen Schiffe anlegen, Interview. URL: https://www.dvz.de./rubriken/detail/news/noch-vor-2030-sollen-die-ersten-autonomen-Schiffe-anlegen.html (Stand: 19.03.2021).

Ohno, T. (2009): Das Toyota Production System, 2., überarb. Aufl., Frankfurt a. M. 2009.

o.V. (2020): Selbstfahrende Schiffe: Ganz allein auf hoher See. URL: https://ww.deutschlandfunktnova.de/beitrag/autonome-schiffe-ohne-crew-auf-hoher-see-unterwegs (Stand: 19.03.2021).

o.V. (2019): CargoCap: Gütertransport unter der Erde. URL: https://www.antriebspunkt.de/visionen/cargocap/ (Stand: 19.03.23).

o.V. (2016): Amazon läßt sich fliegende Warenhäuser patentieren. URL: https://www.stern.de/wirtschaft/news/amazon-erhaelt-patent-fuer-fliegende-waren-haeser-im-zeppelin-look-7260304.html (Stand: 23.03.2021).

Pfohl, H.-Chr. (2004): Logistiksysteme. Betriebswirtschaftliche Grundlagen, 7. Aufl., Berlin, Heidelberg, New York 2004.

Pfohl, H.-Chr. (2010): Logistiksysteme. Betriebswirtschaftliche Grundlagen, 8. Aufl., Berlin, Heidelberg, New York 2010.

Pfohl, H.-Chr. (2018): Logistiksysteme. 9., akt. u. erw. Aufl., Berlin, Heidelberg, New York 2018.

Picot, A./Dietl, H. (1990): Transaktionskostentheorie, in: Wirtschaftswissenschaftliches Studium, 19. Jg. (1990), Heft 4, S. 178–184.

Porter, M. E. (2014): Wettbewerbsvorteile (Competitive Advantage). Spitzenleistungen erreichen und behaupten. 8. Aufl., Frankfurt a. M. u. a. 2014.

Porter, M. E. (1997): Nur Strategie sichert auf Dauer hohe Erträge, in: Harvard Business Manager, Sonderdruck aus Heft 3, III. Quartal 1997, S. 1–18.

Porter, M. E. (1989): Der Wettbewerb auf globalen Märkten, in: Porter, M. E. (Hrsg.): Globaler Wettbewerb. Strategien der neuen Internationalisierung, Wiesbaden 1989, S. 17–68.

Reichmann, Th./Richter, H.J./Palloks-Kahlen, M. (2011): Controlling mit Kennzahlen: Die systemgestützte Controlling-Konzeption mit Analyse und Reportinginstrumenten., 8. Aufl., München 2011.

Roth (2019): Die Logistik wird smart – Audi führt den selbststeuernden Anlieferprozess im Werk Ingolstadt ein, in: Göpfert, I. (Hrsg.): Logistik der Zukunft – Logistics for the Future, 8. Aufl., Wiesbaden 2019, S. 349–366.

Rüegg-Stürm, J./Gomez, P. (1994): From Reality to Vision – From Vision to Reality – an Essay on Vision as Medium for Fundamental Knowledge Transfer, in: International Business Review, 3. Jg. (1994), S. 369–394.

Schulte, C. (2017): Logistik. Wege zur Optimierung der Supply Chain. 7. Aufl., München 2017.

Schwemmer, M. (2019): Top 100 in European Transport and Logistics Services. Hamburg: DVV Media Group, 2019.

Schwemmer, M./Seeßle, P. (Hrsg. 2021): Logistik-Start-ups. Entstehung der „Neuen Logistik" aus Wissenschafts- und Unternehmenssicht, Wiesbaden 2021.

Schwemmer, M./Dürrbeck, K./Klaus, P. (2020): Top 100 der Logistik – Marktgrößen, Marktsegmente und Marktführer. Hamburg: DVV Media Group, 2020.

Schoemaker, P. J. H. (1992): How to Link Strategic Vision to Core Capabilities, in: Sloan Management Review, 33. Jg. (1992), Heft 1, S. 67–81.

Schulz, M. (2014): Logistikintegrierte Produktentwicklung. Eine zukunftsorientierte Analyse am Beispiel der Automobilindustrie, Wiesbaden 2014.

Seeßle, P. (2021): Erfolgsfaktoren plattformbasierter Start-ups in der Logistik, Dissertation Philipps-Universität Marburg, Wiesbaden 2021.

Simchi-Levi, D. (2000): The Master of Design. An Interview with David Simchi-Levi, in: Supply Chain Management Review, 4. Jg. (2000), Heft 5, S. 74–80.

Simchi-Levi, D./Kaminsky, P./Simchi-Levi E. (2004): Managing the Supply Chain. The Definitive Guide for the Business Professional, New York et al. 2004.

Sollmann, U./Heinze, R. (1993): Visionsmanagement. Erfolg als vorausgedachtes Ergebnis, Zürich 1993.

Statista 2021: Recherche auf URL: https://statista.com (Stand 20.03.2021).

Stein, A./Kotzab, H. (2012): Crossdocking, in: Klaus, P./Krieger, W./Krupp, M. (Hrsg.): Gabler Lexikon Logistik, 5. Aufl., Wiesbaden 2012, S. 115f.

Sternberg, H./Norman, S. (2017): The Physical Internet – review, analysis and future research agenda. In: Internationale Journal of Physical Distribution & Logistics Management, 47. Jg. (2017), H. 8, S. 736–762.

Tages-Anzeiger (2021): Der Weg für Cargo sous terrain ist frei. URL: https://www.tagesanzeiger.ch/schweiz/standard/der-weg-für-cargo-sous-terrain-ist-frei/story/26076610 (Stand: 19.03.2021).

Weber, J. (1995b): Logistik-Controlling, 4. Aufl., Stuttgart 1995.

Weber, J. (1996): Spezielle Betriebswirtschaftslehren, in: Die Betriebswirtschaft, 56. Jg. (1996), S. 63–84.

Weber, J. (1996a): Logistik, in: Kern, W./Schröder, H.-H./Weger, J. (Hrsg.) Handwörderbuch der Produktionswirtschaft, 2. Aufl., Stuttgart 1995, Sp. 1096–1109.

Weber, J./Dehler, M. (2001): Erfolgsfaktor Logistik, in: Logistik Heute, 23. Jg. (2001), Heft 9, S. 64–66.

Weber, J./Schäffer, U. (2014): Einführung in das Controlling, 14. Aufl., Stuttgart 2014.

Weber, J./Schäffer, U. (2020): Einführung in das Controlling, 16., überarb. u. akt. Aufl., Stuttgart 2020.

Weber, J./Bacher, A./Groll, M. (2002): Supply Chain Controlling. Zahlen zum Ziel, in: Logistik Heute, 24. Jg. (2002), Heft 4, S. 40f.

Weber, J./Wallenburg, C. M. (2010): Logistik- und Supply Chain Controlling, 6. Aufl., Stuttgart 2010.

Wellbrock, W. (2015): Innovative Supply-Chain-Management-Konzepte: Branchenübergreifende Bedarfsanalyse sowie Konzipierung eines Entwicklungsprozessmodells, Wiesbaden 2015.

Werner (2017): Supply Chain Management – Grundlagen, Strategien, Instrumente und Controlling, 6. Aufl., Wiesbaden 2017.

Wildemann, H. (2004): Der Wertbeitrag der Logistik, in: Logistik Management, 6. Jg. (2004), Heft 3, S. 67–75.

Wildemann, H. (2012a): KANBAN-Behältersteuerung, KANBAN-Karte, KANBAN-Kennzahlen, betriebswirtschaftliche Wirkungen des KANBAN-Systems, KANBAN-Tafel, in: Klaus, P./Krieger, W./Krupp, M. (Hrsg.): Gabler Lexikon Logistik. Management logistischer Netzwerke und Flüsse, 5. Aufl., Wiesbaden 2012, S. 255–260.

Wildemann, H. (2012b): Lieferanten-KANBAN, in: Klaus, P./Krieger, W./Krupp, M. (Hrsg.): Gabler Lexikon Logistik. Management logistischer Netzwerke und Flüsse, 5. Aufl., Wiesbaden 2012, S. 320–326.

Winkler, H. (2005): Konzept und Einsatzmöglichkeiten des Supply Chain Controlling. Am Beispiel einer Virtuellen Supply Chain Organisation (VISCO), Wiesbaden 2005.

Zentes, J./Schramm-Klein, H./Neidhart, M. (2004): Logistikerfolg im Kontext des Gesamtunternehmenserfolgs: Analyse der Beziehung zwischen Marketingerfolg, Logistikerfolg und Unternehmenserfolg, in: Logistik Management, 6. Jg. (2004), Heft 3, S. 47–66.

Stichwortverzeichnis

Consultants (w/m/d) - Supply Chain Strategy und Logistikplanung

Globale und Regionale Liefernetzwerke unterliegen einem permanenten Wandel und hohem Anpassungsdruck. Nur Unternehmen, die mit intelligenten Konzepten und stabilen Prozessen mithalten können, sind im Wettbewerb erfolgreich. Dabei stehen Logistikzentren im Mittelpunkt fast jeder Supply Chain, innovative Technologien und Prozesse sind notwendig um den Wandel von Lieferketten, Demographie und Nachhaltigkeit wirtschaftlich zu bewältigen.

Deine Aufgaben

- Als Teil unseres Consultant-Teams erarbeitest Du kreative Lösungen für zukunftsfähige Supply Chains unserer Kunden
- In enger Abstimmung mit unseren Kunden analysierst Du Geschäftsprozesse und (Kunden-) Anforderungen, und entwickelst daraus Handlungsoptionen und Optimierungskonzepte
- Du konzipierst innovative Materialflussanlagen als Herzstück moderner Logistikzentren
- Gemeinsam mit Architekten, Fachplanern und IT-Spezialisten konkretisierst Du die Planungen und spezifizierst Leistungs- und Lieferanforderungen an die Lieferanten der Technik
- Du kontrollierst und steuerst die Realisierung über die Auswahl und Vergabe an geeignete Lieferanten, die Produktion und Errichtung bis zur Abnahme und Inbetriebnahme

Du passt zu uns

- Abgeschlossenes Master-Studium als Ingenieur oder Wirtschaftsingenieur, vorzugsweise mit Logistik-Schwerpunkt
- Praktika, Abschlussarbeit oder erste Berufserfahrungen im Logistik-Umfeld
- Sehr gute analytische, kreative und kommunikative Fähigkeiten
- Eigeninitiative und Gestaltungswillen, um Änderungen voranzutreiben
- Freude an Ingenieursarbeit, Beratung und praxisorientierter Projektarbeit im Team
- Gute Deutsch- und Englischkenntnisse in Wort und Schrift

Passen wir zu Dir?

- Werde Teil einer offenen, dynamischen Unternehmenskultur mit flacher Hierarchie, kleinen Teams und wertschätzendem Feedback
- Entwickle Dich nach einem strukturierten Onboarding in spannenden Projekten bei renommierten Unternehmen in einem internationalen Umfeld
- Partizipiere an einem attraktiven Vergütungs- und Karrieremodell mit vielen Aufstiegsmöglichkeiten
- Vernetze Dich weltweit über unser internationales Trainingsprogramm
- Arbeite in modernen Büros in attraktiven City-Lagen in Frankfurt am Main, Berlin oder München mit guter Verkehrsanbindung, kostenfreien Parkplätzen, Obst und Getränken
- Nutze flexible Arbeitszeiten mit ausgewogenen Anteilen bei unseren Kunden, im Büro und in Mobilarbeit
- Abgerundet wird das Paket durch Unfallversicherung rund um die Uhr und Angebote zu Wertkontomodell, JobRad und betrieblicher Altersversorgung

Ansprechpartnerin:
Sarah O'Brien
Tel. +49 30 893832-0 | bewerbung-mcd@miebach.com
Miebach Consulting GmbH, Rotfeder-Ring 7-9, 60327 Frankfurt am Main

Miebach Consulting bietet internationale Supply-Chain-Beratung und Ingenieursleistungen mit starker digitaler Expertise an. Unsere Kunden sind sowohl mittelständische Unternehmen als auch Konzerne, die ihre Wettbewerbsposition mit innovativen Logistiklösungen verbessern und ausbauen wollen.

Die Miebach-Gruppe, gegründet 1973 in Frankfurt am Main, umfasst heute 27 Standorte in Europa, Asien sowie Nord- und Südamerika. Mit über 500 Mitarbeitenden sind wir eine der international führenden Beratungsunternehmen für Logistik und Supply Chain Management.

Diese und weitere offene Stellen findest Du auf unserem Online-Portal:

https://miebachconsulting.recruitee.com/